高等学校电子信息类专业系列教材

电磁场与电磁波简明教程

DIANCICHANG YU DIANCIBO JIANMING JIAOCHENG

冯天树 编著

西安电子科技大学出版社

内 容 简 介

本书主要介绍了电磁场与电磁波的基本原理和理论体系，主要内容包括：矢量分析和场论；静电场和恒定电流场分析，包括静电场的基本方程、电介质中的静电场特性、静电场的边界条件、恒定电流场的基本方程；恒定磁场分析，包括恒定磁场的基本方程、磁介质中的恒定磁场特性、恒定磁场的边界条件；时变电磁场分析，包括麦克斯韦方程组、时变电磁场的边界条件、时变电磁场的能量和复能流密度；平面电磁波理论，包括理想介质中的均匀平面波、有损介质中的均匀平面波、电磁波的极化；导行电磁波理论，包括矩形波导、圆波导、同轴波导；电磁波辐射，包括电偶极子辐射、天线的参数等。

本书重基础，重原理，多例题；精炼内容，突出重点；对复杂的理论知识用通俗易懂的方式描述，尽量减少数学描述。本书可作为应用型本科通信工程、电子工程、信息技术类专业的教材，也可作为无线电、微波工程等专业技术人员的参考书。

图书在版编目（CIP）数据

电磁场与电磁波简明教程 / 冯天树编著. -- 西安 ：西安电子科技大学出版社，2025.7. -- ISBN 978-7-5606-7697-5

Ⅰ. O441.4

中国国家版本馆 CIP 数据核字第 2025RD7957 号

策　　划　刘玉芳
责任编辑　于文平
出版发行　西安电子科技大学出版社（西安市太白南路 2 号）
电　　话　(029) 88202421　88201467　　邮　　编　710071
网　　址　www.xduph.com　　电子邮箱　xdupfxb001@163.com
经　　销　新华书店
印刷单位　陕西博文印务有限责任公司
版　　次　2025 年 7 月第 1 版　　2025 年 7 月第 1 次印刷
开　　本　787 毫米×1092 毫米　1/16　　印　　张　11.5
字　　数　268 千字
定　　价　32.00 元

ISBN 978-7-5606-7697-5

XDUP 7998001-1

前 言

Preface

在科技日新月异的时代，电磁场与电磁波作为物理学的基础理论之一，不仅深刻影响着我们对自然界的认识，更在工程技术、通信技术、医疗领域等诸多方面发挥着举足轻重的作用。随着信息技术的飞速发展，电磁场与电磁波的应用日益广泛，其重要性也愈发凸显。

电磁场与电磁波是通信与电子信息类专业的专业基础课。市面上大部分电磁场与电磁波相关教材理论性都太强，数学化程度较高，适合于研究型本科院校学生学习，而适用于应用型本科院校学生的教材太少。针对这一现状，作者根据多年教学与实践经验，参阅了多种版本的同类教材和工程应用书籍，结合国家教委对本科电磁场与电磁波课程教学的要求以及应用型本科学生的学习特点，编写了本书。本书由北京科技大学天津学院资助出版。

本书计划教学课时为 40 个学时。全书共 8 章，第 1 章矢量分析，主要介绍矢量代数、曲面坐标系、标量场、矢量场的通量和散度、矢量场的环量和旋度等基本概念。第 2 章静电场，主要内容包括静电场的基本方程、电介质中的电场、静电场的边界条件、导体系统的电容、静电场的能量。第 3 章恒定电流场，主要内容包括恒定电流场的基本方程、恒定电流场的边界条件。第 4 章恒定磁场，主要内容包括磁感应强度、磁介质中的磁场、恒定磁场的边界条件、导体系统的电感、恒定磁场的能量。第 5 章时变电磁场，主要内容包括法拉第电磁感应定律、位移电流、麦克斯韦方程组、电磁场的边界条件、电磁场的能量、时谐电磁场。第 6 章平面电磁波，主要内容包括波动方程、理想介质中的均匀平面波、有损介质中的均匀平面波、电磁波的极化、电磁波的群速度、均匀平面波在两种不同介质分界面上的反射和透射。第 7 章导行电磁波，主要内容包括导行电磁波概论、矩形波导、圆波导、同轴波导。第 8 章电磁波的辐射，主要内容包括电偶极子辐射、天线的参数、对称天线、天线接收原理。

本书简化了课程内容，将数学性很强的理论知识用尽量少的数学语言描述出来，有利于提高学生的学习兴趣，加强学生对概念和基本理论的理解。本书重点突出，内容叙述清晰、深入浅出、详略得当，配有丰富的例题，注重理论联系实际。学生通过本书的学习，可为后续专业课程的学习打下必要的基础，并为以后在工作实践中的可持续发展提供必要的知识储备。

在党的二十大报告中，习近平总书记明确指出“实施科教兴国战略，强化现代化建设人才支撑”，强调“加快实现高水平科技自立自强”。编写本书的目的，正是为了贯彻落实党的二十大精神，培养具有家国情怀、创新精神和国际视野的新时代工程技术人才。本书在编写过程中坚持以习近平新时代中国特色社会主义思想为指导，将辩证唯物主义世界观与方法论融入电磁理论的教学体系。通过揭示电磁现象中“场”与“波”的对立统一规律，帮助学生深刻理解电磁运动的客观规律，践行“课程思政”育人理念，展现党领导下科技工作者“四个面向”的实践成果。

由于作者水平有限，不足之处在所难免，敬请广大读者和同行批评指正。

编　者

2025.3

目　录

CONTENTS

第1章

矢量分析

本书的研究对象是电场、磁场和电磁场，电场和磁场是有方向的物理量，即矢量，本章先介绍矢量和矢量运算的一些性质。

1.1 矢量代数

有些物理量，只有数值大小(包括单位)，没有方向，称为标量，比如温度、能量等。有些物理量，既有数值大小(包括单位)，又有方向，称为矢量，比如速度、力等。

在三维直角坐标系中，从坐标原点到点(A_x, A_y, A_z)的矢量$\boldsymbol{A}$可表示为

$$\boldsymbol{A}=A_x\boldsymbol{e}_x+A_y\boldsymbol{e}_y+A_z\boldsymbol{e}_z$$

式中，$\boldsymbol{e}_x$、$\boldsymbol{e}_y$、$\boldsymbol{e}_z$表示坐标轴x、y、z方向的单位矢量，A_x、A_y、A_z是矢量$\boldsymbol{A}$在x、y、z轴上投影的大小，叫分量，是标量。点(A_x, A_y, A_z)是矢量$\boldsymbol{A}$的端点，矢量$\boldsymbol{A}$的大小叫模，表示为A。

$$A=|\boldsymbol{A}|=\sqrt{A_x^2+A_y^2+A_z^2}$$

矢量$\boldsymbol{A}$的方向用矢量$\boldsymbol{A}$与x、y、z轴的夹角α、β、γ表示，其中

$$\cos\alpha=\frac{A_x}{\sqrt{A_x^2+A_y^2+A_z^2}},\ \cos\beta=\frac{A_y}{\sqrt{A_x^2+A_y^2+A_z^2}},\ \cos\gamma=\frac{A_z}{\sqrt{A_x^2+A_y^2+A_z^2}}$$

模为1的矢量叫单位矢量，$\boldsymbol{e}_x$、$\boldsymbol{e}_y$、$\boldsymbol{e}_z$是单位矢量。矢量$\boldsymbol{A}$的单位矢量是$\boldsymbol{e}_A$，和$\boldsymbol{A}$的方向相同。

$$\boldsymbol{e}_A=\frac{\boldsymbol{A}}{|\boldsymbol{A}|}=\frac{\boldsymbol{A}}{A}$$

在三维直角坐标系中，如果矢量$\boldsymbol{R}$是另两个矢量$\boldsymbol{r}$和$\boldsymbol{r}'$的端点P、P'之间的矢量，方向从端点$P'(x', y', z')$指向$P(x, y, z)$，如图1.1所示，那么$\boldsymbol{R}$矢量可表示为

$$\boldsymbol{R}=\boldsymbol{r}-\boldsymbol{r}'=(x-x')\boldsymbol{e}_x+(y-y')\boldsymbol{e}_y+(z-z')\boldsymbol{e}_z$$

其中，$\boldsymbol{r}'$称为矢量$\boldsymbol{R}$的源矢量，$\boldsymbol{r}$称为矢量$\boldsymbol{R}$的场矢量。

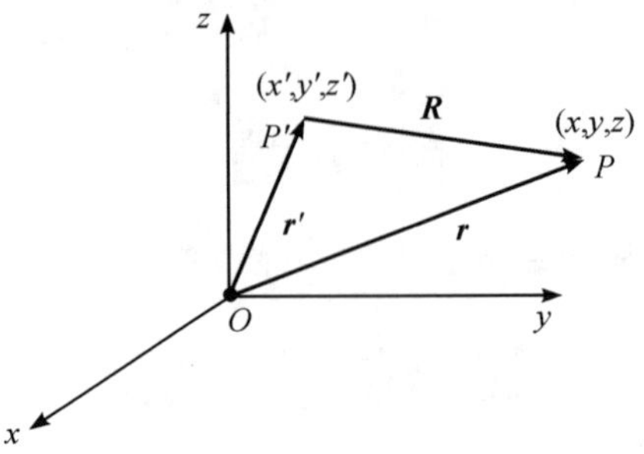

图 1.1　位置矢量图

1.1.1　标量和矢量

设有两个矢量 $\boldsymbol{A}$ 和 $\boldsymbol{B}$，在直角坐标系中分别表示为

$$\boldsymbol{A}=A_x\boldsymbol{e}_x+A_y\boldsymbol{e}_y+A_z\boldsymbol{e}_z$$

$$\boldsymbol{B}=B_x\boldsymbol{e}_x+B_y\boldsymbol{e}_y+B_z\boldsymbol{e}_z$$

则矢量的加、减运算可由其对应的各坐标分量相加、相减算出，即有

$$\boldsymbol{A}\pm\boldsymbol{B}=(A_x\pm B_x)\boldsymbol{e}_x+(A_y\pm B_y)\boldsymbol{e}_y+(A_z\pm B_z)\boldsymbol{e}_z$$

1.1.2　矢量的乘法

1. 矢量的点积(也叫内积或标量积)

矢量 $\boldsymbol{A}$ 和矢量 $\boldsymbol{B}$ 的点积定义为矢量 $\boldsymbol{A}$ 在矢量 $\boldsymbol{B}$ 上的投影长度和 $\boldsymbol{B}$ 矢量长度的乘积，其结果为一标量，表示为

$$\boldsymbol{A}\cdot\boldsymbol{B}=AB\cos\theta$$

式中，θ 为矢量 $\boldsymbol{A}$ 和矢量 $\boldsymbol{B}$ 的夹角，$A=|\boldsymbol{A}|$，$B=|\boldsymbol{B}|$。

如果 $\boldsymbol{A}\perp\boldsymbol{B}$，则有 $\boldsymbol{A}\cdot\boldsymbol{B}=0$；如果 $\boldsymbol{A}\parallel\boldsymbol{B}$，则有 $\boldsymbol{A}\cdot\boldsymbol{B}=AB$。

例如，一个力 $\boldsymbol{F}$，使一物体移动一段与力的方向不同的位移 $\boldsymbol{l}$，那么力对物体做的功为 $W=\boldsymbol{F}\cdot\boldsymbol{l}$，这里功就需要用点积来定义。

假设在三维直角坐标系中，有

$$\boldsymbol{A}=A_x\boldsymbol{e}_x+A_y\boldsymbol{e}_y+A_z\boldsymbol{e}_z$$

$$\boldsymbol{B}=B_x\boldsymbol{e}_x+B_y\boldsymbol{e}_y+B_z\boldsymbol{e}_z$$

那么

$$\boldsymbol{A}\cdot\boldsymbol{B}=A_xB_x+A_yB_y+A_zB_z \tag{1.1}$$

矢量的点积运算服从交换律和分配律：

$$\boldsymbol{A}\cdot\boldsymbol{B}=\boldsymbol{B}\cdot\boldsymbol{A}\text{(交换律)}$$

$$\boldsymbol{A}\cdot(\boldsymbol{B}+\boldsymbol{C})=\boldsymbol{A}\cdot\boldsymbol{B}+\boldsymbol{A}\cdot\boldsymbol{C}\text{(分配律)}$$

2. 叉积(或称矢量积)

矢量 $\boldsymbol{A}$ 与 $\boldsymbol{B}$ 的叉积 $\boldsymbol{A}\times\boldsymbol{B}$ 也是一个矢量，它垂直于包含矢量 $\boldsymbol{A}$ 和 $\boldsymbol{B}$ 的平面，其大小定义为 $AB\sin\theta$，方向为当右手四个手指从矢量 $\boldsymbol{A}$ 到 $\boldsymbol{B}$ 旋转 θ 时($0\leqslant\theta<180°$)大拇指的方向，如图 1.2 所示，即

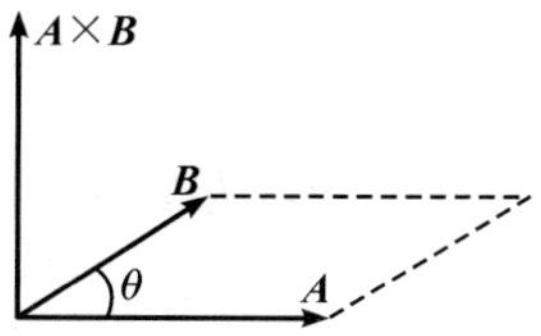

图1.2 矢量的叉积

$$|\boldsymbol{A}\times\boldsymbol{B}|=|\boldsymbol{A}|\,|\boldsymbol{B}|\sin\theta \tag{1.2}$$

如果 $\boldsymbol{A}\perp\boldsymbol{B}$，则 $|\boldsymbol{A}\times\boldsymbol{B}|=AB$。

如果 $\boldsymbol{A}\parallel\boldsymbol{B}$，则 $|\boldsymbol{A}\times\boldsymbol{B}|=0$。

在直角坐标系中，有

$$\boldsymbol{e}_x\times\boldsymbol{e}_y=\boldsymbol{e}_z$$

$$\boldsymbol{e}_z\times\boldsymbol{e}_x=\boldsymbol{e}_y$$

$$\boldsymbol{e}_y\times\boldsymbol{e}_z=\boldsymbol{e}_x$$

例如，一个以速度 $\boldsymbol{v}$ 运动的单位正电荷在磁场 $\boldsymbol{B}$ 中受到的力为 $\boldsymbol{F}=\boldsymbol{v}\times\boldsymbol{B}$。这里电荷受的磁场力就需要用叉积来定义。

根据叉积的定义，显然有

$$\boldsymbol{A}\times\boldsymbol{B}=-\boldsymbol{B}\times\boldsymbol{A}$$

因此，叉积不服从交换律，但服从分配律，即

$$\boldsymbol{A}\times(\boldsymbol{B}+\boldsymbol{C})=(\boldsymbol{A}\times\boldsymbol{B})+(\boldsymbol{A}\times\boldsymbol{C})\text{(分配律)}$$

矢量 $\boldsymbol{A}$ 与矢量 $\boldsymbol{B}\times\boldsymbol{C}$ 的点积 $\boldsymbol{A}\cdot(\boldsymbol{B}\times\boldsymbol{C})$ 称为标量三重积，它具有如下运算性质：

$$\boldsymbol{A}\cdot(\boldsymbol{B}\times\boldsymbol{C})=\boldsymbol{B}\cdot(\boldsymbol{C}\times\boldsymbol{A})=\boldsymbol{C}\cdot(\boldsymbol{A}\times\boldsymbol{B})$$

矢量 $\boldsymbol{A}$ 与矢量 $\boldsymbol{B}\times\boldsymbol{C}$ 的叉积 $\boldsymbol{A}\times(\boldsymbol{B}\times\boldsymbol{C})$ 称为矢量三重积，它具有如下运算性质：

$$\boldsymbol{A}\times(\boldsymbol{B}\times\boldsymbol{C})=\boldsymbol{B}(\boldsymbol{A}\cdot\boldsymbol{C})-\boldsymbol{C}(\boldsymbol{A}\cdot\boldsymbol{B})=k_1\boldsymbol{B}-k_2\boldsymbol{C}\text{(其中，}k_1\text{、}k_2\text{是标量)}$$

在三维直角坐标系中，如果

$$\boldsymbol{A}=A_x\boldsymbol{e}_x+A_y\boldsymbol{e}_y+A_z\boldsymbol{e}_z$$

$$\boldsymbol{B}=B_x\boldsymbol{e}_x+B_y\boldsymbol{e}_y+B_z\boldsymbol{e}_z$$

那么

$$\begin{aligned}\boldsymbol{A}\times\boldsymbol{B}&=(A_x\boldsymbol{e}_x+A_y\boldsymbol{e}_y+A_z\boldsymbol{e}_z)\times(B_x\boldsymbol{e}_x+B_y\boldsymbol{e}_y+B_z\boldsymbol{e}_z)\\&=\boldsymbol{e}_x(A_yB_z-A_zB_y)+\boldsymbol{e}_y(A_zB_x-A_xB_z)+\boldsymbol{e}_z(A_xB_y-A_yB_x)\\&=\begin{vmatrix}\boldsymbol{e}_x&\boldsymbol{e}_y&\boldsymbol{e}_z\\A_x&A_y&A_z\\B_x&B_y&B_z\end{vmatrix}\end{aligned}\tag{1.3}$$

例1-1 已知两矢量 $\boldsymbol{A}=2\boldsymbol{e}_x+4\boldsymbol{e}_y-3\boldsymbol{e}_z$，$\boldsymbol{B}=\boldsymbol{e}_x-\boldsymbol{e}_y$。试求：(1) $\boldsymbol{A}\cdot\boldsymbol{B}$；(2) $\boldsymbol{A}\times\boldsymbol{B}$。

解 根据直角坐标系中两矢量点积的计算公式(1.1)，可得

$$\boldsymbol{A}\cdot\boldsymbol{B}=A_xB_x+A_yB_y+A_zB_z=2\times1+4\times(-1)+(-3)\times0=-2$$

根据直角坐标系中两矢量叉积的计算公式(1.3)，利用行列式计算可得

$$\boldsymbol{A}\times\boldsymbol{B}=\begin{vmatrix}\boldsymbol{e}_x&\boldsymbol{e}_y&\boldsymbol{e}_z\\2&4&-3\\1&-1&0\end{vmatrix}=-3\boldsymbol{e}_x-3\boldsymbol{e}_y-6\boldsymbol{e}_z$$

1.2 曲面坐标系

在电磁场理论中，虽然电磁场的性质与坐标系无关，但有的电磁场问题用直角坐标系求解计算太复杂，而用其他正交坐标系处理则更简单方便，为此我们引入曲面坐标系。曲面坐标系包括圆柱坐标系和球坐标系。在介绍曲面坐标系前，先复习一下直角坐标系。

1.2.1 直角坐标系

直角坐标系是常用的空间坐标系，选取空间中一点为原点 O，引三个相互垂直的有向矢量 $\boldsymbol{x}$、$\boldsymbol{y}$、$\boldsymbol{z}$（单位矢量分别为 $\boldsymbol{e}_x$、$\boldsymbol{e}_y$、$\boldsymbol{e}_z$）作为坐标轴，如图 1.3 所示。

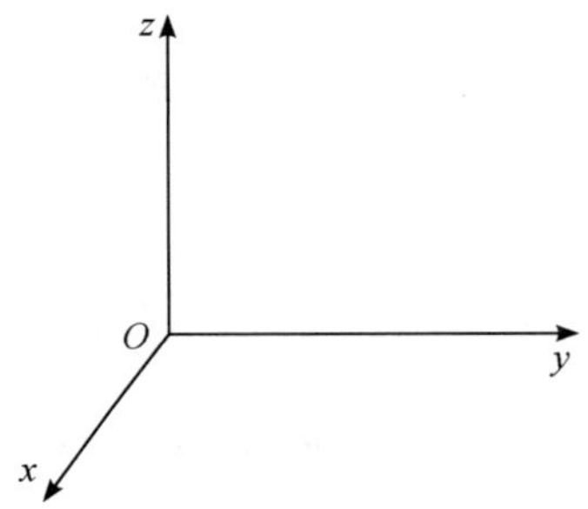

图 1.3 直角坐标系

在直角坐标系中，单位矢量遵守右手螺旋法则，即有

$$\boldsymbol{e}_z=\boldsymbol{e}_x\times\boldsymbol{e}_y,\ \boldsymbol{e}_y=\boldsymbol{e}_z\times\boldsymbol{e}_x,\ \boldsymbol{e}_x=\boldsymbol{e}_y\times\boldsymbol{e}_z$$

空间中任意矢量 $\boldsymbol{A}$ 可表示为

$$\boldsymbol{A}=\boldsymbol{e}_xA_x+\boldsymbol{e}_yA_y+\boldsymbol{e}_zA_z$$

在电磁场中，场量是随空间点位置 $\boldsymbol{r}$ 的不同而变化的，是位置 $\boldsymbol{r}$ 的函数 $f(\boldsymbol{r})$，我们把作为函数自变量的矢量 $\boldsymbol{r}$ 叫位置矢量，它是个变化的量，类似一维函数 $f(x)$中的 x。

在直角坐标系中，位置矢量 $\boldsymbol{r}$ 表示为

$$\boldsymbol{r}=x\boldsymbol{e}_x+y\boldsymbol{e}_y+z\boldsymbol{e}_z$$

对上式两边微分，有

$$\mathrm{d}\boldsymbol{r}=\boldsymbol{e}_x\mathrm{d}x+\boldsymbol{e}_y\mathrm{d}y+\boldsymbol{e}_z\mathrm{d}z$$

式中，$\mathrm{d}\boldsymbol{r}$ 在 $\boldsymbol{e}_x$、$\boldsymbol{e}_y$、$\boldsymbol{e}_z$ 方向上的微分元分别是 $\mathrm{d}x$、$\mathrm{d}y$、$\mathrm{d}z$。

在直角坐标系中，与坐标单位矢量 $\boldsymbol{e}_x$、$\boldsymbol{e}_y$、$\boldsymbol{e}_z$ 垂直的面积元分别为

$$\mathrm{d}S_x=\mathrm{d}y\mathrm{d}z,\ \mathrm{d}S_y=\mathrm{d}x\mathrm{d}z,\ \mathrm{d}S_z=\mathrm{d}x\mathrm{d}y$$

1.2.2 圆柱坐标系

圆柱坐标系是在平面极坐标系上增加第三维 z 坐标构成的三维空间坐标系。下面用直角坐标系来说明圆柱坐标系，如图 1.4 所示。空间中任意一点 P 的位置可用圆柱坐标系的

三个有序数(ρ，φ，z)表示，ρ 是点 P 到 z 轴的距离，φ 是过 P 点以 Oz 为边界的半平面与 xOz 平面的夹角，z 是点 P 到 xOy 平面的距离，其中，$0\leqslant\rho<\infty$，$0\leqslant\varphi\leqslant2\pi$，$-\infty<z<\infty$。

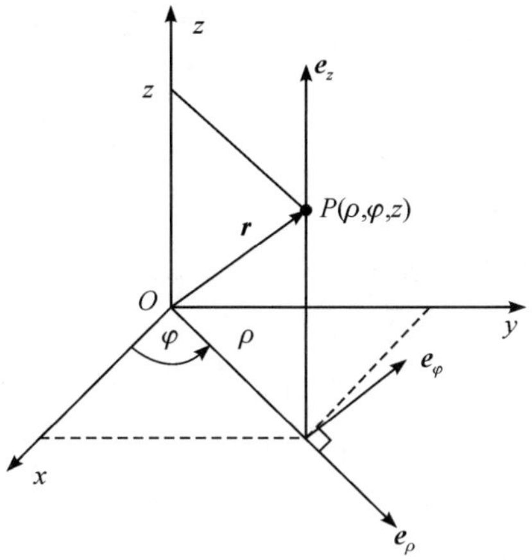

图 1.4 圆柱坐标系

圆柱坐标系的坐标与直角坐标系坐标的关系如下：

$$\rho=\sqrt{x^2+y^2},\ \varphi=\arctan\frac{y}{x},\ z=z$$

或

$$x=\rho\cos\varphi,\ y=\rho\sin\varphi,\ z=z$$

在圆柱坐标系中，单位矢量遵守右手螺旋法则，即

$$\boldsymbol{e}_z=\boldsymbol{e}_\rho\times\boldsymbol{e}_\varphi,\ \boldsymbol{e}_\varphi=\boldsymbol{e}_z\times\boldsymbol{e}_\rho,\ \boldsymbol{e}_\rho=\boldsymbol{e}_\varphi\times\boldsymbol{e}_z$$

注意：$\boldsymbol{e}_\rho$、$\boldsymbol{e}_\varphi$的方向不是固定的，不是常矢量，而 $\boldsymbol{e}_z$ 是常矢量(常矢量是大小和方向都固定的矢量)。

下面简要说明一下圆柱坐标系的单位矢量和直角坐标系的单位矢量的关系。由图 1.5 可以看出：

$$\boldsymbol{e}_\rho=\boldsymbol{e}_x\cos\varphi+\boldsymbol{e}_y\sin\varphi$$
$$\boldsymbol{e}_\varphi=-\boldsymbol{e}_x\sin\varphi+\boldsymbol{e}_y\cos\varphi$$

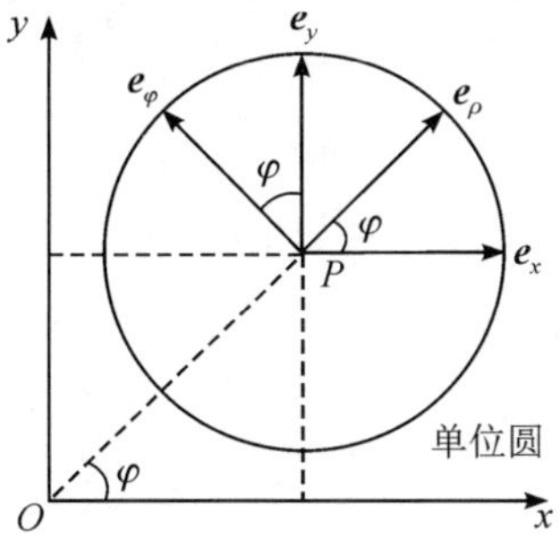

图 1.5 圆柱坐标系单位矢量与直角坐标系单位矢量的关系

或

$$e_x = e_\rho \cos\varphi - e_\varphi \sin\varphi$$

$$e_y = e_\rho \sin\varphi + e_\varphi \cos\varphi$$

$$\frac{\partial e_\rho}{\partial \varphi} = -e_x \sin\varphi + e_y \cos\varphi = e_\varphi$$

$$\frac{\partial e_\varphi}{\partial \varphi} = -e_x \cos\varphi - e_y \sin\varphi = -e_\rho$$

在圆柱坐标系中，某一矢量 $\boldsymbol{A}$ 表示为

$$\boldsymbol{A} = e_\rho A_\rho + e_\varphi A_\varphi + e_z A_z$$

式中，A_ρ、A_φ、A_z 是矢量 $\boldsymbol{A}$ 在 e_ρ、e_φ、e_z 上的投影，是标量。

同样，若 $\boldsymbol{B} = e_\rho B_\rho + e_\varphi B_\varphi + e_z B_z$，那么有

$$\begin{aligned}\boldsymbol{A} \cdot \boldsymbol{B} &= (e_\rho A_\rho + e_\varphi A_\varphi + e_z A_z) \cdot (e_\rho B_\rho + e_\varphi B_\varphi + e_z B_z) \\ &= A_\rho B_\rho + A_\varphi B_\varphi + A_z B_z\end{aligned}$$

$$\boldsymbol{A} \times \boldsymbol{B} = \begin{vmatrix} e_\rho & e_\varphi & e_z \\ A_\rho & A_\varphi & A_z \\ B_\rho & B_\varphi & B_z \end{vmatrix}$$

在圆柱坐标系中，位置矢量 $\boldsymbol{r}$ 为

$$\boldsymbol{r} = \rho e_\rho + z e_z \tag{1.4}$$

注意式中 ρ、z 是变量。对上式两边微分，有

$$\mathrm{d}\boldsymbol{r} = \mathrm{d}\rho e_\rho + \rho \mathrm{d}e_\rho + \mathrm{d}z e_z + z \mathrm{d}e_z = \mathrm{d}\rho e_\rho + \rho \mathrm{d}\varphi e_\varphi + \mathrm{d}z e_z$$

式中，$\mathrm{d}\boldsymbol{r}$ 在 e_ρ、e_φ、e_z 方向上的长度元分别是 $\mathrm{d}\rho$、$\rho\mathrm{d}\varphi$、$\mathrm{d}z$。

在圆柱坐标系中，与单位矢量 e_ρ、e_φ、e_z 垂直的面积元分别为

$$\mathrm{d}S_\rho = \rho \mathrm{d}\varphi \mathrm{d}z, \quad \mathrm{d}S_\varphi = \mathrm{d}\rho \mathrm{d}z, \quad \mathrm{d}S_z = \rho \mathrm{d}\rho \mathrm{d}\varphi$$

1.2.3 球坐标系

我们还是用直角坐标系来说明球坐标系。空间中任意一点 P 的位置可用球坐标系的三个有序数(r, θ, φ)表示。如图 1.6 所示，r 是点 P 到原点 O 的距离，θ 是 Oz 与 OP 的夹角，φ 是过 P 点以 Oz 为边界的半平面与 xOz 平面的夹角，其中 $0 \leqslant r < \infty$，$0 \leqslant \theta \leqslant \pi$，$0 \leqslant \varphi \leqslant 2\pi$。

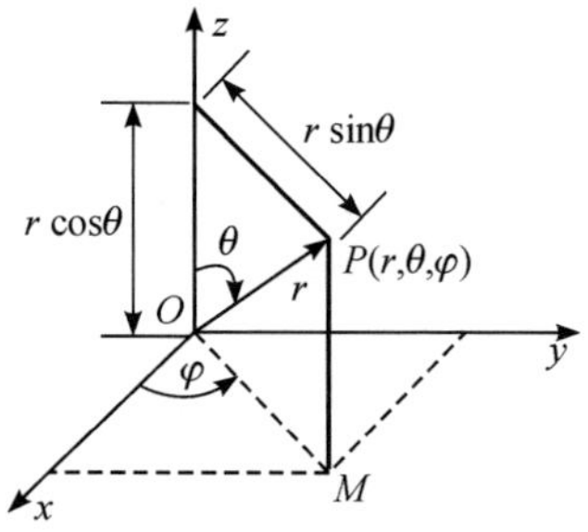

图 1.6 球坐标系

球坐标系坐标与直角坐标系坐标的关系如下：

$$r = \sqrt{x^2 + y^2 + z^2}$$

$$\varphi = \arctan \frac{y}{x}$$

$$\theta = \arccos \frac{z}{\sqrt{x^2 + y^2 + z^2}}$$

或

$$x=r\sin\theta\cos\varphi,\ y=r\sin\theta\sin\varphi,\ z=r\cos\theta$$

球坐标系的单位矢量如图 1.7 所示，单位矢量遵守右手螺旋法则，即

$$\boldsymbol{e}_r=\boldsymbol{e}_\theta\times\boldsymbol{e}_\varphi,\ \boldsymbol{e}_\theta=\boldsymbol{e}_\varphi\times\boldsymbol{e}_r,\ \boldsymbol{e}_\varphi=\boldsymbol{e}_r\times\boldsymbol{e}_\theta$$

注意：$\boldsymbol{e}_r$、$\boldsymbol{e}_\theta$、$\boldsymbol{e}_\varphi$的方向不是固定的。

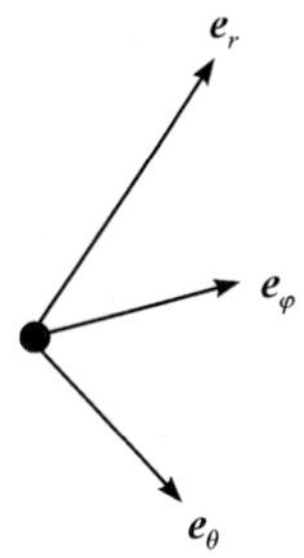

图 1.7 球坐标系的单位矢量

在球坐标系中，某一点的矢量 $\boldsymbol{A}$ 表示为

$$\boldsymbol{A}=\boldsymbol{e}_rA_r+\boldsymbol{e}_\theta A_\theta+\boldsymbol{e}_\varphi A_\varphi$$

式中，A_r、A_θ、A_φ 是矢量 $\boldsymbol{A}$ 在 $\boldsymbol{e}_r$、$\boldsymbol{e}_\theta$、$\boldsymbol{e}_\varphi$ 上的投影。

同样，若

$$\boldsymbol{B}=\boldsymbol{e}_rB_r+\boldsymbol{e}_\theta B_\theta+\boldsymbol{e}_\varphi B_\varphi$$

那么有

$$\begin{aligned}\boldsymbol{A}\cdot\boldsymbol{B}&=(\boldsymbol{e}_rA_r+\boldsymbol{e}_\theta A_\theta+\boldsymbol{e}_\varphi A_\varphi)\cdot(\boldsymbol{e}_rB_r+\boldsymbol{e}_\theta B_\theta+\boldsymbol{e}_\varphi B_\varphi)\\&=A_rB_r+A_\theta B_\theta+A_\varphi B_\varphi\end{aligned}$$

$$\boldsymbol{A}\times\boldsymbol{B}=\begin{vmatrix}\boldsymbol{e}_r & \boldsymbol{e}_\theta & \boldsymbol{e}_\varphi\\ A_r & A_\theta & A_\varphi\\ B_r & B_\theta & B_\varphi\end{vmatrix}$$

类似于圆柱坐标系，球坐标系的单位矢量之间的关系为

$$\frac{\partial\boldsymbol{e}_r}{\partial\theta}=\boldsymbol{e}_\theta,\ \frac{\partial\boldsymbol{e}_r}{\partial\varphi}=\boldsymbol{e}_\varphi\sin\theta$$

在球坐标系中，位置矢量 $\boldsymbol{r}$ 为

$$\boldsymbol{r}=r\boldsymbol{e}_r \tag{1.5}$$

注意：式中 $\boldsymbol{r}$ 是变矢量。对上式两边微分，有

$$\mathrm{d}\boldsymbol{r}=\mathrm{d}r\boldsymbol{e}_r+r\mathrm{d}\boldsymbol{e}_r=\mathrm{d}r\boldsymbol{e}_r+r\mathrm{d}\theta\boldsymbol{e}_\theta+r\sin\theta\mathrm{d}\varphi\boldsymbol{e}_\varphi \tag{1.6}$$

式中，$\mathrm{d}\boldsymbol{r}$ 在 $\boldsymbol{e}_r$、$\boldsymbol{e}_\theta$、$\boldsymbol{e}_\varphi$ 方向的长度元分别是 $\mathrm{d}r$、$r\mathrm{d}\theta$、$r\sin\theta\mathrm{d}\varphi$。

在球坐标系中，与单位矢量 $\boldsymbol{e}_\rho$、$\boldsymbol{e}_\varphi$、$\boldsymbol{e}_z$垂直的面积元分别为

$$\mathrm{d}S_r=r^2\sin\theta\mathrm{d}\theta\mathrm{d}\varphi$$

$$\mathrm{d}S_\theta=r\sin\theta\mathrm{d}\varphi\mathrm{d}r$$

$$\mathrm{d}S_\varphi=r\mathrm{d}r\mathrm{d}\theta$$

1.3 标 量 场

在许多科学与技术问题中，通常要研究某个物理量的空间分布状况、随时间变化的规律，以及该物理量与产生它的源之间的相互关系。为了讨论方便，我们将某个物理量的空间分布定义为“场”。这里所说的空间一般是指某一空间区域，如果在某一空间区域内的每一点在每一时刻都对应着某一物理量的一个确定的值，则称此区域内定义了该物理量的一个场。

例如，教室中的每一点都对应着一个温度，则在此教室范围内定义了一个温度场；地

球周围的每一点都对应着一个重力加速度值，地球周围就有一个重力场。

按所研究的物理量是矢量还是标量，场分为矢量场和标量场，比如温度场是标量场，重力场是矢量场。按所研究的物理量是否随时间而变化，场又分为时变场和静态场。

场的一个重要属性是它占有一个空间，它把物理量作为空间和时间的函数来描述，而且在此空间区域中，除了有限个点或某些表面外，该函数是处处连续的。

标量的静态场表示为 $u(x, y, z)$，标量的时变场表示为 $u(x, y, z, t)$。

矢量的静态场表示为下面的函数：

$$\boldsymbol{A}(x, y, z)=A_x(x, y, z)\boldsymbol{e}_x+A_y(x, y, z)\boldsymbol{e}_y+A_z(x, y, z)\boldsymbol{e}_z$$

矢量的时变场表示为下面的函数：

$$\boldsymbol{A}(x, y, z, t)=A_x(x, y, z, t)\boldsymbol{e}_x+A_y(x, y, z, t)\boldsymbol{e}_y+A_z(x, y, z, t)\boldsymbol{e}_z$$

注意：矢量场 $\boldsymbol{A}(x, y, z)$ 的每个坐标分量 A_x、A_y、A_z 都是 x、y、z 的函数。矢量场 $\boldsymbol{A}(x, y, z, t)$ 每个坐标分量 A_x、A_y、A_z 都是 x、y、z、t 的函数。

某一空间的矢量场的性质，通过矢量函数 $\boldsymbol{A}(x, y, z)$ 或 $\boldsymbol{A}(x, y, z, t)$ 来描述，而这个矢量函数又通过三个标量分量函数 $A_i(x, y, z)$ 或 $A_i(x, y, z, t)$，$i=x, y, z$ 来描述。

在标量场中，各点的场量是随空间位置变化的标量函数。因此，一个标量场 u 可以用一个标量函数来表示。例如，在三维直角坐标系中标量场表示为函数 $u=u(x, y, z)$。

在场论中，通常用等值面、方向导数、梯度来描述标量场。

1.3.1 标量场的等值面

在研究标量场时，人们常用等值面来形象地描述标量在空间的分布状况。在标量场中，标量函数 $u(x, y, z)$ 取得相同数值的点构成一个空间曲面，称为标量场的等值面。例如，在温度场中，由温度相同的点构成等温面；在电位场中，由电位相同的点构成等位面。

对于任意给定的常数 C，方程 $u(x, y, z)=C$ 就是等值面方程。

标量场的等值面有以下性质：

(1) 在标量场中，不同的等值面对应不同的标量值，所有不同的等值面形成等值面族，标量场的等值面族充满场所在的整个空间。

(2) 在标量场中，不同的等值面分别对应一个确切的标量值，不同的等值面不相交。

例 1-2 求数量场 $\varphi=(x+y)^2-z$ 通过点 $M(1, 0, 1)$ 的等值面方程。

解 点 M 的坐标是 $x_0=1$，$y_0=0$，$z_0=1$，则该点的数量场为 $\varphi=(x_0+y_0)^2-z_0=0$。其等值面方程为

$$(x+y)^2-z=0 \text{ 或 } z=(x+y)^2$$

1.3.2 标量场的方向导数

标量场的等值面只描述了场量的分布状况，不能描述场在区域内的变化情况。为了研究标量场在任意一点的邻域内沿各个方向的变化规律，引入标量场的方向导数和梯度的概念。

标量场函数 $u=u(x, y, z)$ 关于 x、y、z 的偏导数 u_x、u_y、u_z 分别是函数 u 关于 x、

y、z 的导数，或者说沿 x 轴、y 轴、z 轴方向的导数，比如 u_x 的定义为

$$u_x=\lim_{\Delta\to 0}\frac{u(x+\Delta,\ y,\ z)-u(x,\ y,\ z)}{\Delta}=\frac{\partial u}{\partial x}$$

如果不是求 $u(x,\ y,\ z)$沿 x、y、z 方向的导数，而是要求 $u(x,\ y,\ z)$沿任意方向的导数，该怎么求呢？任意一个给定矢量 $\boldsymbol{v}$，它与 x、y、z 轴正方向的夹角分别为 α、β、γ，我们用方向余弦($\cos\alpha$，$\cos\beta$，$\cos\gamma$) 来表示 $\boldsymbol{v}$ 的方向。

定义：若标量场 $u=u(x,\ y,\ z)$在点 $M(x_0,\ y_0,\ z_0)$处，沿 $\boldsymbol{v}$ 的方向余弦($\cos\alpha$，$\cos\beta$，$\cos\gamma$)，极限

$$\frac{\partial u}{\partial v}\Big|_M=\lim_{\Delta\to 0}\frac{u(x_0+\Delta\cos\alpha,\ y_0+\Delta\cos\beta,\ z_0+\Delta\cos\gamma)-u(x_0,\ y_0,\ z_0)}{\Delta}\tag{1.7}$$

存在，则称式(1.7)为标量场 $u=u(x,\ y,\ z)$在点 $M(x_0,\ y_0,\ z_0)$处沿 $\boldsymbol{v}$ 方向的方向导数。

方向导数值的大小代表 u 沿 $\boldsymbol{v}$ 方向的长度微分元 Δ 的变化率。如果$\frac{\partial u}{\partial v}\Big|_M>0$，那么 u 沿 $\boldsymbol{v}$ 方向是增加的；如果$\frac{\partial u}{\partial v}\Big|_M<0$，那么 u 沿 $\boldsymbol{v}$ 方向是减少的；如果$\frac{\partial u}{\partial v}\Big|_M=0$，那么 u 沿 $\boldsymbol{v}$ 方向是不变的，此时 $\boldsymbol{v}$ 是 M 点的等值面的切线方向。

方向导数的值既与点 M 有关，也与方向 $\boldsymbol{v}$ 有关，标量场在一个给定点 M 处沿不同的方向，u 的方向导数一般是不同的。

在直角坐标系中，有

$$\frac{\partial u}{\partial v}=\frac{\partial u}{\partial x}\frac{\partial x}{\partial v}+\frac{\partial u}{\partial y}\frac{\partial y}{\partial v}+\frac{\partial u}{\partial z}\frac{\partial z}{\partial v}=\frac{\partial u}{\partial x}\cos\alpha+\frac{\partial u}{\partial y}\cos\beta+\frac{\partial u}{\partial z}\cos\gamma\tag{1.8}$$

例 1-3 求标量场 $u=\frac{x^2+y^2}{z}$在点 $M(1,\ 1,\ 2)$处沿 $\boldsymbol{v}=\boldsymbol{e}_x+2\boldsymbol{e}_y+2\boldsymbol{e}_z$ 方向的方向导数。

解 $\boldsymbol{v}$ 方向的方向余弦为

$$\cos\alpha=\frac{1}{\sqrt{1^2+2^2+2^2}}=\frac{1}{3}$$

$$\cos\beta=\frac{2}{\sqrt{1^2+2^2+2^2}}=\frac{2}{3}$$

$$\cos\gamma=\frac{2}{\sqrt{1^2+2^2+2^2}}=\frac{2}{3}$$

而

$$\frac{\partial u}{\partial x}=\frac{2x}{z},\ \frac{\partial u}{\partial y}=\frac{2y}{z},\ \frac{\partial u}{\partial z}=\frac{-(x^2+y^2)}{z^2}$$

所以，标量场沿 $\boldsymbol{v}$ 方向的方向导数为

$$\begin{aligned}\frac{\partial u}{\partial v}&=\frac{\partial u}{\partial x}\cos\alpha+\frac{\partial u}{\partial y}\cos\beta+\frac{\partial u}{\partial z}\cos\gamma\\&=\frac{1}{3}\cdot\frac{2x}{z}+\frac{2}{3}\cdot\frac{2y}{z}-\frac{2}{3}\cdot\frac{x^2+y^2}{z^2}\end{aligned}$$

其在点 M 处沿 $\boldsymbol{v}$ 方向的方向导数为

$$\left.\frac{\partial u}{\partial v}\right|_M=\frac{1}{3}\cdot 1+\frac{2}{3}\cdot 1-\frac{2}{3}\cdot\frac{2}{4}=\frac{2}{3}$$

1.3.3 标量场的梯度

在标量场中，从一个给定点 M 出发有无穷多个方向，不同方向上的方向导数是不同的，存在某个方向 u，在这个方向上标量场的方向导数最大。

定义：标量场在点 M 处的梯度是一个矢量，其方向上的方向导数最大，其大小等于方向导数的最大变化率，记作 $\mathrm{grad}\,u$，即

$$\mathrm{grad}\,u=\boldsymbol{e}_v\frac{\partial u}{\partial v}\Big|_{\max} \tag{1.9}$$

式(1.9)中 $\boldsymbol{e}_v$ 是方向导数最大的标量场方向上的单位矢量。

在直角坐标系中，定义两矢量如下：

$$\boldsymbol{G}=\frac{\partial u}{\partial x}\boldsymbol{e}_x+\frac{\partial u}{\partial y}\boldsymbol{e}_y+\frac{\partial u}{\partial z}\boldsymbol{e}_z$$

$$\boldsymbol{e}_v=(\boldsymbol{e}_x\cos\alpha+\boldsymbol{e}_y\cos\beta+\boldsymbol{e}_z\cos\gamma)$$

则有

$$\begin{aligned}\frac{\partial u}{\partial v}&=\frac{\partial u}{\partial x}\cos\alpha+\frac{\partial u}{\partial y}\cos\beta+\frac{\partial u}{\partial z}\cos\gamma\\&=\left(\frac{\partial u}{\partial x}\boldsymbol{e}_x+\frac{\partial u}{\partial y}\boldsymbol{e}_y+\frac{\partial u}{\partial z}\boldsymbol{e}_z\right)\cdot(\boldsymbol{e}_x\cos\alpha+\boldsymbol{e}_y\cos\beta+\boldsymbol{e}_z\cos\gamma)\\&=\boldsymbol{G}\cdot\boldsymbol{e}_v=|\boldsymbol{G}|\cos(\boldsymbol{G},\ \boldsymbol{e}_v)\end{aligned} \tag{1.10}$$

由式(1.10)知，矢量 $\boldsymbol{G}$ 是与方向 $\boldsymbol{v}$ 无关的矢量，当 $\boldsymbol{v}$ 与 $\boldsymbol{G}$ 方向一致时，此时沿 $\boldsymbol{v}$ 的方向导数最大，因此 u 的梯度为

$$\mathrm{grad}\,u=\frac{\partial u}{\partial x}\boldsymbol{e}_x+\frac{\partial u}{\partial y}\boldsymbol{e}_y+\frac{\partial u}{\partial z}\boldsymbol{e}_z \tag{1.11}$$

在矢量分析中，经常用到哈密顿算符∇(读作“Del”或“Nabla”)，在直角坐标系中，其定义为

$$\nabla=\frac{\partial}{\partial x}\boldsymbol{e}_x+\frac{\partial}{\partial y}\boldsymbol{e}_y+\frac{\partial}{\partial z}\boldsymbol{e}_z$$

∇的作用类似于微分算符 $\mathrm{d}x$ 的 d，算符∇具有矢量和微分的双重性质，故也称为矢量微分算符(或矢量微分算子、∇算子)。哈密顿算符∇是本书的基础符号，后面经常使用。

因此，标量场 u 的梯度用哈密顿算符∇表示为

$$\begin{aligned}\mathrm{grad}\,u&=\frac{\partial u}{\partial x}\boldsymbol{e}_x+\frac{\partial u}{\partial y}\boldsymbol{e}_y+\frac{\partial u}{\partial z}\boldsymbol{e}_z\\&=\left(\frac{\partial}{\partial x}\boldsymbol{e}_x+\frac{\partial}{\partial y}\boldsymbol{e}_y+\frac{\partial}{\partial z}\boldsymbol{e}_z\right)u=\nabla u\end{aligned} \tag{1.12}$$

式(1.12)表明，标量场 u 的梯度可看作哈密顿算符∇作用于标量函数 u 的一种运算。

在圆柱坐标系中，标量场 u 的梯度可表示为

$$\mathrm{grad}\,u=\frac{\partial u}{\partial\rho}\boldsymbol{e}_\rho+\frac{\partial u}{\rho\partial\varphi}\boldsymbol{e}_\varphi+\frac{\partial u}{\partial z}\boldsymbol{e}_z$$

在球坐标系中，标量场 u 的梯度表示为

$$\mathrm{grad}\, u = \frac{\partial u}{\partial r}\boldsymbol{e}_r + \frac{1}{r}\frac{\partial u}{\partial \theta}\boldsymbol{e}_\theta + \frac{1}{r\sin\theta}\frac{\partial u}{\partial \varphi}\boldsymbol{e}_\varphi$$

另外，这里顺带介绍一下哈密顿算符∇的平方运算∇^2，本书后面要用到。

在直角坐标系中，∇^2定义如下：

$$\nabla^2 = \nabla\cdot\nabla = \left(\frac{\partial}{\partial x}\boldsymbol{e}_x + \frac{\partial}{\partial y}\boldsymbol{e}_y + \frac{\partial}{\partial z}\boldsymbol{e}_z\right)\cdot\left(\frac{\partial}{\partial x}\boldsymbol{e}_x + \frac{\partial}{\partial y}\boldsymbol{e}_y + \frac{\partial}{\partial z}\boldsymbol{e}_z\right)$$

$$= \frac{\partial^2}{\partial x^2} + \frac{\partial^2}{\partial y^2} + \frac{\partial^2}{\partial z^2}$$

∇^2叫拉普拉斯算子。

对于标量 u，在直角坐标系中$\nabla^2 u$ 为

$$\nabla^2 u = \frac{\partial^2 u}{\partial x^2} + \frac{\partial^2 u}{\partial y^2} + \frac{\partial^2 u}{\partial z^2}$$

对矢量 $\boldsymbol{A}$，$\nabla^2\boldsymbol{A}$ 定义为

$$\nabla^2\boldsymbol{A} = \nabla(\nabla\cdot\boldsymbol{A}) - \nabla\times(\nabla\times\boldsymbol{A})$$

在直角坐标系中，$\nabla^2\boldsymbol{A}$ 计算公式为

$$\nabla^2\boldsymbol{A} = \nabla^2 A_x\boldsymbol{e}_x + \nabla^2 A_y\boldsymbol{e}_y + \nabla^2 A_z\boldsymbol{e}_z$$

其中，$\nabla^2 A_x = \dfrac{\partial^2 A_x}{\partial x^2} + \dfrac{\partial^2 A_x}{\partial y^2} + \dfrac{\partial^2 A_x}{\partial z^2}$，$\nabla^2 A_y$、$\nabla^2 A_z$ 类似。

例 1-4 设一标量函数 $\varphi(x, y, z) = x^2 + y^2 - z$ 描述了空间标量场。试求：

(1) 该函数 φ 在点 $P(1, 1, 1)$处的梯度，以及表示该梯度方向的单位矢量；

(2) 求该函数 φ 沿单位矢量 $\boldsymbol{e} = \boldsymbol{e}_x\cos 60° + \boldsymbol{e}_y\cos 45° + \boldsymbol{e}_z\cos 60°$方向的方向导数，并将点 $P(1, 1, 1)$处的方向导数值与该点的梯度值作比较，得出相应结论。

解 (1) 由梯度计算公式(1.11)，可求得 P 点的梯度为

$$\nabla\varphi\,|_P = \left[\left(\boldsymbol{e}_x\frac{\partial}{\partial x} + \boldsymbol{e}_y\frac{\partial}{\partial y} + \boldsymbol{e}_z\frac{\partial}{\partial z}\right)(x^2 + y^2 - z)\right]_P$$

$$= (\boldsymbol{e}_x 2x + \boldsymbol{e}_y 2y - \boldsymbol{e}_z)\,|_{(1,1,1)}$$

$$= \boldsymbol{e}_x 2 + \boldsymbol{e}_y 2 - \boldsymbol{e}_z$$

表征其方向的单位矢量为

$$\boldsymbol{e}_l\,|_P = \frac{\nabla\varphi}{|\nabla\varphi|}\,|_P = \frac{\boldsymbol{e}_x 2x + \boldsymbol{e}_y 2y - \boldsymbol{e}_z}{\sqrt{(2x)^2 + (2y)^2 + (-1)^2}}\,|_{(1,1,1)}$$

$$= \boldsymbol{e}_x\frac{2}{3} + \boldsymbol{e}_y\frac{2}{3} - \boldsymbol{e}_z\frac{1}{3}$$

(2) 由方向导数与梯度之间的关系式可知，沿 $\boldsymbol{e}_l$ 方向的方向导数为

$$\frac{\partial\varphi}{\partial l} = \nabla\varphi\cdot\boldsymbol{e}_l = (\boldsymbol{e}_x 2x + \boldsymbol{e}_y 2y - \boldsymbol{e}_z)\left(\boldsymbol{e}_x\frac{1}{2} + \boldsymbol{e}_y\frac{\sqrt{2}}{2} + \boldsymbol{e}_z\frac{1}{2}\right)$$

$$= x + \sqrt{2}y - \frac{1}{2}$$

对于给定的 P 点，上述方向导数在该点的取值为

$$\frac{\partial\varphi}{\partial l}\bigg|_P=\left(x+\sqrt{2}y-\frac{1}{2}\right)\bigg|_{(1,1,1)}=\frac{1+2\sqrt{2}}{2}$$

而该点的梯度值为

$$|\nabla\varphi|_P=\sqrt{(2x)^2+(2y)^2+(-1)^2}\,|_{(1,1,1)}=3$$

显然，梯度$|\nabla\varphi|_P$描述了P点处标量函数φ的最大变化率，即最大的方向导数，故$\frac{\partial\varphi}{\partial l}|_P<|\nabla\varphi|_P$成立。

例 1－5 已知$\boldsymbol{R}=\boldsymbol{e}_x(x-x')+\boldsymbol{e}_y(y-y')+\boldsymbol{e}_z(z-z')$，$R=|\boldsymbol{R}|$。证明：(1) $\nabla R=\frac{\boldsymbol{R}}{R}$；(2) $\nabla(\frac{1}{R})=-\frac{\boldsymbol{R}}{R^3}$。其中：$\nabla=\boldsymbol{e}_x\frac{\partial}{\partial x}+\boldsymbol{e}_y\frac{\partial}{\partial y}+\boldsymbol{e}_z\frac{\partial}{\partial z}$表示对$x$、$y$、$z$的矢量微分运算，$\nabla'=\boldsymbol{e}_x\frac{\partial}{\partial x'}+\boldsymbol{e}_y\frac{\partial}{\partial y'}+\boldsymbol{e}_z\frac{\partial}{\partial z'}$表示对$x'$、$y'$、$z'$的矢量微分运算。

解 (1) 由$R=|\boldsymbol{R}|=\sqrt{(x-x')^2+(y-y')^2+(z-z')^2}$得

$$\begin{aligned}\nabla R&=\boldsymbol{e}_x\frac{\partial R}{\partial x}+\boldsymbol{e}_y\frac{\partial R}{\partial y}+\boldsymbol{e}_z\frac{\partial R}{\partial z}\\&=\frac{\boldsymbol{e}_x(x-x')+\boldsymbol{e}_y(y-y')+\boldsymbol{e}_z(z-z')}{\sqrt{(x-x')^2+(y-y')^2+(z-z')^2}}\\&=\frac{\boldsymbol{R}}{R}\end{aligned}$$

(2) 由$\frac{1}{R}=\frac{1}{\sqrt{(x-x')^2+(y-y')^2+(z-z')^2}}$得

$$\begin{aligned}\nabla\left(\frac{1}{R}\right)&=\boldsymbol{e}_x\frac{\partial}{\partial x}\left(\frac{1}{R}\right)+\boldsymbol{e}_y\frac{\partial}{\partial y}\left(\frac{1}{R}\right)+\boldsymbol{e}_z\frac{\partial}{\partial z}\left(\frac{1}{R}\right)\\&=-\frac{\boldsymbol{e}_x(x-x')+\boldsymbol{e}_y(y-y')+\boldsymbol{e}_z(z-z')}{[\sqrt{(x-x')^2+(y-y')^2+(z-z')^2}]^3}\\&=-\frac{\boldsymbol{R}}{R^3}\end{aligned}$$

1.4 矢量场的通量和散度

在矢量场中，各点的场量是随空间位置变化的矢量。我们这里只讨论不随时间变化的静态场，一个矢量场$\boldsymbol{A}$可以用一个矢量函数来表示，在直角坐标系中可表示为以下函数：

$$\boldsymbol{A}(x,y,z)=A_x(x,y,z)\boldsymbol{e}_x+A_y(x,y,z)\boldsymbol{e}_y+A_z(x,y,z)\boldsymbol{e}_z$$

式中，$A_x(x,y,z)$、$A_y(x,y,z)$、$A_z(x,y,z)$是分别沿x、y、z轴方向的分量，是x、y、z的标量函数。

1.4.1 矢量场的矢量线

对于标量场，我们用等值面来形象地表示标量场的空间分布。而对于矢量场，我们可用矢量线来形象地表示矢量场的空间分布。矢量线是一簇带方向的空间曲线，曲线上每点的切线方向和矢量的方向相同。空间中的每点只有一条矢量线，矢量线的疏密程度代表矢量的强弱。如图 1.8 所示，图中 d$\boldsymbol{r}$ 是$\boldsymbol{A}(\boldsymbol{r})$的极限，为方便显示我们画成了两根线。

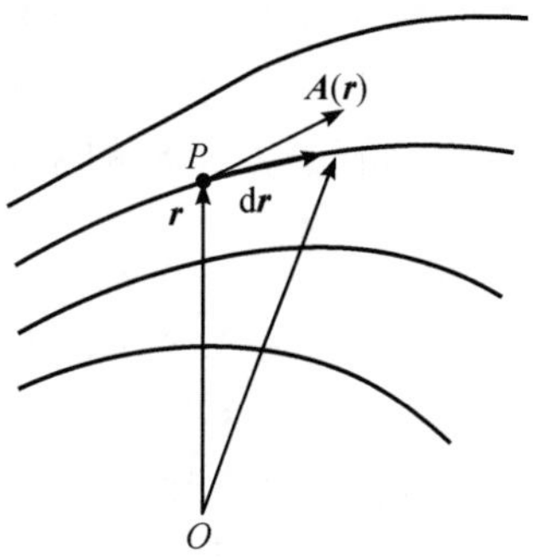

图 1.8 矢量线

设空间的矢量为 $\boldsymbol{A}(\boldsymbol{r})=\boldsymbol{A}(x, y, z)=A_x(x, y, z)\boldsymbol{e}_x+A_y(x, y, z)\boldsymbol{e}_y+A_z(x, y, z)\boldsymbol{e}_z$，设 P 为矢量线上的任意一点，其位置矢量为 $\boldsymbol{r}$，即

$$\boldsymbol{r}=x\boldsymbol{e}_x+y\boldsymbol{e}_y+z\boldsymbol{e}_z$$

在 P 点处的切线方向 d$\boldsymbol{r}$ 是($\boldsymbol{e}_x$dx, $\boldsymbol{e}_y$dy, $\boldsymbol{e}_z$dz)，d 表示微分算符，因为 $\boldsymbol{A}(\boldsymbol{r}) \parallel \mathrm{d}\boldsymbol{r}$，所以 $\boldsymbol{A}(\boldsymbol{r})\times\mathrm{d}\boldsymbol{r}=0$，于是有

$$\begin{vmatrix} \boldsymbol{e}_x & \boldsymbol{e}_y & \boldsymbol{e}_z \\ A_x & A_y & A_z \\ \mathrm{d}x & \mathrm{d}y & \mathrm{d}z \end{vmatrix}=0$$

于是得到

$$\frac{\mathrm{d}x}{A_x(x, y, z)}=\frac{\mathrm{d}y}{A_y(x, y, z)}=\frac{\mathrm{d}z}{A_z(x, y, z)}$$

解此方程即得到矢量线方程。

例 1-6 求矢量场 $\boldsymbol{A}=xy^2\boldsymbol{e}_x+x^2y\boldsymbol{e}_y+zy^2\boldsymbol{e}_z$的矢量线方程。

解 矢量线应满足以下微分方程：

$$\frac{\mathrm{d}x}{xy^2}=\frac{\mathrm{d}y}{x^2y}=\frac{\mathrm{d}z}{y^2z}$$

从而有

$$\begin{cases} \dfrac{\mathrm{d}x}{xy^2}=\dfrac{\mathrm{d}y}{x^2y} \\ \dfrac{\mathrm{d}x}{xy^2}=\dfrac{\mathrm{d}z}{y^2z} \end{cases}$$

解之即得矢量线方程

$$\begin{cases} z=c_1x \\ x^2-y^2=c_2 \end{cases}$$

其中，c_1和 c_2是积分常数。

1.4.2 矢量场的通量

电磁学中要使用通量的概念，例如电通量、磁通量等。

先举个特殊情况的例子。假设矢量 $\boldsymbol{A}$ 在空间中是均匀矢量(各点大小相等、方向相同)，通过一垂直于$\boldsymbol{A}$ 的平面S(平面 S 是有向平面，可以表示为矢量$\boldsymbol{S}$，设其面积为 s)，那

么可以定义矢量(假设是水流)穿过此平面的流量或通量 ψ 为 As，这里 $A=|\boldsymbol{A}|$，平面的方向是其法线方向，即 $\psi=As=\boldsymbol{A}\cdot\boldsymbol{S}$。

如果矢量 $\boldsymbol{A}$ 不是均匀矢量，是空间任意矢量场，S 也不是平面，而是任意曲面，则任意 $\boldsymbol{A}$ 通过任意曲面 S 的通量定义为

$$\psi=\int_S \boldsymbol{A}\cdot d\boldsymbol{S}=\int_S \boldsymbol{A}\cdot \boldsymbol{e}_n dS$$

式中，ψ 是标量，$d\boldsymbol{S}$ 为曲面 S 上的微分面元，$\boldsymbol{e}_n$ 是与面元 $d\boldsymbol{S}$ 垂直的单位矢量。$\boldsymbol{e}_n$ 的取法有两种情形：一种是 $d\boldsymbol{S}$ 为开曲面 S 上的一个面元矢量，这个开曲面由一条边界闭合曲线 C 围成，选择闭合曲线 C 的绕行方向后，按右手螺旋法则规定 $\boldsymbol{e}_n$ 的方向；另一种情形是 $d\boldsymbol{S}$ 为闭曲面上的一个面元，则一般取 $\boldsymbol{e}_n$ 的方向为闭曲面的外法线方向。

设 S 是封闭曲面，如果 $\boldsymbol{A}$ 是从面元矢量 $d\boldsymbol{S}$ 的负侧到正侧，即 $\boldsymbol{A}$ 与 $\boldsymbol{e}_n$ 的夹角为锐角，通过 $d\boldsymbol{S}$ 的通量为正值，称为流出的通量。如果 $\boldsymbol{A}$ 是从面元矢量 $d\boldsymbol{S}$ 的正侧到负侧，即 $\boldsymbol{A}$ 与 $\boldsymbol{e}_n$ 的夹角为钝角，通过 $d\boldsymbol{S}$ 的通量为负值，称为流入的通量。

对封闭曲面 S，ψ 代表正通量和负通量的代数和。$\int_S \boldsymbol{A}\cdot d\boldsymbol{S}>0$ 说明封闭区域流出的通量大于流入的通量，那么此时封闭曲面内必有产生矢量 $\boldsymbol{A}$ 的通量源，称为正通量源。$\int_S \boldsymbol{A}\cdot d\boldsymbol{S}<0$ 说明有矢量场 $\boldsymbol{A}$ 穿进封闭曲面内并被吸收，封闭曲面内必有汇集矢量线的源，叫作负通量源。$\int_S \boldsymbol{A}\cdot d\boldsymbol{S}=0$，说明闭合曲面内无通量源。

设矢量场 $\boldsymbol{A}(\boldsymbol{r})=\boldsymbol{A}(x, y, z)=A_x(x, y, z)\boldsymbol{e}_x+A_y(x, y, z)\boldsymbol{e}_y+A_z(x, y, z)\boldsymbol{e}_z$，$S$ 面每一点的单位法向量为 $\boldsymbol{e}_n=(\cos\alpha, \cos\beta, \cos\gamma)$，那么 $\boldsymbol{A}$ 通过曲面 S 的通量 ψ 为

$$\begin{aligned}\int_S \boldsymbol{A}\cdot d\boldsymbol{S}&=\int_S \boldsymbol{A}\cdot \boldsymbol{e}_n dS\\&=\int_S [A_x(x, y, z)\cos\alpha+A_y(x, y, z)\cos\beta+A_z(x, y, z)\cos\gamma]dS\\&=\iint A_x(x, y, z)dydz+A_y(x, y, z)dxdz+A_z(x, y, z)dxdy\end{aligned}\tag{1.13}$$

如果曲面 S 的方程为 $z=z(x, y)$，那么曲面的单位法向量为 $\boldsymbol{e}_n=\dfrac{1}{\pm\sqrt{1+z_x^2+z_y^2}}(-z_x, -z_y, 1)$，其中，分母如取正号，即 $\cos\gamma>0$，表示曲面的法线方向与 z 轴成锐角，取曲面的上侧。此时 $\boldsymbol{A}$ 通过曲面 S 的通量 ψ 为

$$\begin{aligned}\int_S \boldsymbol{A}\cdot d\boldsymbol{S}=\pm\iint_{D_{xy}}&[A_x(x, y, z(x, y))(-z_x)+A_y(x, y, z(x, y))(-z_y)+\\&A_z(x, y, z(x, y))]dxdy\end{aligned}$$

D_{xy} 是 S 在 xOy 平面的投影。

例 1-7 求 $\boldsymbol{A}(x, y, z)=xyz\boldsymbol{e}_z$ 穿过 $x^2+y^2+z^2=1$ 外侧在 $x\geqslant0$，$y\geqslant0$ 的通量，如图 1.9 所示。

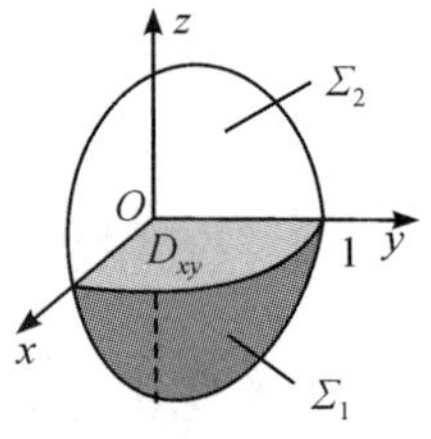

图 1.9 例 1-7 图

解 对于曲面 Σ_1：$z=-\sqrt{1-x^2-y^2}$

对于曲面 Σ_2：$z=\sqrt{1-x^2-y^2}$

$\boldsymbol{A}$ 通过曲面 Σ 的通量为

$$
\begin{aligned}
\int_{\Sigma} \boldsymbol{A} \cdot \mathrm{d}\boldsymbol{S} &= \iint_{\Sigma} xyz\,\mathrm{d}x\,\mathrm{d}y = \int_{\Sigma_2} xyz\,\mathrm{d}x\,\mathrm{d}y + \int_{\Sigma_1} xyz\,\mathrm{d}x\,\mathrm{d}y \\
&= \iint_{D_{xy}} xy\sqrt{1-x^2-y^2}\,\mathrm{d}x\,\mathrm{d}y - \iint_{D_{xy}} xy\left(-\sqrt{1-x^2-y^2}\right)\mathrm{d}x\,\mathrm{d}y \\
&= 2\iint_{D_{xy}} xy\sqrt{1-x^2-y^2}\,\mathrm{d}x\,\mathrm{d}y \\
&= 2\int_0^{\frac{\pi}{2}} \mathrm{d}\theta \int_0^1 \rho^2 \sin\theta\cos\theta \sqrt{1-\rho^2}\,\rho\,\mathrm{d}\rho \\
&= \frac{2}{15}
\end{aligned}
$$

注：此处需要使用高数中场论初步曲面积分（第一类曲面积分与第二类曲面积分）的相关知识。

1.4.3 矢量场的散度

矢量场的通量描述的是矢量场在宏观区域内的参数，为了描述矢量场在空间中每一点的通量特性，需要引入散度的概念。

在矢量场 $\boldsymbol{A}$ 中的任意一点 P 处作一个包围该点的任意闭合曲面 S，当 S 所限定的体积 ΔV 以任意方式趋近于0时，比值 $\dfrac{\int_S \boldsymbol{A} \cdot \mathrm{d}\boldsymbol{S}}{\Delta V}$ 的极限称为矢量场 $\boldsymbol{A}$ 在点 P 的散度，记作 $\mathrm{div}\boldsymbol{A}$，即

$$
\mathrm{div}\,\boldsymbol{A} = \lim_{\Delta V \to 0} \frac{\int_S \boldsymbol{A} \cdot \mathrm{d}\boldsymbol{S}}{\Delta V} \tag{1.14}
$$

矢量场在某点的散度是个标量，反映了在该点处单位体积内散发出来的矢量 $\boldsymbol{A}$ 的通量，描述了通量源的密度。$\mathrm{div}\,\boldsymbol{A} > 0$ 表明该点有场的辐射源，比如太阳产生的热辐射场；$\mathrm{div}\,\boldsymbol{A} < 0$ 表明该点有场的汇集源，如电场的负电荷处。

矢量场中某点的散度不为零，说明该点处有产生矢量的散度源。散度值代表了在该点处散度源的大小（可正、可负）。

在直角坐标系中，矢量场 $\boldsymbol{A}(x, y, z) = A_x(x, y, z)\boldsymbol{e}_x + A_y(x, y, z)\boldsymbol{e}_y + A_z(x, y, z)\boldsymbol{e}_z$ 的散度计算（公式推导过程略，可参考本书的参考文献）为

$$
\begin{aligned}
\mathrm{div}\,\boldsymbol{A} &= \frac{\partial A_x}{\partial x} + \frac{\partial A_y}{\partial y} + \frac{\partial A_z}{\partial z} \\
&= \left(\frac{\partial}{\partial x}\boldsymbol{e}_x + \frac{\partial}{\partial y}\boldsymbol{e}_y + \frac{\partial}{\partial z}\boldsymbol{e}_z\right) \cdot (A_x\boldsymbol{e}_x + A_y\boldsymbol{e}_y + A_z\boldsymbol{e}_z) \\
&= \nabla \cdot \boldsymbol{A}
\end{aligned} \tag{1.15}
$$

式中，∇是哈密顿算符，$\nabla = \dfrac{\partial}{\partial x}\boldsymbol{e}_x + \dfrac{\partial}{\partial y}\boldsymbol{e}_y + \dfrac{\partial}{\partial z}\boldsymbol{e}_z$。

在圆柱坐标系中，矢量场 A 的散度为

$$
\mathrm{div}\,\boldsymbol{A} = \frac{1}{\rho}\frac{\partial(\rho A_\rho)}{\partial \rho} + \frac{1}{\rho}\frac{\partial A_\varphi}{\partial \varphi} + \frac{\partial A_z}{\partial z}
$$

在球坐标系中，矢量场 A 的散度为

$$\operatorname{div}\boldsymbol{A}=\frac{1}{r^2}\frac{\partial(r^2A_r)}{\partial r}+\frac{1}{r\sin\theta}\frac{\partial(\sin\theta A_\theta)}{\partial\theta}+\frac{1}{r\sin\theta}\frac{\partial A_\varphi}{\partial\varphi}$$

例 1-8 已知矢量场 $\boldsymbol{A}=3x\boldsymbol{e}_x+y^2\boldsymbol{e}_y+xyz\boldsymbol{e}_z$。试求：矢量场在点 $P(1,1,0)$处的散度。

解

$$\operatorname{div}\boldsymbol{A}=\nabla\cdot\boldsymbol{A}=\frac{\partial(3x)}{\partial x}+\frac{\partial(y^2)}{\partial y}+\frac{\partial(xyz)}{\partial z}=3+2y+xy$$

把 P 点坐标代入上式，可得矢量场在 P 点的散度为

$$\nabla\cdot\boldsymbol{A}|_P=3+2\times1+1\times1=6$$

散度值为正，说明场中 P 点处有正的通量源。

1.4.4 高斯定理

由散度的定义，通量对体积的微分是散度，那么反过来，散度对体积的积分就是通量，于是有

$$\psi=\int_V\operatorname{div}\boldsymbol{A}\ \mathrm{d}V$$

又因为

$$\psi=\oint_S\boldsymbol{A}\cdot\mathrm{d}\boldsymbol{S}$$

所以有

$$\oint_S\boldsymbol{A}\cdot\mathrm{d}\boldsymbol{S}=\int_V\operatorname{div}\boldsymbol{A}\ \mathrm{d}V \tag{1.16}$$

这就是矢量场的散度定理，也叫高斯定理(严格的数学证明略)。

高斯定理说明：矢量场 $\boldsymbol{A}$ 通过闭合曲面 S 的通量，等于矢量 $\boldsymbol{A}$ 的散度 $\operatorname{div}\boldsymbol{A}$ 在闭合曲面包围的体积 V 上的体积分。高斯定理表示矢量通过闭合曲面积分与矢量的散度的体积分之间的变换关系，是矢量分析中一个重要的恒等式，在电磁理论中非常有用，后面经常使用。

例 1-9 在矢量场 $\boldsymbol{A}=\boldsymbol{e}_xx^2+\boldsymbol{e}_yxy+\boldsymbol{e}_zyz$ 中，有一个边长为 1 的立方体，如图 1.10 所示，其中一个顶点在坐标原点上，试求矢量场 $\boldsymbol{A}$ 的散度和从六面体内穿出的通量，并验证高斯散度定理。

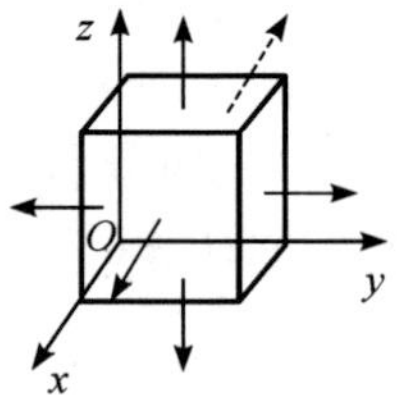

图 1.10 例 1-9 图

解 $\boldsymbol{A}$ 的散度为

$$\nabla\cdot\boldsymbol{A}=\frac{\partial(x^2)}{\partial x}+\frac{\partial(xy)}{\partial y}+\frac{\partial(yz)}{\partial z}=3x+y$$

$\boldsymbol{A}$ 穿出六面体的通量为

$$\oint_S\boldsymbol{A}\cdot\mathrm{d}\boldsymbol{S}=\int_{前}\boldsymbol{A}\cdot\mathrm{d}\boldsymbol{S}+\int_{后}\boldsymbol{A}\cdot\mathrm{d}\boldsymbol{S}+\int_{左}\boldsymbol{A}\cdot\mathrm{d}\boldsymbol{S}+\int_{右}\boldsymbol{A}\cdot\mathrm{d}\boldsymbol{S}+\int_{上}\boldsymbol{A}\cdot\mathrm{d}\boldsymbol{S}+\int_{下}\boldsymbol{A}\cdot\mathrm{d}\boldsymbol{S}$$

上式右边：

$$\int_{前}\boldsymbol{A}\cdot\mathrm{d}\boldsymbol{S}+\int_{后}\boldsymbol{A}\cdot\mathrm{d}\boldsymbol{S}=\int_{前}\boldsymbol{A}\cdot\boldsymbol{e}_x\mathrm{d}y\mathrm{d}z\,|_{x=1}+\int_{后}\boldsymbol{A}\cdot(-\boldsymbol{e}_x)\,\mathrm{d}y\mathrm{d}z\,|_{x=0}=1+0=1$$

$$\int_{左}\boldsymbol{A}\cdot\mathrm{d}\boldsymbol{S}+\int_{右}\boldsymbol{A}\cdot\mathrm{d}\boldsymbol{S}=\int_{左}\boldsymbol{A}\cdot(-\boldsymbol{e}_y)\,\mathrm{d}x\mathrm{d}z\,|_{y=0}+\int_{右}\boldsymbol{A}\cdot\boldsymbol{e}_y\mathrm{d}x\mathrm{d}z\,|_{y=1}=0+\frac{1}{2}=\frac{1}{2}$$

$$\int_{上} \mathbf{A} \cdot \mathrm{d}\mathbf{S} + \int_{下} \mathbf{A} \cdot \mathrm{d}\mathbf{S} = \int_{上} \mathbf{A} \cdot \mathbf{e}_z \mathrm{d}x\mathrm{d}y \mid_{z=1} + \int_{下} \mathbf{A} \cdot (-\mathbf{e}_z)\mathrm{d}x\mathrm{d}y \mid_{z=0} = \frac{1}{2} + 0 = \frac{1}{2}$$

所以有

$$\oint_S \mathbf{A} \cdot \mathrm{d}\mathbf{S} = 1 + \frac{1}{2} + \frac{1}{2} = 2$$

可见，从单位立方体穿出的通量为 2。而

$$\int_V \nabla \cdot \mathbf{A}\mathrm{d}V = \int_0^1\int_0^1\int_0^1 (3x+y)\mathrm{d}x\mathrm{d}y\mathrm{d}z = 2$$

可以看出 $\int_V \nabla \cdot \mathbf{A}\mathrm{d}V = \oint_S \mathbf{A} \cdot \mathrm{d}\mathbf{S}$，高斯定理成立。

1.5　矢量场的环量和旋度

矢量场的散度描述的是场的通量源的分布情况，反映了矢量场的一个重要性质。矢量场的环量和旋度反映了矢量场的另外一种空间性质，其中旋度反映了矢量场在某点的涡旋性。

1.5.1　矢量场的环量

矢量场 $\mathbf{A}$ 沿有向封闭曲线 C 的线积分称为矢量场 $\mathbf{A}$ 沿该封闭曲线的环量，也称环流，定义为

$$\Gamma = \oint_C \mathbf{A} \cdot \mathrm{d}\mathbf{l} = \oint A\cos\theta \mathrm{d}l$$

式中，θ 为 $\mathbf{A}$ 与 $\mathrm{d}\mathbf{l}$ 的夹角，$\mathrm{d}\mathbf{l}$ 为闭合曲线 C 上的线元矢量，方向为曲线在该点的切线方向，如图 1.11 所示。

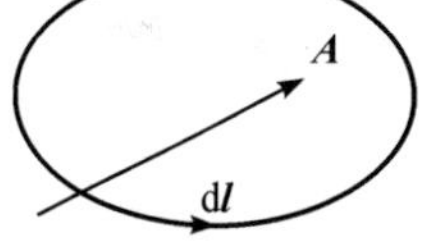

图 1.11　矢量的环量

矢量场的环量与矢量场穿过闭合曲面的通量一样，都是描述矢量场性质的重要的量。如果矢量场的环量不等于 0，则认为场中有产生该矢量场的源。但这种源与通量源不同，它既不发出矢量线也不汇聚矢量线。这种源通常称为旋涡源。

如果 $\mathbf{A}$ 是力，那么 $\mathbf{A}$ 沿封闭曲线 C 的环量就是力将物体沿封闭曲线 C 推一圈做的功。矢量场的环量反映了矢量沿该封闭曲线的旋转趋势。如果 $\Gamma>0$，我们称该矢量场在此区域有涡旋源；如果 $\Gamma=0$，例如重力场和电场，我们称 C 内没涡旋源。

下面用矢量的第二类曲线积分来说明环量的计算方法(这里曲线不一定是封闭曲线)。

设矢量场 $\mathbf{A}=\mathbf{A}_x(x, y, z)\mathbf{e}_x+\mathbf{A}_y(x, y, z)\mathbf{e}_y+\mathbf{A}_z(x, y, z)\mathbf{e}_z$，有向曲线 C 每一点的单位切线矢量为 $\boldsymbol{\tau}=(\cos\alpha, \cos\beta, \cos\gamma)$，那么 $\mathbf{A}$ 沿曲线 C 做的第二类曲线积分为

$$\begin{aligned}\int_C \mathbf{A} \cdot \mathrm{d}\mathbf{l} &= \int_C \mathbf{A} \cdot \boldsymbol{\tau}\mathrm{d}l \\ &= \int_C [A_x(x, y, z)\cos\alpha + A_y(x, y, z)\cos\beta + A_z(x, y, z)\cos\gamma]\mathrm{d}l \\ &= \int_C A_x(x, y, z)\mathrm{d}x + A_y(x, y, z)\mathrm{d}y + A_z(x, y, z)\mathrm{d}z\end{aligned}$$

式中，$\mathrm{d}\boldsymbol{l}$ 为曲线 C 的有向微分元，$\mathrm{d}x=\cos\alpha\,\mathrm{d}l$，$\mathrm{d}y=\cos\beta\,\mathrm{d}l$，$\mathrm{d}z=\cos\gamma\,\mathrm{d}l$，$\mathrm{d}\boldsymbol{l}=\boldsymbol{\tau}\mathrm{d}l=\mathrm{d}x\boldsymbol{e}_x+\mathrm{d}y\boldsymbol{e}_y+\mathrm{d}z\boldsymbol{e}_z$。

设光滑曲线 C 的方程为 $x=x(t)$，$y=y(t)$，$z=z(t)$，$\alpha\leqslant t\leqslant\beta$，若矢量函数 $\boldsymbol{A}(x, y, z)=P(x, y, z)\boldsymbol{e}_x+Q(x, y, z)\boldsymbol{e}_y+R(x, y, z)\boldsymbol{e}_z$ 在 C 上连续，那么 $\boldsymbol{A}$ 沿 C 的第二类曲线积分为

$$\begin{aligned}&\int_C[P(x, y, z)\mathrm{d}x+Q(x, y, z)\mathrm{d}y+R(x, y, z)\mathrm{d}z]\\&=\int_\alpha^\beta[P(x(t), y(t), z(t))x'(t)+Q(x(t), y(t), z(t))y'(t)+\\&\quad R(x(t), y(t), z(t))z'(t)]\mathrm{d}t\end{aligned}$$

如果空间曲线 C 的方程为 $y=y(x)$，$z=z(x)$，$a\leqslant x\leqslant b$，那么曲线的 $\boldsymbol{\tau}=\dfrac{1}{\sqrt{1+y'^2+z'^2}}(1, y', z')$，则 $\boldsymbol{A}$ 沿 C 的第二类曲线积分为

$$\begin{aligned}\int_C\boldsymbol{A}\cdot\mathrm{d}\boldsymbol{l}=\int_a^b&[A_x(x, y(x), z(x))+A_y(x, y(x), z(x))y'(x)+\\&A_z(x, y(x), z(x))z'(x)]\mathrm{d}x\end{aligned}$$

例 1-10 求矢量 $\boldsymbol{A}=-y\boldsymbol{e}_x+x\boldsymbol{e}_y+c\boldsymbol{e}_z$（$c$ 是常数）沿曲线 l：$(x-2)^2+y^2=R^2$，$z=0$ 的环量 Γ，如图 1.12 所示。

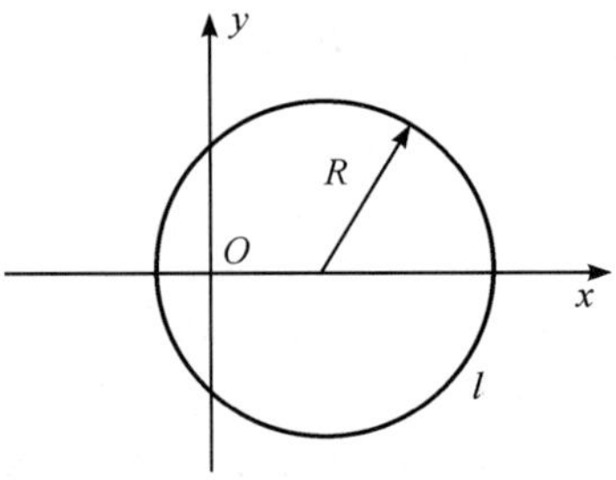

图 1.12 例 1-10 图

解 由于在曲线上 $z=0$，因此 $\mathrm{d}z=0$，那么 $\boldsymbol{A}$ 沿曲线 l 的环量为

$$\begin{aligned}\Gamma&=\oint\boldsymbol{A}\cdot\mathrm{d}\boldsymbol{l}=\oint_l(-y\mathrm{d}x+x\mathrm{d}y)\\&=\int_0^{2\pi}-R\sin\theta\,\mathrm{d}(2+R\cos\theta)+\int_0^{2\pi}(2+R\cos\theta)\mathrm{d}(R\sin\theta)\\&=\int_0^{2\pi}R^2\sin^2\mathrm{d}\theta+\int_0^{2\pi}(2+R\cos\theta)R\cos\theta\,\mathrm{d}\theta\\&=\int_0^{2\pi}[R^2(\sin^2\theta+\cos^2\theta)+2R\cos\theta]\mathrm{d}\theta\\&=\int_0^{2\pi}(R^2+2R\cos\theta)\mathrm{d}\theta\\&=2\pi R^2\end{aligned}$$

1.5.2 矢量场的环量面密度和旋度

在矢量场 $\boldsymbol{A}$ 中，在任意一点 P 处作一个包围该点的任意闭合曲线 C 构成有向面元 $\Delta\boldsymbol{S}$，取 $\boldsymbol{e}_n$ 为此面元的法向单位矢量。当面元 $\Delta\boldsymbol{S}$ 保持以 $\boldsymbol{e}_n$ 为法线方向且向点 P 处无限缩小时，即 $\Delta\boldsymbol{S}$ 以任意方式趋近于0时，比值$\dfrac{\oint_C \boldsymbol{A}\cdot \mathrm{d}\boldsymbol{l}}{\Delta S}$ 的极限称为矢量场$\boldsymbol{A}$在点P处的环量面密度(环量对面积的变化率)，并记作$\mathrm{rot}_n\boldsymbol{A}$，即

$$\mathrm{rot}_n\boldsymbol{A}=\lim_{\Delta S\to 0}\frac{\oint_C \boldsymbol{A}\cdot \mathrm{d}\boldsymbol{l}}{\Delta S}=\lim_{\Delta S\to 0}\frac{\oint A\cos\theta\,\mathrm{d}l}{\Delta S} \tag{1.17}$$

矢量场在某点处的环量面密度，是一个与 θ 有关(即与 $\boldsymbol{e}_n$ 方向有关)的量，反映了矢量在该点沿 $\boldsymbol{e}_n$ 方向的涡旋密度。

在矢量场给定点 P 处，沿不同方向 $\boldsymbol{e}_n$ 的环量面密度的值一般是不同的。例如在前面的环量例子中，如果曲线不是在 xOy 平面而是在 xOz 平面，计算的环量结果会不同。在某方向上，环量面密度可能取得最大值，我们定义此最大值为矢量场在该点的旋度，记为 $\mathrm{rot}\boldsymbol{A}$。

$$\mathrm{rot}\boldsymbol{A}=\boldsymbol{e}_n\lim_{\Delta S\to 0}\frac{\oint_C \boldsymbol{A}\cdot \mathrm{d}\boldsymbol{l}}{\Delta S}\Bigg|_{\max}$$

式中，$\boldsymbol{e}_n$ 是环量面密度取得最大值时的面元正法线单位矢量。

矢量场在某点的旋度是个矢量，代表了涡旋源在该点处的大小和方向，也是在该点处产生该矢量的涡旋源。

在直角坐标系中，矢量场 $\boldsymbol{A}$ 的旋度的计算公式如下(推导过程略，可参阅本书的参考文献)：

$$\begin{aligned}\mathrm{rot}\boldsymbol{A}&=\nabla\times\boldsymbol{A}\\&=\left(\frac{\partial}{\partial x}\boldsymbol{e}_x+\frac{\partial}{\partial y}\boldsymbol{e}_y+\frac{\partial}{\partial z}\boldsymbol{e}_z\right)\times\left[(A_x(x,y,z)\boldsymbol{e}_x+A_y(x,y,z)\boldsymbol{e}_y+A_z(x,y,z)\boldsymbol{e}_z\right]\\&=\begin{vmatrix}\boldsymbol{e}_x & \boldsymbol{e}_y & \boldsymbol{e}_z\\ \dfrac{\partial}{\partial x} & \dfrac{\partial}{\partial y} & \dfrac{\partial}{\partial z}\\ A_x & A_y & A_z\end{vmatrix}\end{aligned} \tag{1.18}$$

在圆柱坐标系中，$\boldsymbol{A}$ 的旋度为

$$\mathrm{rot}\boldsymbol{A}=\frac{1}{\rho}\begin{vmatrix}\boldsymbol{e}_\rho & \rho\boldsymbol{e}_\varphi & \boldsymbol{e}_z\\ \dfrac{\partial}{\partial \rho} & \dfrac{\partial}{\partial \varphi} & \dfrac{\partial}{\partial z}\\ A_\rho & \rho A_\varphi & A_z\end{vmatrix}$$

在球坐标系中，$\boldsymbol{A}$ 的旋度为

$$\mathrm{rot}\boldsymbol{A}=\frac{1}{r^2\sin\theta}\begin{vmatrix}\boldsymbol{e}_r & r\boldsymbol{e}_\theta & r\sin\theta\boldsymbol{e}_\varphi\\ \dfrac{\partial}{\partial r} & \dfrac{\partial}{\partial \theta} & \dfrac{\partial}{\partial \varphi}\\ A_r & rA_\theta & r\sin\theta A_\varphi\end{vmatrix}$$

例 1－11 已知描述场的矢量函数为 $\boldsymbol{A}=(x+y)^2\boldsymbol{e}_x+yz\boldsymbol{e}_y+xz\boldsymbol{e}_z$。试求：场中点 $P(1, 2, 1)$处矢量的旋度。

解 由旋度的计算公式(1.18)，可得

$$\nabla\times\boldsymbol{A}=\begin{vmatrix}\boldsymbol{e}_x & \boldsymbol{e}_y & \boldsymbol{e}_z\\ \dfrac{\partial}{\partial x} & \dfrac{\partial}{\partial y} & \dfrac{\partial}{\partial z}\\ (x+y)^2 & yz & xz\end{vmatrix}$$

$$=\left[\frac{\partial(xz)}{\partial y}-\frac{\partial(yz)}{\partial z}\right]\boldsymbol{e}_x+\left[\frac{\partial(x+y)^2}{\partial z}-\frac{\partial(xz)}{\partial x}\right]\boldsymbol{e}_y+\left[\frac{\partial(yz)}{\partial x}-\frac{\partial(x+y)^2}{\partial y}\right]\boldsymbol{e}_z$$

$$=-y\boldsymbol{e}_x-z\boldsymbol{e}_y-2(x+y)\boldsymbol{e}_z$$

代入 P 点坐标值，可得矢量在 P 点的旋度为

$$\nabla\times\boldsymbol{A}\big|_P=-2\boldsymbol{e}_x-\boldsymbol{e}_y-6\boldsymbol{e}_z$$

1.5.3 斯托克斯定理

由旋度的定义，环量对面积的微分是旋度，那么反过来，旋度对面积的积分就是环量，即

$$\Gamma=\int_S \mathrm{rot}\,\boldsymbol{A}\cdot\mathrm{d}\boldsymbol{S}$$

又因为

$$\Gamma=\oint_C \boldsymbol{A}\cdot\mathrm{d}\boldsymbol{l}$$

于是有

$$\oint_C \boldsymbol{A}\cdot\mathrm{d}\boldsymbol{l}=\int_S \mathrm{rot}\,\boldsymbol{A}\cdot\mathrm{d}\boldsymbol{S}$$

这就是矢量场的斯托克斯定理，也叫旋度定理(严格的数学证明略)。斯托克斯定理的意义是：矢量场沿一闭合曲线 C 的环量，等于该矢量场的旋度对以该闭合曲线为边界的任意曲面 S 的通量(面积分)。

例 1－12 已知一矢量场 $\boldsymbol{F}=\boldsymbol{e}_x xy-\boldsymbol{e}_y 2x$，如图 1.13 所示，试求：

(1) 该矢量场的旋度。

(2) 该矢量沿半径为 3 的四分之一圆盘的线积分，如图 1.13 所示，验证斯托克斯定理。

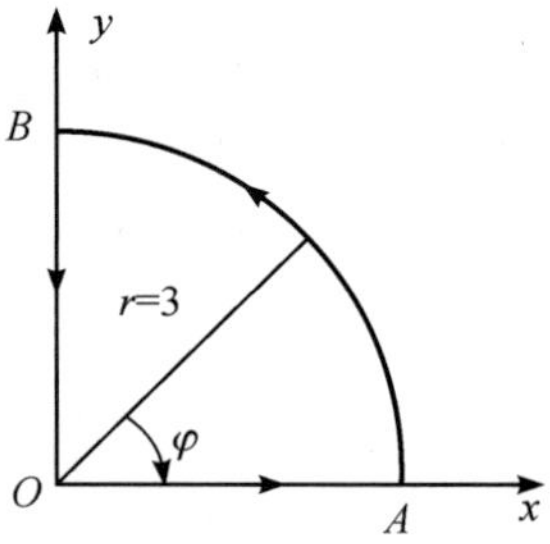

图 1.13 例 1－12 图

解 $\mathrm{rot}\,\boldsymbol{F}=\nabla\times\boldsymbol{F}=\begin{vmatrix}\boldsymbol{e}_x & \boldsymbol{e}_y & \boldsymbol{e}_z\\ \dfrac{\partial}{\partial x} & \dfrac{\partial}{\partial y} & \dfrac{\partial}{\partial z}\\ xy & -2x & 0\end{vmatrix}=-\boldsymbol{e}_z(2+x)$

矢量沿四分之一圆盘的线积分(环量)为

$$\Gamma=\int_C \boldsymbol{F}\cdot\mathrm{d}\boldsymbol{l}=\int_A^B \boldsymbol{F}\cdot\mathrm{d}\boldsymbol{l}+\int_B^O \boldsymbol{F}\cdot\mathrm{d}\boldsymbol{l}+\int_O^A \boldsymbol{F}\cdot\mathrm{d}\boldsymbol{l}=\int_A^B \boldsymbol{F}\cdot\mathrm{d}\boldsymbol{l}$$

$$\int_A^B \boldsymbol{F}\cdot d\boldsymbol{l} = \int_0^{\frac{\pi}{2}} (-r^3\sin^2\varphi\cos\varphi - 2r^2\cos^2\varphi)\,d\varphi$$

$$= -9\left(1+\frac{\pi}{2}\right)$$

所以有 $\int_C \boldsymbol{F}\cdot d\boldsymbol{l} = -9\left(1+\frac{\pi}{2}\right)$，而

$$\int_S \text{rot}\,\boldsymbol{F}\cdot d\boldsymbol{S} = \int_S \boldsymbol{e}_z(-2-r\cos\varphi)\cdot\boldsymbol{e}_z r\,dr\,d\varphi$$

$$= \int_0^3\int_0^{\frac{\pi}{2}} -(2+r\cos\varphi)\,r\,dr\,d\varphi$$

$$= -9\left(1+\frac{\pi}{2}\right)$$

显然，有 $\oint_C \boldsymbol{F}\cdot d\boldsymbol{l} = \int_S \text{rot}\,\boldsymbol{F}\cdot d\boldsymbol{S}$，斯托克斯定理成立。

1.6 无旋场和无散场

矢量场的散度和旋度能反映矢量场在该区域内各点处散度源和旋度源的空间分布。此外，矢量场散度和旋度是产生矢量场的两种不同性质的源，相应地，不同性质的源产生的矢量场也具有不同的性质。

1.6.1 无旋场

如果一个矢量场 $\boldsymbol{A}$ 的旋度处处为 $\boldsymbol{0}$，即 $\nabla\times\boldsymbol{A}=\boldsymbol{0}$，则称该矢量场为无旋场，那么该矢量场是由散度源产生的。比如，静电场就是旋度处处为 $\boldsymbol{0}$ 的无旋场。

标量场的梯度有一个重要性质，就是它的旋度恒等于 $\boldsymbol{0}$，即

$$\nabla\times(\nabla u)=\boldsymbol{0}$$

在直角坐标系中很容易证明这一结论。

$$\nabla\times(\nabla u) = \nabla\times\left[\frac{\partial u}{\partial x}\boldsymbol{e}_x + \frac{\partial u}{\partial y}\boldsymbol{e}_y + \frac{\partial u}{\partial z}\boldsymbol{e}_z\right]$$

$$= \begin{vmatrix} \boldsymbol{e}_x & \boldsymbol{e}_y & \boldsymbol{e}_z \\ \dfrac{\partial}{\partial x} & \dfrac{\partial}{\partial y} & \dfrac{\partial}{\partial z} \\ \dfrac{\partial u}{\partial x} & \dfrac{\partial u}{\partial y} & \dfrac{\partial u}{\partial z} \end{vmatrix}$$

$$=\boldsymbol{0}$$

对于一个旋度处处为 $\boldsymbol{0}$ 的矢量场 $\boldsymbol{A}$，总可以把它表示为某一标量场的梯度，即如果 $\nabla\times\boldsymbol{A}=\boldsymbol{0}$，存在标量函数 u，使得

$$\boldsymbol{A} = -\nabla u \tag{1.19}$$

函数 u 称为无旋场 $\boldsymbol{A}$ 的标量位函数，简称标量位。式(1.19)中有一负号，这是因为梯

度的方向总是由低等值面指向高等值面，而场的方向定义为由高等值面指向低等值面，比如电场，电场中的 u 叫电势。

对无旋场，因为没旋度，由斯托克斯定理可知封闭曲线的环量为 0，即

$$\oint \boldsymbol{A} \cdot \mathrm{d}\boldsymbol{l} = 0$$

任取 P、Q 两点，有 $\int_P^Q \boldsymbol{A} \cdot \mathrm{d}\boldsymbol{l} + \int_Q^P \boldsymbol{A} \cdot \mathrm{d}\boldsymbol{l} = \oint \boldsymbol{A} \cdot \mathrm{d}\boldsymbol{l} = 0$。包含 P、Q 的封闭曲线非常多，其中有一个是直线，所以$\int_P^Q \boldsymbol{A} \cdot \mathrm{d}\boldsymbol{l}$ 的积分结果与路径无关。例如，在重力场中，把物体从 P 移动到 Q，重力场做的功与路径无关，这种场叫保守场。

1.6.2 无散场

如果一个矢量场 $\boldsymbol{A}$ 的散度处处为 0，即$\nabla \cdot \boldsymbol{A} = 0$，则称该矢量场为无散场，那么该场是由旋涡源产生的。例如，恒定磁场就是散度处处为 0 的无散场。

矢量场的旋度有一个重要性质，就是旋度的散度恒等于 0，即

$$\nabla \cdot (\nabla \times \boldsymbol{A}) = 0$$

在直角坐标系中很好证明：

$$\nabla \cdot (\nabla \times \boldsymbol{A}) = \left(\frac{\partial}{\partial x}\boldsymbol{e}_x + \frac{\partial}{\partial y}\boldsymbol{e}_y + \frac{\partial}{\partial z}\boldsymbol{e}_z\right) \cdot \begin{vmatrix} \boldsymbol{e}_x & \boldsymbol{e}_y & \boldsymbol{e}_z \\ \dfrac{\partial}{\partial x} & \dfrac{\partial}{\partial y} & \dfrac{\partial}{\partial z} \\ A_x & A_y & A_z \end{vmatrix} = 0$$

由高斯定理，无散场通过任何封闭曲面的通量为零，即

$$\oint_S \boldsymbol{A} \cdot \mathrm{d}\boldsymbol{S} = 0$$

如果矢量场 $\boldsymbol{A}$ 的散度处处为 0，即$\nabla \cdot \boldsymbol{A} = 0$，那么矢量 $\boldsymbol{A}$ 可表示为另一矢量 $\boldsymbol{B}$ 的旋度：

$$\boldsymbol{A} = \nabla \times \boldsymbol{B}$$

1.6.3 亥姆霍兹定理

一个矢量场所具有的性质，可由它的散度和旋度来描述，可以证明：在有限的区域 V 内，任一矢量场由它的散度、旋度和边界条件(即限定区域 V 的闭合面 S 上的矢量场的分布)唯一确定，这就是亥姆霍兹定理。

简单地说：任意矢量 $\boldsymbol{A}$ 可以表示为无旋场 $\boldsymbol{A}_l$ 和无散场 $\boldsymbol{A}_c$ 之和，即 $\boldsymbol{A} = \boldsymbol{A}_c + \boldsymbol{A}_l$。

因为$\nabla \cdot \boldsymbol{A}_c = 0$，所以$\nabla \cdot \boldsymbol{A} = \nabla \cdot \boldsymbol{A}_l$。

因为$\nabla \times \boldsymbol{A}_l = \boldsymbol{0}$，所以$\nabla \times \boldsymbol{A} = \nabla \times \boldsymbol{A}_c$。

亥姆霍兹定理告诉我们：在无界空间中，散度与旋度均处处为 0 的矢量场是不存在的，因为任何一个物理场都必须有源，场和源是一起出现的，源是场的起因。亥姆霍兹定理总结了矢量场的基本性质，其意义是非常重要的。分析矢量场时，可以从研究它的散度和旋度着手，得到的散度方程和旋度方程组成了矢量场基本方程的微分形式，或者从矢量场沿闭合曲面的通量和沿闭合路径的环量着手，得到矢量场基本方程的积分形式。

另外，补充说明一下，静态场问题通常分为两大类：分布型问题和边值型问题。由已知

场源(电荷、电流)的分布，求空间各点的场分布，称为分布型问题。如果已知场量在场域边界上的值，求场域内的场分布，则属于边值型问题。静态场时，电场可以用标量位描述，磁场可以用矢量磁位和标量磁位描述。在均匀介质中，位函数满足泊松方程和拉普拉斯方程。静态场问题的求解，可归结为在给定的边界条件下，求解场的位函数的泊松方程或拉普拉斯方程，场的位函数方程是偏微分方程，位函数的边界条件保证了方程的解是唯一的，这就是静态场的唯一性定理。从数学本质上看，位函数的边值问题就是偏微分方程的定解问题，所以场论和数学的偏微分方程求解问题关联极强，当然和微分几何也有关联。

本章小结

本章主要讲述电磁场与电磁波课程中需要的预备数学知识：矢量分析及场论初步。

1. 矢量代数

(1) 矢量的点积(直角坐标系中)：

$$\boldsymbol{A}\cdot\boldsymbol{B}=A_xB_x+A_yB_y+A_zB_z$$

(2) 矢量的叉积(直角坐标系中)：

$$\boldsymbol{A}\times\boldsymbol{B}=\begin{vmatrix}\boldsymbol{e}_x & \boldsymbol{e}_y & \boldsymbol{e}_z\\ A_x & A_y & A_z\\ B_x & B_y & B_z\end{vmatrix}$$

2. 各类正交坐标系

(1) 直角坐标系。

位置矢量：$\boldsymbol{r}=x\boldsymbol{e}_x+y\boldsymbol{e}_y+z\boldsymbol{e}_z$。

与坐标单位矢量垂直的三个面积元：

$$\mathrm{d}S_x=\mathrm{d}y\mathrm{d}z;\ \mathrm{d}S_y=\mathrm{d}x\mathrm{d}z;\ \mathrm{d}S_z=\mathrm{d}x\mathrm{d}y$$

(2) 圆柱坐标系。

位置矢量：$\boldsymbol{r}=\rho\boldsymbol{e}_\rho+z\boldsymbol{e}_z$。

与坐标单位矢量垂直的三个面积元：

$$\mathrm{d}S_\rho=\rho\mathrm{d}\varphi\mathrm{d}z;\ \mathrm{d}S_\varphi=\mathrm{d}\rho\mathrm{d}z;\ \mathrm{d}S_z=\rho\mathrm{d}\rho\mathrm{d}\varphi$$

(3) 球坐标系。

位置矢量：$\boldsymbol{r}=r\boldsymbol{e}_r$。

与坐标单位矢量垂直的三个面积元：

$$\mathrm{d}S_r=r^2\sin\theta\mathrm{d}\theta\mathrm{d}\varphi;\ \mathrm{d}S_\theta=r\sin\theta\mathrm{d}\varphi\mathrm{d}r;\ \mathrm{d}S_\varphi=r\mathrm{d}r\mathrm{d}\theta$$

3. 标量场

(1) 等值面。

(2) 方向导数。

(3) 标量场 u 梯度(直角坐标系中)：

$$\mathrm{grad}\,u=\nabla u=\frac{\partial u}{\partial x}\boldsymbol{e}_x+\frac{\partial u}{\partial y}\boldsymbol{e}_y+\frac{\partial u}{\partial z}\boldsymbol{e}_z$$

4. 矢量场的通量和散度

(1) 矢量场的通量：$\psi = \int_S \boldsymbol{A} \cdot \mathrm{d}\boldsymbol{S} = \int_S \boldsymbol{A} \cdot \boldsymbol{e}_n \mathrm{d}S$。

(2) 矢量场的散度：$\mathrm{div}\boldsymbol{A} = \lim\limits_{\Delta V \to 0} \dfrac{\int_S \boldsymbol{A} \cdot \mathrm{d}\boldsymbol{S}}{\Delta V}$。

在直角坐标系中：$\mathrm{div}\boldsymbol{A} = \dfrac{\partial A_x}{\partial x} + \dfrac{\partial A_y}{\partial y} + \dfrac{\partial A_z}{\partial z}$。

(3) 高斯定理。

矢量场 **A** 在限定该体积的闭合边界面 S 上的面积分等于 **A** 的散度 div**A** 在体积 V 上的体积分。

$$\oint_S \boldsymbol{A} \cdot \mathrm{d}\boldsymbol{S} = \int_V \mathrm{div}\boldsymbol{A} \mathrm{d}V$$

5. 矢量场的环量和旋度

(1) 矢量场的环量。

矢量场 **A** 沿有向封闭曲线 C 的线积分叫矢量场 **A** 沿该曲线的环量：

$$\Gamma = \oint_C \boldsymbol{A} \cdot \mathrm{d}\boldsymbol{l} = \oint_C A\cos\theta \mathrm{d}l$$

(2) 矢量的旋度。

矢量场在给定点 P 的某方向上，环量面密度可能取得最大值，此最大值为矢量场在该点的旋度：

$$\mathrm{rot}\boldsymbol{A} = \boldsymbol{e}_n \lim_{\Delta s \to 0} \frac{\oint_C \boldsymbol{A} \cdot \mathrm{d}\boldsymbol{l}}{\Delta S} \Big|_{\max}$$

在直角坐标系中：

$$\mathrm{rot}\boldsymbol{A} = \nabla \times \boldsymbol{A} = \begin{vmatrix} \boldsymbol{e}_x & \boldsymbol{e}_y & \boldsymbol{e}_z \\ \dfrac{\partial}{\partial x} & \dfrac{\partial}{\partial y} & \dfrac{\partial}{\partial z} \\ A_x & A_y & A_z \end{vmatrix}$$

(3) 斯托克斯定理。

矢量场 **A** 沿一闭合曲线 C 的环量 Γ，等于该矢量场的旋度对以该闭合曲线为边界的任意曲面 S 的通量(面积分)。

$$\oint_C \boldsymbol{A} \cdot \mathrm{d}\boldsymbol{l} = \int_S \mathrm{rot}\boldsymbol{A} \cdot \mathrm{d}\boldsymbol{S}$$

6. 无旋场和无散场

(1) 无旋场。

矢量场 **A** 在空间中任意点的旋度为 0，这样的场叫无旋场。比如电场、重力场。

无旋场 **A** 可以描述为一标量场 u 的梯度：$\boldsymbol{A} = -\nabla u$。

(2) 无散场。

矢量场 **A** 在空间中任意点的散度为 0，这样的场叫无散场。比如磁场。

无散场 $\boldsymbol{A}$ 可以描述为一矢量场 $\boldsymbol{B}$ 的旋度：$\boldsymbol{A}=\nabla\times\boldsymbol{B}$。

(3) 亥姆霍兹定理。

任意矢量 $\boldsymbol{A}$ 可以表示为无旋场 $\boldsymbol{A}_l$ 和无散场 $\boldsymbol{A}_c$ 之和：$\boldsymbol{A}=\boldsymbol{A}_c+\boldsymbol{A}_l$。

习　题

1.1　给定两矢量 $\boldsymbol{A}=\boldsymbol{e}_x2+\boldsymbol{e}_y3-\boldsymbol{e}_z4$ 和 $\boldsymbol{B}=-\boldsymbol{e}_x6-\boldsymbol{e}_y4+\boldsymbol{e}_z$，求 $\boldsymbol{A}\times\boldsymbol{B}$ 在 $\boldsymbol{C}=\boldsymbol{e}_x-\boldsymbol{e}_y+\boldsymbol{e}_z$ 上的分量。

1.2　对于一球心在原点、半径为 5 的球，在球面 S 上，计算 $\oint \boldsymbol{e}_r3\sin\theta\cdot \mathrm{d}\boldsymbol{S}$ 的值。

1.3　在由 $r=5$、$z=0$ 和 $z=4$ 围成的圆柱形区域上，对矢量 $\boldsymbol{A}=\boldsymbol{e}_\rho r^2+\boldsymbol{e}_z2z$ 验证散度定理。

1.4　已知矢量 $\boldsymbol{A}=\boldsymbol{e}_xx^2+\boldsymbol{e}_yx^2y^2+\boldsymbol{e}_z24x^2y^2z^3$。(1) 求 $\boldsymbol{A}$ 的散度；(2) 求 $\nabla\cdot\boldsymbol{A}$ 对中心在原点的一个单位立方体的积分；(3) 求 $\boldsymbol{A}$ 对此立方体表面的积分，验证散度定理。

1.5　计算矢量 $\boldsymbol{r}$ 对一个球心在原点、半径为 a 的球表面的积分，并求 $\nabla\cdot\boldsymbol{r}$ 对球体积的积分。

1.6　求矢量 $\boldsymbol{A}=\boldsymbol{e}_x+\boldsymbol{e}_yx^2+\boldsymbol{e}_zy^2z$ 沿 xOy 平面上一个边长为 2 的正方形回路的线积分，此正方形的两边分别与 x 轴和 y 轴重合。再求 $\nabla\times\boldsymbol{A}$ 对此回路所包围的曲面的积分，验证斯托克斯定理。

1.7　求矢量 $\boldsymbol{A}=\boldsymbol{e}_x+\boldsymbol{e}_yxy^2$ 沿圆周 $x^2+y^2=a^2$ 的线积分，再计算 $\nabla\times\boldsymbol{A}$ 对此圆的面积分。

1.8　给定矢量函数 $\boldsymbol{E}=\boldsymbol{e}_xy+\boldsymbol{e}_yx$，试求从点 $P(2,1,-1)$ 到点 $Q(8,2,-1)$ 的线积分 $\int\boldsymbol{E}\cdot\mathrm{d}\boldsymbol{l}$：(1) 沿抛物线 $x=y^2$；(2) 沿连接该两点的直线；(3) 判断这个 $\boldsymbol{E}$ 是否为保守场。

1.9　对于用球坐标表示的场 $\boldsymbol{E}=\boldsymbol{e}_r25/r^2$，求在直角坐标系中的点 $P(-3,4,-5)$ 处的 $\boldsymbol{E}$。

1.10　求下列矢量场的散度和旋度：

(1) $\boldsymbol{A}=(3x^2y+z)\boldsymbol{e}_x+(y^3-xz^2)\boldsymbol{e}_y+2xyz\boldsymbol{e}_z$；

(2) $\boldsymbol{A}=z^2y\,\boldsymbol{e}_x+zx^2\boldsymbol{e}_y+xy^2\boldsymbol{e}_z$；

(3) $\boldsymbol{A}=P(x)\boldsymbol{e}_x+Q(y)\boldsymbol{e}_y+R(z)\boldsymbol{e}_z$。

第2章

静　电　场

空间位置固定、电量不随时间变化的电荷在周围产生的场叫静电场。静电场的基本性质是对场里的电荷有力的作用。本章讨论静电场的基本方程、电位、电介质中的电场、静电场的边界条件、静电场的能量等内容。

2.1　电荷和电荷密度

自然界中存在两种电荷：正电荷和负电荷。带电体所带电量的多少称为电荷量，简称为电量，电量的单位是库仑(C)。物理学家们发现任何带电体上的电荷都是以离散的方式分布的，带电体的电量都只能是一个基本电荷电量的整数倍。基本电荷的电量就是质子和电子的电量，其值为 $e=1.602\times10^{-19}$ C。质子带正电，其电量为 e，电子带负电，其电量为 $-e$。在研究宏观电磁现象时，人们观察到的是带电体上大量微观带电粒子的总体效应，而带电粒子的尺寸远小于带电体的尺寸。因此，可以认为电荷是以一定形式连续分布在带电体上的，并用电荷密度来描述这种分布。按照带电体的结构，电荷密度分为电荷体密度、电荷面密度、电荷线密度、点电荷四种。

1. 电荷体密度

电荷连续分布于体积 V 内，用电荷体密度 ρ_V 描述其电荷分布。设体积元 ΔV 内的电量为 Δq，则该体积内该点处的电荷体密度 ρ_V 为

$$\rho_V=\lim_{\Delta V\to 0}\frac{\Delta q}{\Delta V}=\frac{\mathrm{d}q}{\mathrm{d}V}$$

利用电荷体密度求体积 V 内的电量为

$$q=\int_V\rho_V\,\mathrm{d}V$$

2. 电荷面密度

电荷连续分布于厚度可以忽略的薄曲面 S 上，用电荷面密度 ρ_S 描述其电荷分布。设面元 ΔS 内的电量为 Δq，则该面积内该点处的电荷面密度 ρ_S 为

$$\rho_S=\lim_{\Delta S\to 0}\frac{\Delta q}{\Delta S}=\frac{\mathrm{d}q}{\mathrm{d}S}$$

利用电荷面密度求面积 S 内的电量为

$$q=\int_S \rho_S \mathrm{d}S$$

3. 电荷线密度

电荷连续分布于横截面积可以忽略的细线 l 上，用电荷线密度 ρ_l 描述其电荷分布。设线元 Δl 内的电荷量为 Δq，则该线元内该点处的电荷线密度 ρ_l 为

$$\rho_l=\lim_{\Delta l\to 0}\frac{\Delta q}{\Delta l}=\frac{\mathrm{d}q}{\mathrm{d}l}$$

利用电荷线密度求细线 l 上的电量为

$$q=\int_l \rho_l \mathrm{d}l$$

4. 点电荷

当带电体的尺寸远小于观察点至带电体的距离时，带电体的形状及其中的电荷分布已无关紧要，此时可将带电体所带电荷看成集中在带电体的中心点上，即将带电体抽象为一个几何点模型，称为点电荷。点电荷密度为

$$\rho=\lim_{\Delta V\to 0}\frac{q}{\Delta V}=\infty$$

此极限在数学上用 δ 表示，假设点电荷 q 位于 $r=0$ 的原点处，那么点电荷密度为

$$\rho(r)=q\delta(r)$$

式中

$$\delta(r)=\begin{cases}0, & r\neq 0\\ \infty, & r=0\end{cases}$$

且 $\delta(r)$满足

$$\int_V \delta(r)\mathrm{d}V=\begin{cases}0, & V\text{ 不包含原点}\\ 1, & V\text{ 包含原点}\end{cases}$$

这里的 δ 函数只是点电荷密度的一种数学表达。点电荷的概念在电磁学中很重要。

2.2 电 场 强 度

1785 年法国物理学家库仑从实验中总结出两个点电荷之间作用力的规律，即库仑定律：

$$\boldsymbol{F}_{12}=\boldsymbol{e}_R\frac{q_1q_2}{4\pi\varepsilon_0R^2}=\frac{q_1q_2}{4\pi\varepsilon_0R^3}\boldsymbol{R} \tag{2.1}$$

式(2.1)中，$\boldsymbol{F}_{12}$ 表示电荷 q_1 对电荷 q_2 的作用力，q_1 的位置矢量为 $\boldsymbol{r}_1$，q_2 的位置矢量为 $\boldsymbol{r}_2$，$\boldsymbol{R}=\boldsymbol{r}_2-\boldsymbol{r}_1=\boldsymbol{e}_RR$。$\boldsymbol{e}_R$ 表示$\boldsymbol{R}$ 的单位矢量。$\boldsymbol{F}_{12}$ 是矢量，方向在 q_1 和 q_2 的连线上，同号电荷相斥，异号电荷相吸。ε_0 是真空中的介电常数，单位是法拉每米(F/m)。

位于 $\boldsymbol{r}_1$ 处的电荷 q_1 如何对位于 $\boldsymbol{r}_2$ 处的电荷 q_2 产生作用力呢？这种力的作用是通过“场”传递的，电荷 q_1 对电荷 q_2 产生作用力 $\boldsymbol{F}_{12}$，是因为电荷 q_1 在 $\boldsymbol{r}_2$ 处产生了电场强度 $\boldsymbol{E}$，$\boldsymbol{r}_2$ 处的电场强度定义为单位电荷($q_2=1$ C)受到的力：

$$\boldsymbol{E}=\frac{\boldsymbol{F}_{12}}{q_2}=\boldsymbol{e}_R\frac{q_1}{4\pi\varepsilon_0 R^2}=\frac{q_1}{4\pi\varepsilon_0 R^3}\boldsymbol{R}$$

$$=\frac{q_1(\boldsymbol{r}_2-\boldsymbol{r}_1)}{4\pi\varepsilon_0|\boldsymbol{r}_2-\boldsymbol{r}_1|^3}$$

$$=-\frac{q_1}{4\pi\varepsilon_0}\nabla\left(\frac{1}{R}\right) \tag{2.2}$$

电场强度 $\boldsymbol{E}$ 是矢量，方向沿 $\boldsymbol{R}=\boldsymbol{r}_2-\boldsymbol{r}_1=\boldsymbol{e}_R R$，若 q_1 为正电荷，方向从 $\boldsymbol{r}_1$ 指向 $\boldsymbol{r}_2$；若 q_1 为负电荷，方向从 $\boldsymbol{r}_2$ 指向 $\boldsymbol{r}_1$。电场强度的单位是伏特每米(V/m)。

上面是单个点电荷 q_1 在空间 $\boldsymbol{r}_2$ 处产生的电场强度 $\boldsymbol{E}$。我们把 $\boldsymbol{r}_2$ 定义为场点，简单写为 $\boldsymbol{r}$，$\boldsymbol{r}_1$ 定义为源点，简单写为 $\boldsymbol{r}'$，$\boldsymbol{R}=\boldsymbol{r}-\boldsymbol{r}'$。

如果有 N 个点电荷(位于 r_i' 处，$i=1, \cdots, N$)，在 $\boldsymbol{r}$ 处产生的电场强度，就是 N 个点电荷分别在 $\boldsymbol{r}$ 处产生的电场强度的矢量和，写作

$$\boldsymbol{E}(\boldsymbol{r})=\sum_{i=1}^{N}\frac{q_i(\boldsymbol{r}_i'-\boldsymbol{r})}{4\pi\varepsilon_0|\boldsymbol{r}_i'-\boldsymbol{r}|^3}$$

上式计算的是 N 个离散的点电荷在 $\boldsymbol{r}$ 处产生的电场强度。如果产生电场的电荷源是连续的带电体，则把矢量求和“$\sum$”改为矢量积分“$\int$”。

对于体电荷，电场强度为

$$\boldsymbol{E}(\boldsymbol{r})=\frac{1}{4\pi\varepsilon_0}\int_V\frac{\boldsymbol{r}-\boldsymbol{r}'}{|\boldsymbol{r}-\boldsymbol{r}'|^3}\rho_V(\boldsymbol{r}')\mathrm{d}V' \tag{2.3}$$

式中，$\rho_V(\boldsymbol{r}')$是电荷体密度。

对于面电荷，将 $\rho_V(\boldsymbol{r}')$改为电荷面密度 $\rho_S(\boldsymbol{r}')$，积分区间改为面，电场强度为

$$\boldsymbol{E}(\boldsymbol{r})=\frac{1}{4\pi\varepsilon_0}\int_S\frac{\boldsymbol{r}-\boldsymbol{r}'}{|\boldsymbol{r}-\boldsymbol{r}'|^3}\rho_S(\boldsymbol{r}')\mathrm{d}S'$$

对于线电荷，将 $\rho_V(\boldsymbol{r}')$改为电荷线密度 $\rho_l(\boldsymbol{r}')$，积分区间改为线，电场强度为

$$\boldsymbol{E}(\boldsymbol{r})=\frac{1}{4\pi\varepsilon_0}\int_l\frac{\boldsymbol{r}-\boldsymbol{r}'}{|\boldsymbol{r}-\boldsymbol{r}'|^3}\rho_l(\boldsymbol{r}')\mathrm{d}l'$$

例 2-1 真空中长度为 l 的直线上的线电荷密度为 ρ_l，如图 2.1 所示，求此线电荷周围的电场。

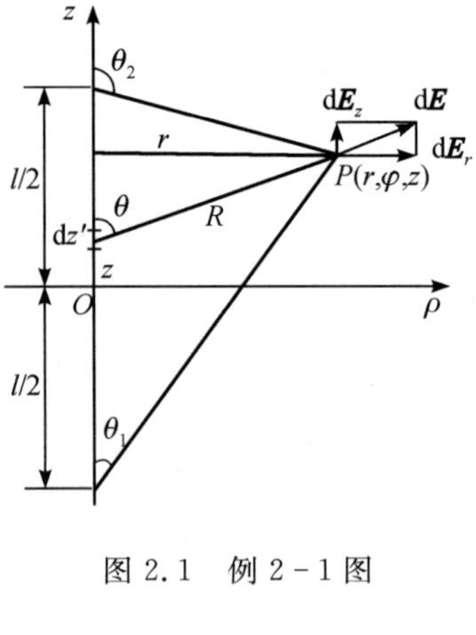

图 2.1 例 2-1 图

解 采用圆柱坐标系，使线电荷与 z 轴重合，原点位于线电荷的中点。电荷及电场的分布具有轴对称性，可以只在 φ 为常数的平面内计算电场的分布。直线上线元 $\rho_l \mathrm{d}z'$ 的电场强度为

$$\mathrm{d}\boldsymbol{E}(\boldsymbol{r}) = \frac{1}{4\pi\varepsilon_0}\frac{\rho_l \mathrm{d}z'}{R^2}\boldsymbol{e}_R = \frac{1}{4\pi\varepsilon_0}\frac{\rho_l \mathrm{d}z'}{R^3}\boldsymbol{R}$$

其中，P 点的位置矢量为 $\boldsymbol{r} = \boldsymbol{e}_\rho r + \boldsymbol{e}_z z$，线元 $\rho_l \mathrm{d}z'$ 的位置矢量为 $\boldsymbol{e}_z z'$，所以 $\boldsymbol{R} = \boldsymbol{e}_\rho r + \boldsymbol{e}_z(z - z')$，可以求得

$$\mathrm{d}\boldsymbol{E}(\boldsymbol{r}) = \frac{1}{4\pi\varepsilon_0}\frac{\rho_l \mathrm{d}z'[\boldsymbol{e}_\rho r + \boldsymbol{e}_z(z - z')]}{[r^2 + (z - z')^2]^{3/2}} = \boldsymbol{e}_\rho \mathrm{d}E_\rho(\boldsymbol{r}) + \boldsymbol{e}_z \mathrm{d}E_z(\boldsymbol{r}) \tag{2.4}$$

式(2.4)的积分可以分解为两个标量积分。

E_ρ 分量的积分为

$$\begin{aligned} E_\rho(\boldsymbol{r}) &= \frac{1}{4\pi\varepsilon_0}\int_{-l/2}^{l/2}\frac{\rho_l r \mathrm{d}z'}{[r^2 + (z - z')^2]^{3/2}} \\ &= \frac{\rho_l}{4\pi\varepsilon_0 r}\left[\frac{z + \frac{l}{2}}{\left[r^2 + \left(z + \frac{l}{2}\right)^2\right]^{1/2}} - \frac{z - \frac{l}{2}}{\left[r^2 + \left(z - \frac{l}{2}\right)^2\right]^{1/2}}\right] \end{aligned}$$

由 $\cos\theta_1 = \dfrac{z + \frac{l}{2}}{\left[r^2 + \left(z + \frac{l}{2}\right)^2\right]^{1/2}}$，$\cos\theta_2 = \dfrac{z - \frac{l}{2}}{\left[r^2 + \left(z - \frac{l}{2}\right)^2\right]^{1/2}}$，得

$$E_\rho(\boldsymbol{r}) = \frac{\rho_l}{4\pi\varepsilon_0 r}(\cos\theta_1 - \cos\theta_2) \tag{2.5}$$

E_z 分量的积分为

$$\begin{aligned} E_z(\boldsymbol{r}) &= \frac{1}{4\pi\varepsilon_0}\int_{-l/2}^{l/2}\frac{\rho_l (z - z')\mathrm{d}z'}{[r^2 + (z - z')^2]^{3/2}} \\ &= \frac{\rho_l}{4\pi\varepsilon_0 r}(\sin\theta_2 - \sin\theta_1) \end{aligned} \tag{2.6}$$

式(2.5)、式(2.6)中的 θ_1、θ_2 如图 2.1 所示。

如果该均匀带电的直线在两端无限延长变为无限长线电荷，其周围的电场强度可以由式(2.5)、式(2.6)求出，即只要令 $\theta_1 \to 0°$，$\theta_2 \to 180°$，可得

$$E_\rho(\boldsymbol{r}) = \frac{\rho_l}{2\pi\varepsilon_0 r}$$

$$E_z(\boldsymbol{r}) = 0$$

2.3 静电场的基本方程

静电场中最基本的物理量是电场强度，亥姆霍兹定理指出，任意一个矢量场由它的散度、旋度和边界条件唯一地确定。因此，要研究静电场，首先要讨论它的散度和旋度。

2.3.1 静电场的散度

1. 立体角

先回顾圆的弧度 θ 定义：$\theta=l/r$，l 是弧长，r 是半径，θ 是弧长对应的弧度。将弧度概念推广到球上来定义立体角。

在一个半径为 R 的球面上，取任意形状的面元 dS_r，就可构成以球心为顶点的锥体，这锥体的空间角就叫立体角，如图 2.2 所示。它用 $\frac{dS_r}{R^2}$ 来度量，记为 $d\Omega$，单位为球面度(sr)，整个球面的立体角$=\frac{4\pi R^2}{R^2}=4\pi$。

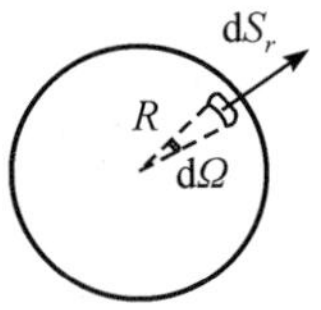

图 2.2 立体角

设非球面面元 $d\boldsymbol{S}$ 对 O 点的相对位置矢量为 $\boldsymbol{R}$，$\boldsymbol{e}_R$ 为 $\boldsymbol{R}$ 的单位矢量，以 O 为球心、以 R 为半径作一球，$d\boldsymbol{S}\cdot\boldsymbol{e}_R$ 为 $d\boldsymbol{S}$ 在球面上的投影，如图 2.3 所示，则非球面面元 $d\boldsymbol{S}$ 的立体角为 $d\Omega=\frac{d\boldsymbol{S}\cdot\boldsymbol{e}_R}{R^2}$。

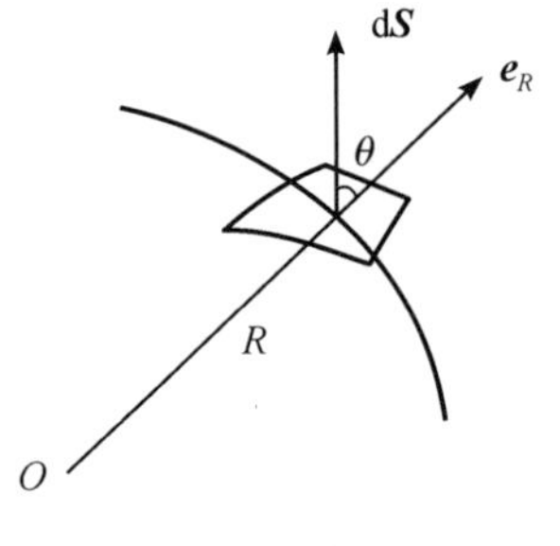

图 2.3 非球面的立体角

任意形状的闭合曲面 S 对某点 O 所张的立体角有两种情况：

(1) O 点在闭合曲面内，则立体角为 4π；

(2) O 点在闭合曲面外，由于曲面 S 的法线总是朝外，以 O 点对闭合曲面作切线，如图 2.4 所示。所有切点把闭合曲面分为两部分，两部分的球面度数恰好正负抵消，总立体角为 0。

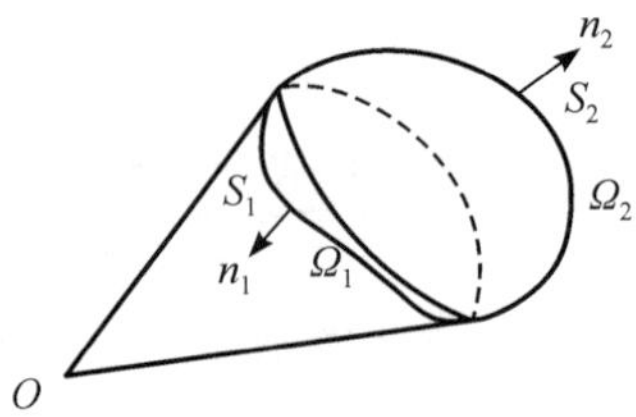

图 2.4 任意形状的闭合曲面所张的立体角

2. 静电场的高斯定理

在一个点电荷 q 产生的静电场$\boldsymbol{E}$ 中，取一个封闭曲面，那么$\boldsymbol{E}$ 穿过封闭曲面$\boldsymbol{S}$ 的静通量为

$$\oint_S \boldsymbol{E}\cdot\mathrm{d}\boldsymbol{S}=\oint_S \frac{q}{4\pi\varepsilon_0 R^2}\boldsymbol{e}_R\cdot\mathrm{d}\boldsymbol{S}$$
$$=\frac{q}{4\pi\varepsilon_0}\oint_S \frac{\mathrm{d}\boldsymbol{S}\cdot\boldsymbol{e}_R}{R^2}$$
$$=\frac{q}{4\pi\varepsilon_0}\oint\mathrm{d}\Omega$$

因为

$$\oint\mathrm{d}\Omega=\begin{cases}0, & q\text{ 在封闭曲面外}\\ 4\pi, & q\text{ 在封闭曲面内}\end{cases}$$

所以当 q 在封闭曲面内时，有$\oint_S \boldsymbol{E}\cdot\mathrm{d}\boldsymbol{S}=\frac{q}{\varepsilon_0}$。

推广到多个点电荷产生的静电场，电场强度$\boldsymbol{E}$ 为

$$\oint_S \boldsymbol{E}\cdot\mathrm{d}\boldsymbol{S}=\frac{\sum q_i}{\varepsilon_0} \tag{2.7}$$

式(2.7)就是电场的高斯定理：电场强度通过任意封闭曲面的通量，等于封闭曲面包围的电荷的代数和除以 ε_0。

如果电荷分布有一定的对称性，则可利用高斯定理的积分形式以方便地计算电场强度。

式(2.7)说明：(1) 等式右端的 $\sum q_i$ 中的 q_i，包括自由电荷、电介质中的束缚电荷或极化电荷。(2) 电场强度$\boldsymbol{E}$ 通过闭合曲面的通量，取决于闭合面内的总电荷，而$\boldsymbol{E}$ 本身不只取决于闭合面内的电荷，它是由闭合面内、外所有电荷共同产生的。

对于连续分布的体电荷，电荷体密度为 ρ，则静电场的高斯定理变为

$$\oint_S \boldsymbol{E}\cdot\mathrm{d}\boldsymbol{S}=\frac{\int_V \rho\mathrm{d}V}{\varepsilon_0} \tag{2.8}$$

再由散度定理$\oint_S \boldsymbol{E}\cdot\mathrm{d}\boldsymbol{S}=\int_V \nabla\cdot\boldsymbol{E}\mathrm{d}V$，得到

$$\int_V \frac{\rho}{\varepsilon_0}\mathrm{d}V=\oint_S \nabla\cdot\boldsymbol{E}\mathrm{d}V$$

由于体积 V 任意，因此有

$$\nabla\cdot\boldsymbol{E}=\frac{\rho}{\varepsilon_0} \tag{2.9}$$

这就是静电场的高斯定理的微分形式。

高斯定理说明：空间中任意一点的电场强度的散度与该点处的电荷密度有关。静电场的散度源就是静电荷，静电荷是静电场的通量源。

说明一下，式(2.9)描述的是静电场在静电荷位置处的电场的散度，而在静电荷外的场空间处$\nabla\cdot\boldsymbol{E}=0$。

2.3.2 静电场的旋度

在点电荷 q 产生的电场中，作一条任意曲线 C 连接 A、B 两点，如图 2.5 所示，$\boldsymbol{E}$ 沿此曲线的积分为

$$\int_A^B \boldsymbol{E}\cdot \mathrm{d}\boldsymbol{l}=\frac{q}{4\pi\varepsilon_0}\oint_C \frac{\mathrm{d}\boldsymbol{l}\cdot \boldsymbol{e}_R}{R^2}=\frac{q}{4\pi\varepsilon_0}\int_{R_A}^{R_B}\frac{\mathrm{d}R}{R^2}=\frac{q}{4\pi\varepsilon_0}\left(\frac{1}{R_B}-\frac{1}{R_A}\right)$$

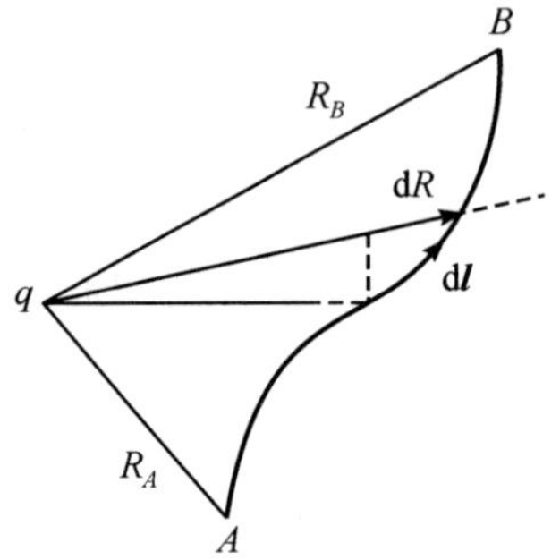

图 2.5 电场沿任意曲线做功

当积分路径是闭合路径，即 A、B 两点重合时，$R_A=R_B$，则

$$\oint_C \boldsymbol{E}\cdot \mathrm{d}\boldsymbol{l}=0$$

上式的物理意义是：静电场将单位正电荷沿任意封闭曲线移动一周，做的功为零。

以封闭曲线 C 为边界作任意曲面 S，由斯托克斯定理有

$$\oint_S (\nabla\times \boldsymbol{E})\cdot \mathrm{d}\boldsymbol{S}=\oint_C \boldsymbol{E}\cdot \mathrm{d}\boldsymbol{l}=0$$

由于曲面 S 任意，因此有

$$\nabla\times \boldsymbol{E}=\boldsymbol{0} \tag{2.10}$$

式(2.10)说明静电场的旋度为零，静电场是无旋场。

综上，静电场的基本方程如下：

积分形式
$$\begin{cases}\oint_S \boldsymbol{E}\cdot \mathrm{d}\boldsymbol{S}=\dfrac{\int_V \rho\, \mathrm{d}V}{\varepsilon_0}\\ \oint_C \boldsymbol{E}\cdot \mathrm{d}\boldsymbol{l}=0\end{cases}$$

微分形式
$$\begin{cases}\nabla\cdot \boldsymbol{E}=\dfrac{\rho}{\varepsilon_0}\\ \nabla\times \boldsymbol{E}=\boldsymbol{0}\end{cases}$$

2.4 电　　位

由静电场的基本方程 $\nabla\times \boldsymbol{E}=\boldsymbol{0}$ 和矢量恒等式 $\nabla\times\nabla\varphi=\boldsymbol{0}$ 可知，电场强度 $\boldsymbol{E}$ 可以表示为标量函数 φ 的梯度，即

$$\boldsymbol{E}=-\nabla\varphi \tag{2.11}$$

式(2.11)中的标量函数 φ 称为静电场的电位函数，简称为电位(或电势)，单位为伏特(V)。式(2.11)适用于任何静止电荷产生的静电场，即静电场的电场强度等于电位梯度的负值(负值是因为梯度的方向是由低电位到高电位，而电场强度的方向是由高电位到低电位)。

由点电荷 q 产生的电场为

$$\begin{aligned}\boldsymbol{E}&=\frac{q}{4\pi\varepsilon_0}\frac{(\boldsymbol{r}-\boldsymbol{r}')}{|\boldsymbol{r}-\boldsymbol{r}'|^3}\\&=-\frac{q}{4\pi\varepsilon_0}\nabla\left(\frac{1}{|\boldsymbol{r}-\boldsymbol{r}'|}\right)\\&=-\nabla\left(\frac{q}{4\pi\varepsilon_0}\frac{1}{|\boldsymbol{r}-\boldsymbol{r}'|}\right)\end{aligned}$$

得

$$\varphi=\frac{q}{4\pi\varepsilon_0}\frac{1}{|\boldsymbol{r}-\boldsymbol{r}'|}+C \tag{2.12}$$

对于线电荷、面电荷、体电荷产生的电位，把式(2.12)中的 q 分别用电荷线密度、电荷面密度、电荷体密度的积分代替即可。例如体电荷 $q=\int_V\rho_V\mathrm{d}V$，$\rho_V$ 为电荷体密度。

电场 $\boldsymbol{E}$ 把电荷 q 从 P 点移动到 Q 点做的功为

$$\begin{aligned}W&=\int_P^Q\boldsymbol{F}\cdot\mathrm{d}\boldsymbol{l}=\int_P^Q\boldsymbol{E}(\boldsymbol{r})q\cdot\mathrm{d}\boldsymbol{l}\\&=q\int_P^Q\boldsymbol{E}(\boldsymbol{r})\cdot\mathrm{d}\boldsymbol{l}\\&=q\int_P^Q(-\nabla(\varphi(\boldsymbol{r})))\cdot\mathrm{d}\boldsymbol{l}\\&=-q\int_P^Q\frac{\partial\varphi(\boldsymbol{r})}{\partial l}\cdot\mathrm{d}\boldsymbol{l}\\&=q\,(\varphi(P)-\varphi(Q))\end{aligned}$$

可见，点 P、Q 之间的电位差 $\varphi(P)-\varphi(Q)$ 的物理意义是：把一个单位正电荷($q=1$ C)从点 P 沿任意路径移动到点 Q 的过程中，电场力所做的功。为了使电场中每一点的电位具有确定的值，必须选定场中某一固定点(例如无穷远点)作为电位参考点，即零电位点。

综上，电位和电场的关系如下：

$$\begin{cases}\varphi=\int_P^Q\boldsymbol{E}\cdot\mathrm{d}\boldsymbol{l}\\\boldsymbol{E}=-\nabla\varphi\end{cases}$$

把 $\boldsymbol{E}(\boldsymbol{r})=-\nabla(\varphi(\boldsymbol{r}))$ 代入 $\nabla\cdot\boldsymbol{E}(\boldsymbol{r})=\dfrac{\rho(\boldsymbol{r})}{\varepsilon_0}$，可以得到

$$\nabla\cdot\nabla(\varphi(\boldsymbol{r}))=-\frac{\rho(\boldsymbol{r})}{\varepsilon_0}$$

即

$$\nabla^2(\varphi(\boldsymbol{r}))=-\frac{\rho(\boldsymbol{r})}{\varepsilon_0} \tag{2.13}$$

这是电位函数 φ 满足的标量泊松方程。

在 $\rho=0$ 的无源空间中，电位满足下式，即静电位 φ 满足拉普拉斯方程：

$$\nabla^2(\varphi(\boldsymbol{r}))=0$$

例 2-2 求如图 2.6 所示电偶极子的电位。

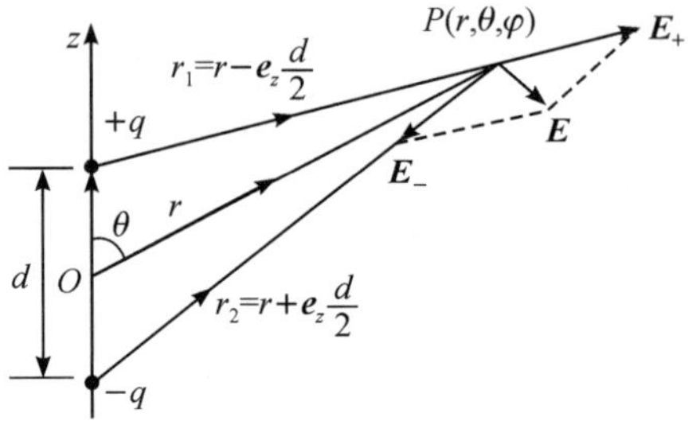

图 2.6 例 2-2 图

解 电偶极子是相距很小(距离为 d)的两个等值异号的点电荷组成的电荷系统，如图 2.6 所示。采用球坐标系，使电偶极子的中心与坐标系的原点 O 重合，并使电偶极子轴与 z 轴重合。场点 $P(r, \theta, \varphi)$的电场强度 $\boldsymbol{E}$ 就是 $+q$ 产生的电场强度 $\boldsymbol{E}_+$ 和 $-q$ 产生的电场强度 $\boldsymbol{E}_-$ 的矢量和。

在球坐标系中，场点 $P(r, \theta, \varphi)$的位置矢量为 $\boldsymbol{r}=\boldsymbol{e}_r r$，两个点电荷的位置矢量分别为 $\boldsymbol{r}'_+=\dfrac{\boldsymbol{e}_z d}{2}$ 和 $\boldsymbol{r}'_-=-\dfrac{\boldsymbol{e}_z d}{2}$。

空间中任意一点 $P(r, \theta, \varphi)$处的电位等于两个点电荷电位的叠加，即

$$\varphi(\boldsymbol{r})=\frac{q}{4\pi\varepsilon_0}\left(\frac{1}{r_1}-\frac{1}{r_2}\right)=\frac{q}{4\pi\varepsilon_0}\frac{r_2-r_1}{r_1 r_2} \tag{2.14}$$

式(2.14)中，$r_1=\sqrt{r^2+(d/2)^2-rd\cos\theta}$，$r_2=\sqrt{r^2+(d/2)^2+rd\cos\theta}$。

对于远离电偶极子的场点，$r \gg d$，则

$$r_1 \approx r-\frac{d}{2}\cos\theta,\ r_2 \approx r+\frac{d}{2}\cos\theta$$
$$r_2-r_1 \approx d\cos\theta,\ r_2 r_1 \approx r^2 \tag{2.15}$$

将式(2.15)代入式(2.14)，可以得到

$$\varphi(\boldsymbol{r})=\frac{qd\cos\theta}{4\pi\varepsilon_0 r^2}=\frac{\boldsymbol{p}\cdot\boldsymbol{r}}{4\pi\varepsilon_0 r^3}$$

式中 $\boldsymbol{p}$ 为电偶极距，$\boldsymbol{p}=q\boldsymbol{d}$。

例 2-3 已知球坐标系中，球电荷的电荷体密度分布为 $\rho(r)=\rho_0\dfrac{r}{R}$，$0\leqslant r\leqslant R$，求球体内、外电场强度和电位的分布。

解 本题中电荷的分布是球对称的，所以电场的分布也是球对称的。首先利用高斯定理求 E。在 $r<R$ 区域中，过点 P_1 作一个与球体同心的球形高斯面，半径为 r，如图 2.7 所示。

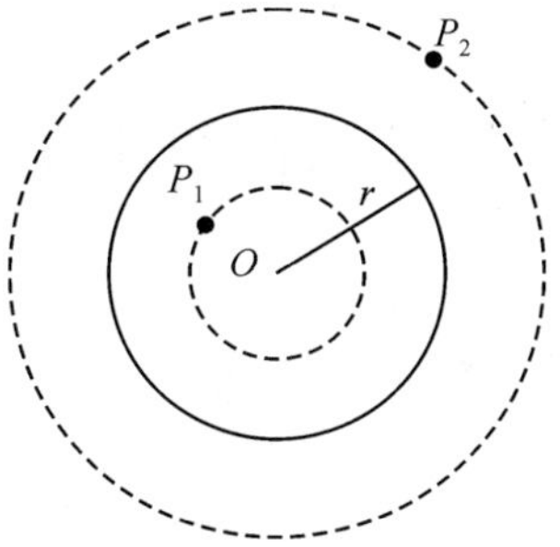

图 2.7 例 2-3 图

利用高斯定理有

$$\oint_S \boldsymbol{E} \cdot \mathrm{d}\boldsymbol{S} = \frac{1}{\varepsilon_0}\sum q = \frac{1}{\varepsilon_0}\oint_V \rho(r)\mathrm{d}V \tag{2.16}$$

式(2.16)的左边等于

$$\oint_S \boldsymbol{E} \cdot \mathrm{d}\boldsymbol{S} = \oint_S E\mathrm{d}S = 4\pi r^2 E \tag{2.17}$$

式(2.16)的右边积分等于

$$\oint_V \rho(r)\mathrm{d}V = \int_0^r\int_0^\pi\int_0^{2\pi} \frac{\rho_0}{R}r \cdot r^2 \sin\theta \mathrm{d}r\mathrm{d}\theta\mathrm{d}\varphi = \frac{4\pi\rho_0}{R}\int_0^r r^3\mathrm{d}r = \frac{\pi\rho_0 r^4}{R} \tag{2.18}$$

把式(2.17)和式(2.18)代入式(2.16)，即为

$$4\pi r^2 E = \frac{1}{\varepsilon_0}\ \frac{\pi\rho_0 r^4}{R}$$

所以在 $r<R$ 区域中的电场强度为

$$\boldsymbol{E}_1 = \frac{\rho_0 r^2}{4\varepsilon_0 R}\boldsymbol{e}_r$$

在 $r>R$ 区域中，过点 P_2 作一个与球体同心的球形高斯面，半径为 r，如图 2.7 所示。可以求出其高斯定理等式(2.16)的左边仍为 $4\pi r^2 E$，而等式(2.16)的右边为

$$\oint_V \rho(r)\mathrm{d}V = \frac{4\pi\rho_0}{R}\int_0^R r^3\mathrm{d}r = \pi\rho_0 R^3$$

将结果代入式(2.16) 即为

$$4\pi r^2 E = \frac{1}{\varepsilon_0}\pi\rho_0 R^3$$

所以在 $r>R$ 区域中的电场强度为

$$\boldsymbol{E}_2 = \frac{\rho_0 R^3}{4\varepsilon_0 r^2}\boldsymbol{e}_r$$

下面计算电位 φ，在 $r<R$ 区域中，有

$$\varphi(\boldsymbol{r}) = \int_r^\infty \boldsymbol{E} \cdot \mathrm{d}\boldsymbol{r} = \int_r^R E_1\mathrm{d}r + \int_R^\infty E_2\mathrm{d}r = \frac{\rho_0}{4\varepsilon_0 R} \cdot \frac{1}{3}(R^3 - r^3) + \frac{\rho_0 R^2}{4\varepsilon_0}$$

在 $r>R$ 区域中，有

$$\varphi(\boldsymbol{r}) = \int_r^\infty \boldsymbol{E} \cdot \mathrm{d}\boldsymbol{r} = \int_r^\infty E_2\mathrm{d}r = \frac{\rho_0 R^3}{4\varepsilon_0 r}$$

2.5 电介质中的电场

任何物质都是由带正电荷(原子核)和负电荷(电子)的粒子组成的，这些带电粒子之间存在相互作用力。不同物质，其带电粒子之间的相互作用力往往差异很大。有一类物质的电子和原子核结合得相当紧密，电子被原子核紧紧地束缚住，这类物质称为电介质，电介质中的电荷称为束缚电荷。在外电场作用下，束缚电荷不能摆脱原子核的束缚而离开原子作自由移动，只能在原子内作微小位移，称为电介质的极化。

2.5.1 电介质的极化

1. 电介质的极化

根据电介质中束缚电荷的分布特征，把电介质的分子分为无极分子和有极分子两类。无极分子的正、负电荷中心重合，因此对外不产生电场，也不显示电特性。有极分子的正、负电荷中心不重合，构成一个电偶极子，对外产生电场。但由于许许多多的电偶极子杂乱无章地排列，使得合成的电偶极矩相抵消，因而对外产生的合成电场也为零，即不显示电特性。

在外电场的作用下，无极分子中的正电荷沿着电场方向移动，负电荷逆着电场方向移动，导致正、负电荷中心不再重合，形成许多排列方向与外电场大体一致的电偶极子，它们对外产生电场。对于有极分子，它的每个电偶极子在外电场的作用下要产生转动，最终每个电偶极子的排列方向大体与外电场方向一致，它们对外产生的电场不再为零。这种电介质中的束缚电荷在外电场作用下发生位移或旋转的现象，称为电介质的极化，束缚电荷也称为极化电荷。

电介质极化的结果是电介质内部出现许许多多顺着外电场方向排列的电偶极子，这些电偶极子产生的电场将改变原来的电场分布。也就是说，电介质对电场的影响可归结为极化电荷产生的附加电场的影响。因此，电介质内的电场强度 $\boldsymbol{E}$ 可视为自由电荷产生的外电场 $\boldsymbol{E}_0$ 与极化电荷产生的附加电场 $\boldsymbol{E}'$ 的叠加，即 $\boldsymbol{E}=\boldsymbol{E}_0+\boldsymbol{E}'$。

为了分析计算极化电荷产生的附加电场 $\boldsymbol{E}'$，需了解电介质的极化特性。

2. 电介质的极化特性

当电介质被极化时形成电偶极子，两个距离为 d、电量相同(为 q)的正、负电荷组成一个电偶极子，电偶极矩为 $\boldsymbol{p}=q\boldsymbol{d}$，$\boldsymbol{d}$ 是位移，是矢量，$\boldsymbol{p}$ 的方向由负电荷指向正电荷。

不同电介质的极化程度是不一样的，引入极化强度来描述电介质的极化程度。将单位体积中电偶极矩的矢量和称为极化强度，表示为

$$\boldsymbol{P}=\lim_{\Delta V\to 0}\frac{\sum_{i}\boldsymbol{p}_i}{\Delta V} \tag{2.19}$$

式中，$\boldsymbol{p}_i=q_i\boldsymbol{d}_i$ 为 ΔV 中第 i 个电偶极子的平均极距，$\boldsymbol{P}$ 是矢量，是宏观量。

实验证明极化强度是外加电场强度 $\boldsymbol{E}$ 的函数，即 $\boldsymbol{P}=f(\boldsymbol{E})$。矢量 $\boldsymbol{P}$ 的各分量 P_x、P_y、P_z 由 $\boldsymbol{E}$ 的各分量 E_x、E_y、E_z 的幂级数展开：

$$P_x = \alpha_1 E_x + \alpha_2 E_y + \alpha_3 E_z + \beta_1 E_x^2 + \beta_2 E_x E_y + \cdots$$
$$P_y = \alpha_1' E_x + \alpha_2' E_y + \alpha_3' E_z + \beta_1' E_x^2 + \beta_2' E_x E_y + \cdots$$
$$P_z = \alpha_1'' E_x + \alpha_2'' E_y + \alpha_3'' E_z + \beta_1'' E_x^2 + \beta_2'' E_x E_y + \cdots$$

如果 $\boldsymbol{P}$ 的各分量只与 $\boldsymbol{E}$ 的各分量的一次项有关，而与高次项和乘积项无关，称此电介质为线性电介质，否则叫非线性电介质。

线性电介质的极化强度 $\boldsymbol{P}$ 可表示为

$$\begin{bmatrix} P_x \\ P_y \\ P_z \end{bmatrix} = \begin{bmatrix} \alpha_{xx} & \alpha_{xy} & \alpha_{xz} \\ \alpha_{yx} & \alpha_{yy} & \alpha_{yz} \\ \alpha_{zx} & \alpha_{zy} & \alpha_{zz} \end{bmatrix} \begin{bmatrix} E_x \\ E_y \\ E_z \end{bmatrix} = \bar{\bar{\alpha}} \begin{bmatrix} E_x \\ E_y \\ E_z \end{bmatrix}$$

式中，$\bar{\bar{\alpha}} = \begin{bmatrix} \alpha_{xx} & \alpha_{xy} & \alpha_{xz} \\ \alpha_{yx} & \alpha_{yy} & \alpha_{yz} \\ \alpha_{zx} & \alpha_{zy} & \alpha_{zz} \end{bmatrix}$，为二阶张量。

如果某种介质的物理特性在所有方向都相同，与外加 $\boldsymbol{E}$ 的方向无关，称为各向同性的电介质，否则称为各向异性的电介质。

对于线性各向同性的电介质，$i \neq j$，$\alpha_{ij} = 0$，$\alpha_{xx} = \alpha_{yy} = \alpha_{zz} = \alpha$，这时极化强度 $\boldsymbol{P}$ 可表示为

$$\begin{bmatrix} P_x \\ P_y \\ P_z \end{bmatrix} = \begin{bmatrix} \alpha & 0 & 0 \\ 0 & \alpha & 0 \\ 0 & 0 & \alpha \end{bmatrix} \begin{bmatrix} E_x \\ E_y \\ E_z \end{bmatrix}$$

得到

$$P_x = \alpha E_x,\ P_y = \alpha E_y,\ P_z = \alpha E_z$$

则极化强度 $\boldsymbol{P}$ 为

$$\boldsymbol{P} = \alpha \boldsymbol{E} = \varepsilon_0 \chi_e \boldsymbol{E}$$

式中，$\boldsymbol{P}$ 和 $\boldsymbol{E}$ 同方向，α 是正实数，ε_0 是真空中的介电常数，χ_e 称为介质的电极化率。上式只在线性各向同性的电介质中成立。

如果在某区域内，各点 $\boldsymbol{P}$ 都相同，则称在该区域内是均匀极化，否则称非均匀极化。均匀极化的电介质各点的 χ_e 一样，为一常数。

这里对张量稍微引申介绍一下。

通俗地讲，在三维空间内，每点的电场强度有 3 个分量 E_x、E_y、E_z，可用向量表示为(E_x，E_y，E_z)，向量是一阶张量。如果某物理量 A，在三维空间的某点有 9 个分量，称 A 为三维空间的二阶张量，即 x、y、z 每个方向的分量又有 2 个方向。n 维空间 r 阶张量有 n^r 个分量，$r \leqslant n$。张量是一个有大小和多个方向的量。

张量是值的序列，这个值的下标(比如 E_x 的 x 是下标)是自然数的向量，这些自然数称为下标或指标。对于三维空间的三阶张量 A，每个点有 27 个分量，$A_{(i,j,k)}$ 下标(i，j，k)的范围从(1，1，1)到(3，3，3)共 27 个，但并不意味着任意有 27 个分量的量 A 就是张量，还必须满足进行坐标转换时张量的模(大小)保持不变这个条件。向量的下标只有一个值的是一阶张量。张量可以表示非常丰富的物理量。

3. 极化电荷

电介质放在电场中被极化，结果是产生极化电荷，下面讨论极化电荷与极化强度的

关系。

图 2.8(a)表示一块极化电介质模型，每个分子用一个电偶极子表示，它的电偶极矩等于该分子的平均电偶极矩。

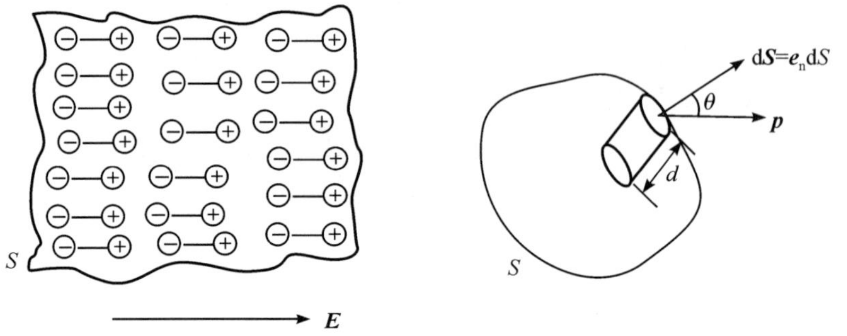

(a) 极化电荷的排列　　(b) 求闭合面S包围的极化电荷

图 2.8　极化电荷的产生模型

在均匀极化的状态下，闭合面 S 内的电偶极子的净极化电荷为 0，不会出现极化电荷的体密度分布。对于非均匀极化，电介质内部的净极化电荷就不为 0。但在电介质的表面上，无论是均匀极化，还是非均匀极化，介质表面都要出现以面密度分布的极化电荷。图 2.8(a)表示电介质左表面上有负的极化电荷，右表面上有正的极化电荷。

为求得极化电荷与极化强度的关系式，在电介质中的任意闭合曲面 S 上取一个面元矢量 $\mathrm{d}\boldsymbol{S}$，其法向单位矢量为 $\boldsymbol{e}_n$，并近似认为 $\mathrm{d}\boldsymbol{S}$ 上的 $\boldsymbol{p}$ 不变。在电介质极化时，设每个分子的正、负电荷(电量为 q)的平均相对位移为 $\boldsymbol{d}$($\boldsymbol{d}$ 方向由负电荷指向正电荷)，则分子电偶极矩为 $\boldsymbol{p}=q\boldsymbol{d}$。以 $\mathrm{d}\boldsymbol{S}$ 为底、$\boldsymbol{d}$ 为斜高构成一个体积元 $\Delta V=\mathrm{d}\boldsymbol{S}\cdot\boldsymbol{d}$，如图 2.8(b)所示。显然，只有电偶极子中心在 ΔV 内的分子的正电荷才穿出面积元 $\mathrm{d}\boldsymbol{S}$。设电介质单位体积中的分子数为 N，则穿出面积元 $\mathrm{d}\boldsymbol{S}$ 的正电荷为

$$Nq\boldsymbol{d}\cdot\mathrm{d}\boldsymbol{S}=\boldsymbol{p}\cdot\mathrm{d}\boldsymbol{S}=\boldsymbol{p}\cdot\boldsymbol{e}_n\mathrm{d}S \tag{2.20}$$

因此，从闭合面 $\boldsymbol{S}$ 穿出的正电荷为 $\oint_S\boldsymbol{p}\cdot\mathrm{d}\boldsymbol{S}$。与之对应，留在闭合面 S 内的极化电荷量为

$$q_P=-\oint_S\boldsymbol{p}\cdot\mathrm{d}\boldsymbol{S}=-\oint_V\nabla\cdot\boldsymbol{p}\,\mathrm{d}V$$

式中应用了散度定理 $\oint_S\boldsymbol{p}\cdot\mathrm{d}\boldsymbol{S}=\int_V\nabla\cdot\boldsymbol{p}\,\mathrm{d}V$，因为闭合面 S 是任意取的，故 S 在限定的体积 V 内的极化电荷体密度应为

$$\rho_P=-\nabla\cdot\boldsymbol{p} \tag{2.21}$$

为了计算电介质表面上出现的极化电荷面密度，可在电介质内紧贴表面取一个闭合面，从该闭合面穿出的极化电荷就是电介质表面上的极化电荷。由式(2.20)可知，从面积元 $\mathrm{d}\boldsymbol{S}$ 穿过的极化电量是 $\boldsymbol{p}\cdot\boldsymbol{e}_n\mathrm{d}S$，故电介质表面上的极化电荷面密度为

$$\rho_{SP}=\boldsymbol{p}\cdot\boldsymbol{e}_n \tag{2.22}$$

2.5.2　电位移矢量

电介质在外电场作用下发生的极化现象归结为电介质内产生极化电荷。电介质内的电

场强度 $\boldsymbol{E}$ 可视为自由电荷产生的外电场 $\boldsymbol{E}_0$ 与极化电荷产生的附加电场 $\boldsymbol{E}'$ 的叠加，即 $\boldsymbol{E}=\boldsymbol{E}_0+\boldsymbol{E}'$。将高斯定律从真空中推广到电介质中，得到

$$\nabla \cdot \boldsymbol{E}(\boldsymbol{r})=\frac{\rho+\rho_P}{\varepsilon_0} \tag{2.23}$$

式中，ρ 是自由电荷体密度，ρ_P 是极化电荷体密度。极化电荷 ρ_P 也是产生电场的通量源。电介质中的极化电荷密度不好测量，为方便起见，将 $\rho_P=-\nabla\cdot\boldsymbol{P}$ 代入式(2.23)中，得

$$\nabla\cdot[\varepsilon_0\boldsymbol{E}(\boldsymbol{r})+\boldsymbol{P}(\boldsymbol{r})]=\rho \tag{2.24}$$

这样，矢量$[\varepsilon_0\boldsymbol{E}(\boldsymbol{r})+\boldsymbol{P}(\boldsymbol{r})]$的散度仅与自由电荷体密度 ρ 有关。我们把这一矢量定义为**电位移矢量 $\boldsymbol{D}$**，表示为

$$\boldsymbol{D}(\boldsymbol{r})=\varepsilon_0\boldsymbol{E}(\boldsymbol{r})+\boldsymbol{P}(\boldsymbol{r}) \tag{2.25}$$

则式(2.24)变为

$$\nabla\cdot\boldsymbol{D}(\boldsymbol{r})=\rho \tag{2.26}$$

这就是电介质中高斯定律的微分形式。它表明电介质内任意一点的电位移矢量的散度等于该点的自由电荷体密度，即 $\boldsymbol{D}$ 的通量源是自由电荷，电位移线从正的自由电荷出发终止于负的自由电荷。

对$\nabla\cdot\boldsymbol{D}(\boldsymbol{r})=\rho$ 两端取体积分并应用散度定理，得

$$\oint_S\boldsymbol{D}\cdot \mathrm{d}\boldsymbol{S}=\int_V\rho\mathrm{d}V \tag{2.27}$$

或

$$\oint_S\boldsymbol{D}\cdot \mathrm{d}\boldsymbol{S}=q \tag{2.28}$$

这就是电介质中高斯定律的积分形式。它表明电位移矢量穿过任意一闭合面的通量等于该闭合面内的自由电荷的代数和。电位移矢量 $\boldsymbol{D}$ 的单位是库仑每平方米($\mathrm{C/m^2}$)。

3. 电介质的本构关系

对于所有电介质，$\boldsymbol{D}(\boldsymbol{r})=\varepsilon_0\boldsymbol{E}(\boldsymbol{r})+\boldsymbol{P}(\boldsymbol{r})$都是成立的。若是线性和各向同性的电介质，将 $\boldsymbol{P}=\varepsilon_0\chi_e\boldsymbol{E}$ 代入式(2.25)，得

$$\begin{aligned}\boldsymbol{D}(\boldsymbol{r})&=\varepsilon_0\boldsymbol{E}(\boldsymbol{r})+\boldsymbol{P}(\boldsymbol{r})=\varepsilon_0\boldsymbol{E}(\boldsymbol{r})+\varepsilon_0\chi_e\boldsymbol{E}(\boldsymbol{r})\\&=\varepsilon_0(1+\varepsilon_0\chi_e)\boldsymbol{E}(\boldsymbol{r})=\varepsilon_r\varepsilon_0\boldsymbol{E}(\boldsymbol{r})=\varepsilon\boldsymbol{E}(\boldsymbol{r})\end{aligned} \tag{2.29}$$

式中，$\varepsilon=\varepsilon_0\varepsilon_r$，称为电介质的介电常数，单位为法拉每米(F/m)，$\varepsilon_r=1+\chi_e$ 称为电介质的相对介电常数，无量纲。

2.6 静电场的边界条件

上面我们讨论的是电场、电位、电位移矢量等物理量在无穷大空间里的性质，未考虑它们在两种电介质分界面上的性质。因为连续函数才有导数，所以矢量微分算子也只在连续空间才有意义，若在两种介质的分界面上场不连续，其散度和旋度是无意义的。下面我们用静电场的积分形式的基本方程讨论两种电介质分界面上静电场的性质。

2.6.1 两种电介质边界上的边界条件

1. D 的边界条件

如图 2.9 所示，两种电介质的介电常数分别为 ε_1、ε_2，电位移矢量分别为 $\boldsymbol{D}_1$、$\boldsymbol{D}_2$。分界面上存在自由面电荷，电荷面密度为 ρ_S。$\boldsymbol{D}$ 与分界面法线方向的夹角分别为 θ_1、θ_2。在分界面处作一个圆柱型高斯面，两底面分别在两电介质中，侧面垂直于分界面。当圆柱高度趋于零时，圆柱侧面使积分 $\int_{侧面} \boldsymbol{D} \cdot \mathrm{d}\boldsymbol{S}$ 趋于 0。

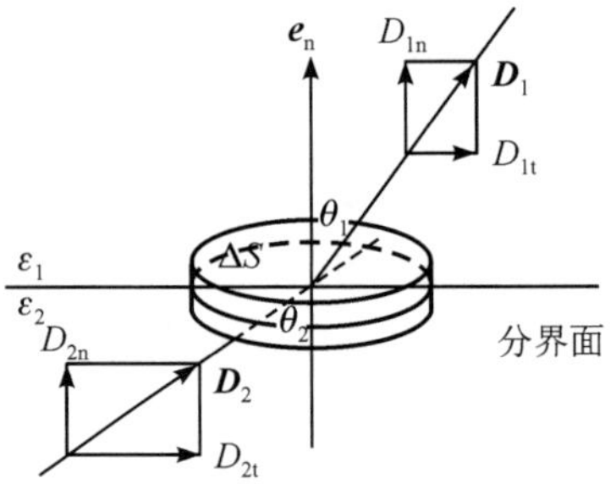

图 2.9 D 的法向分界面的边界条件

利用 $\boldsymbol{D}$ 的高斯定理，有

$$\begin{aligned}\oint_S \boldsymbol{D} \cdot \mathrm{d}\boldsymbol{S} &= \int_{顶面} \boldsymbol{D} \cdot \mathrm{d}\boldsymbol{S} + \int_{底面} \boldsymbol{D} \cdot \mathrm{d}\boldsymbol{S} + \int_{侧面} \boldsymbol{D} \cdot \mathrm{d}\boldsymbol{S} \\ &= \int_{顶面} \boldsymbol{D}_1 \cdot \boldsymbol{e}_n \mathrm{d}S - \int_{底面} \boldsymbol{D}_2 \cdot \boldsymbol{e}_n \mathrm{d}S \\ &= \int_{顶面} (\boldsymbol{D}_1 - \boldsymbol{D}_2) \cdot \boldsymbol{e}_n \mathrm{d}S = \int_S \rho_S \mathrm{d}S\end{aligned}$$

故

$$(\boldsymbol{D}_1 - \boldsymbol{D}_2) \cdot \boldsymbol{e}_n = \rho_S$$

或

$$D_{1n} - D_{2n} = \rho_S \tag{2.30}$$

结论：当两种电介质的分界面存在面电荷时，电位移矢量 $\boldsymbol{D}$ 的法向分量是不连续的。如果两种电介质的分界面不存在面电荷，则 $\rho_S = 0$，电位移矢量 $\boldsymbol{D}$ 的法向分量连续。

2. E 的边界条件

如图 2.10 所示，两种电介质的介电常数分别为 ε_1、ε_2，两种电介质中的电场强度分别为 $\boldsymbol{E}_1$、$\boldsymbol{E}_2$。$\boldsymbol{E}$ 与分界面法线方向的夹角分别为 θ_1、θ_2。在分界面处作一个与分界面垂直的矩形回路 $abcda$，$ab = cd = \Delta l$，$ad = bc = \Delta h \to 0$。电场强度 $\boldsymbol{E}$ 对此回路积分为

$$\oint_C \boldsymbol{E} \cdot \mathrm{d}\boldsymbol{l} = 0$$

故

$$\oint_C \boldsymbol{E} \cdot \mathrm{d}\boldsymbol{l} = \int_{ab} \boldsymbol{E}_1 \cdot \mathrm{d}\boldsymbol{l} + \int_{bc} \boldsymbol{E} \cdot \mathrm{d}\boldsymbol{l} + \int_{cd} \boldsymbol{E}_2 \cdot \mathrm{d}\boldsymbol{l} + \int_{da} \boldsymbol{E} \cdot \mathrm{d}\boldsymbol{l} = 0$$

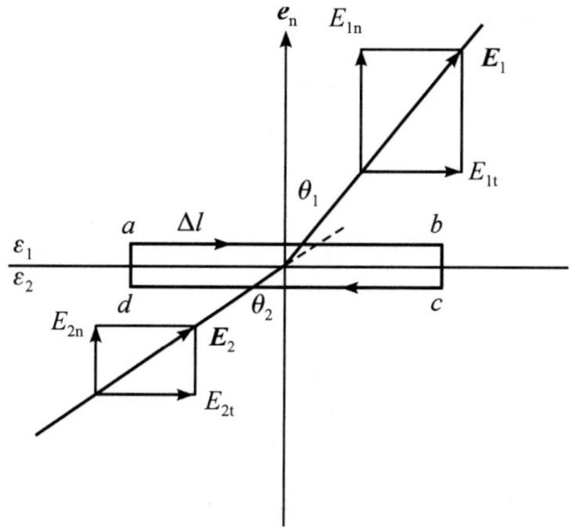

图 2.10 **E** 的切向分界面的边界条件

当 $ad=bc=\Delta h \to 0$ 时，上式变为

$$\int_{ab} \boldsymbol{E}_1 \cdot \mathrm{d}\boldsymbol{l} + \int_{cd} \boldsymbol{E}_2 \cdot \mathrm{d}\boldsymbol{l} = \int_{\Delta l} \boldsymbol{E}_1 \cdot \boldsymbol{e}_t \mathrm{d}l - \int_{\Delta l} \boldsymbol{E}_2 \cdot \boldsymbol{e}_t \mathrm{d}l$$

$$= \int_{\Delta l} (\boldsymbol{E}_1 - \boldsymbol{E}_2) \cdot \boldsymbol{e}_t \mathrm{d}l$$

$$= 0$$

式中，$\boldsymbol{e}_t$ 是分界面切线方向的单位矢量。故

$$\boldsymbol{e}_t \cdot (\boldsymbol{E}_1 - \boldsymbol{E}_2) = 0$$

或

$$E_{1t} - E_{2t} = 0 \tag{2.31}$$

结论：在两种介质的分界面上，电场强度的切向分量是连续的，即 $E_{1t}=E_{2t}$。

3. E 线、D 线在介质边界上的折射

如图 2.11 所示，当分界面上无自由电荷时，**E** 线和 **D** 线穿过分界面，由边界条件 $D_{1n}=D_{2n}$，即

$$\varepsilon_1 E_{1n} = \varepsilon_2 E_{2n} \tag{2.32}$$

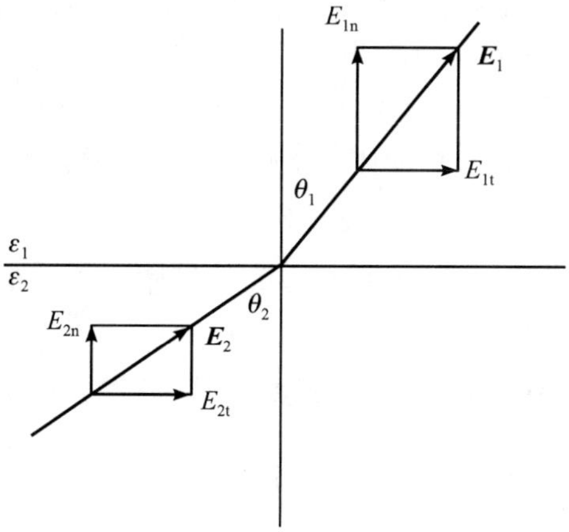

图 2.11 **E** 线在介质边界上的折射

$$E_{1t}=E_{2t} \tag{2.33}$$

将式(2.33)除以式(2.32)，得到 $\dfrac{E_{1t}}{\varepsilon_1 E_{1n}}=\dfrac{E_{2t}}{\varepsilon_2 E_{2n}}$。

又因为 $\tan\theta_1=\dfrac{E_{1t}}{E_{1n}}$，$\tan\theta_2=\dfrac{E_{2t}}{E_{2n}}$，得到

$$\frac{\tan\theta_1}{\varepsilon_1}=\frac{\tan\theta_2}{\varepsilon_2}$$

所以有

$$\frac{\tan\theta_1}{\tan\theta_2}=\frac{\varepsilon_1}{\varepsilon_2}$$

因为两种不同电介质的介电常数不相等($\varepsilon_1\neq\varepsilon_2$)，于是 $\theta_1\neq\theta_2$。$\boldsymbol{E}$ 线在两种电介质的分界面处发生折射。同样，$\boldsymbol{D}$ 线在两种电介质的分界面处也发生折射。

4. 电位 φ 的边界条件

设 P_1 和 P_2 是电介质分界面两侧、紧贴分界面的相邻两点，其电位分别为 φ_1 和 φ_2。由于在两种电介质中 $\boldsymbol{E}$ 均为有限值，当 P_1 和 P_2 都无限贴近分界面，即其间距 $\Delta d\to 0$ 时，$\varphi_1-\varphi_2=\boldsymbol{E}\cdot\Delta\boldsymbol{d}\to 0$。因此，分界面两侧的电位是相等的，即

$$\varphi_1=\varphi_2$$

又由 $\boldsymbol{e}_n\cdot(\boldsymbol{D}_1-\boldsymbol{D}_2)=\rho_S$，$\boldsymbol{D}=\varepsilon\boldsymbol{E}=-\varepsilon\nabla\varphi$ 可导出

$$\varepsilon_1\frac{\partial\varphi_1}{\partial n}-\varepsilon_2\frac{\partial\varphi_2}{\partial n}=-\rho_S \tag{2.34}$$

若分界面上不存在自由面电荷，即 $\rho_S=0$，则式(2.34)变为

$$\varepsilon_1\frac{\partial\varphi_1}{\partial n}=\varepsilon_2\frac{\partial\varphi_2}{\partial n}$$

这就是电位在分界面上满足的条件。

2.6.2 理想导体与电介质边界上的边界条件

在电磁场工程中，经常会用到电导率很高的良导体(如银、铜等金属，电导率在 10^7 S/m 量级)和电导率很低的电介质(电导率在 10^{-13} S/m 量级)，为简化问题分析，在电磁场中，将良导体视为理想导体(电导率 σ 为无穷大)，将电介质视为理想介质(电导率 $\sigma=0$)。

为讨论方便，约定介质 2 为理想导体，介质 1 为电介质。

1. $\boldsymbol{D}$ 和 $\boldsymbol{E}$ 的边界条件

由理想导体的性质，理想导体内不存在静电场，则有 $\boldsymbol{E}_2=\boldsymbol{0}$，$\boldsymbol{D}_2=\varepsilon_2\boldsymbol{E}_2=\boldsymbol{0}$，所以在电介质分界面一侧有 $E_{1t}=E_{2t}=0$。

理想导体表面外侧只存在非零的 E_{2n}，理想导体表面的电场垂直于表面。

$\boldsymbol{D}$ 的边界条件是

$$D_{1n}-D_{2n}=\rho_S$$

$$D_{2n}=0,\ D_{1n}=\rho_S$$

式中，ρ_S 为电介质表面的电荷面密度。

理想导体表面的场为

$$E_{1t}=0,\ D_{1n}=\rho_S$$
$$E_{2t}=0,\ D_{2n}=0$$

2. 电位 φ 的边界条件

在理想导体和电介质的分界面上，电位仍然连续，有

$$\varphi_1=\varphi_2$$

由 $D_{1n}=\rho_S$，$D_{1n}=\varepsilon_1 E_{1n}=-\varepsilon_1\dfrac{\delta\varphi_1}{\delta n}$，得

$$\varepsilon_1\frac{\delta\varphi_1}{\delta n}=-\rho_S$$

例 2-4　已知 $y=0$ 平面为两种电介质的分界面，分界面处介质 2 一侧的电场强度为 $\boldsymbol{E}_2=\boldsymbol{e}_x 10+\boldsymbol{e}_y 20$ V/m，两种电介质的介电常数分别为 $\varepsilon_1=5\varepsilon_0$，$\varepsilon_2=3\varepsilon_0$。求分界面处 $\boldsymbol{D}_2$、$\boldsymbol{D}_1$ 和 $\boldsymbol{E}_1$。

解　先由 $\boldsymbol{E}_2$ 求出 $\boldsymbol{D}_2$

$$\boldsymbol{D}_2=\varepsilon_2\boldsymbol{E}_2=\varepsilon_0(\boldsymbol{e}_x 30+\boldsymbol{e}_y 60)\quad \text{C/m}^2$$

由题中条件可知，相对于两种电介质的分界面，$\boldsymbol{e}_x$ 分量是切向单位矢量，$\boldsymbol{e}_y$ 分量是法向单位矢量。因为分界面上没有电荷，利用边界条件可得

$$D_{1n}=D_{2n}=60\varepsilon_0$$

可以求出 E_{1n}

$$E_{1n}=\frac{D_{1n}}{\varepsilon_1}=12$$

再利用边界条件

$$E_{1t}=E_{2t}=10$$

得到

$$D_{1t}=\varepsilon_1 E_{1t}=50\varepsilon_0$$

所以

$$\boldsymbol{D}_1=\varepsilon_0(\boldsymbol{e}_x 50+\boldsymbol{e}_y 60)\quad \text{C/m}^2$$
$$\boldsymbol{E}_1=\boldsymbol{e}_x 10+\boldsymbol{e}_y 12\quad \text{V/m}$$

例 2-5　如图 2.12 所示，1 区的介电常数为 $\varepsilon_1=5\varepsilon_0$，2 区的介电常数为 $\varepsilon_2=\varepsilon_0$。若已知自由空间的电场强度为 $\boldsymbol{E}_2=[\boldsymbol{e}_x 2y+\boldsymbol{e}_y 5x+\boldsymbol{e}_z(3+z)]$ V/m，求 1 区在 $z=0$ 处的 $\boldsymbol{E}_1$ 和 $\boldsymbol{D}_1$。

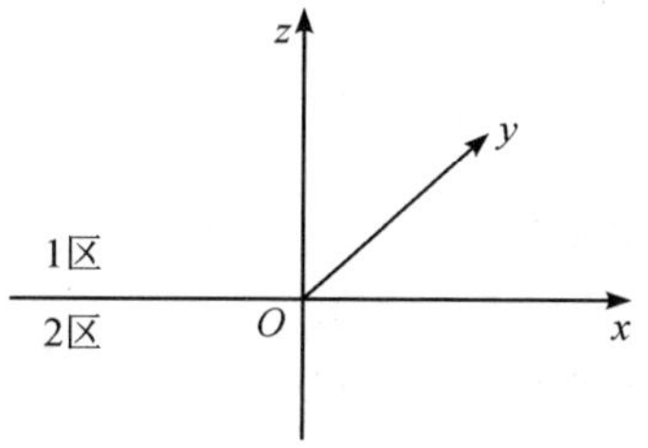

图 2.12　例 2-5 图

解 利用边界条件 $\boldsymbol{e}_n\times(\boldsymbol{E}_1-\boldsymbol{E}_2)=\boldsymbol{0}$，得

$$\begin{aligned}&\boldsymbol{e}_z\times\{[\boldsymbol{e}_xE_{1x}+\boldsymbol{e}_yE_{1y}+\boldsymbol{e}_zE_{1z}]-[\boldsymbol{e}_x2y+\boldsymbol{e}_y5x+\boldsymbol{e}_z(3+z)]\}\\&=\boldsymbol{e}_y(E_{1x}-2y)-\boldsymbol{e}_x(E_{1y}-5x)\\&=\boldsymbol{0}\end{aligned}$$

则得

$$E_{1x}=2y,\ E_{1y}=5x$$

$$D_{1x}=\varepsilon_1E_{1x}=10\varepsilon_0y,\ D_{1y}=\varepsilon_1E_{1y}=25\varepsilon_0x$$

又由 $\boldsymbol{e}_n\cdot(\boldsymbol{D}_1-\boldsymbol{D}_2)=0$，有

$$\boldsymbol{e}_z\cdot[(\boldsymbol{e}_xD_{1x}+\boldsymbol{e}_yD_{1y}+\boldsymbol{e}_zD_{1z})-(\boldsymbol{e}_xD_{2x}+\boldsymbol{e}_yD_{2y}+\boldsymbol{e}_zD_{2z})]=0$$

则得

$$D_{1z}|_{z=0}=D_{2z}|_{z=0}=\varepsilon_0(3+z)|_{z=0}=3\varepsilon_0$$

$$E_{1z}=\frac{D_{1z}}{\varepsilon_1}=\frac{3\varepsilon_0}{5\varepsilon_0}=\frac{3}{5}$$

最后得

$$\boldsymbol{E}_1(z=0)=\boldsymbol{e}_x2y+\boldsymbol{e}_y5x+\boldsymbol{e}_z\frac{3}{5}$$

$$\boldsymbol{D}_1(z=0)=\boldsymbol{e}_x10\varepsilon_0y+\boldsymbol{e}_y25\varepsilon_0x+\boldsymbol{e}_z3\varepsilon_0$$

2.7 导体系统的电容

电容是导体系统的一种基本属性，它是描述导体系统储存电荷能力的物理量。定义两导体系统的电容 C 为任意一导体上的总电荷 q 与两导体之间的电位差 U 之比，即

$$C=\frac{q}{U}$$

电容的单位是法拉(F)。电容的大小与电量、电位差无关，因为该比值为常数。电容的大小只是导体系统的物理尺度和周围电介质的特性参数的函数。本节只介绍简单双导体系统的电容计算。

在电子与电气工程中常用的传输线，例如平行板线、平行双线、同轴线都属于双导体系统。通常，这类传输线的纵向尺寸远大于横向尺寸，因而可作为平行平面电场(二维场)来研究，只需计算传输线单位长度的电容。其计算步骤如下：

(1) 根据导体的几何形状，选取合适的坐标系；

(2) 假定两导体 A、B 上分别带电荷 $+q$ 和 $-q$；

(3) 根据假定的电荷求出 $\boldsymbol{E}$；

(4) 由 $\int_A^B\boldsymbol{E}\cdot d\boldsymbol{l}$，求得电位差 U_{AB}；

(5) 由定义式求得电容值，$C=\dfrac{q}{U_{AB}}$。

例 2-6 求平行板电容器的电容。

解 平行板电容器由两块靠得很近的平行金属板组成。设它们的面积都是 S，内表面

之间的距离是 d（如图 2-13 所示）。当极板面的线度远大于它们之间的距离（即 $S \gg d^2$）时，除极板边缘部分外，情况和两极板为无限大时差不多，即两极板内表面均匀带电，极板间的电场是均匀电场。

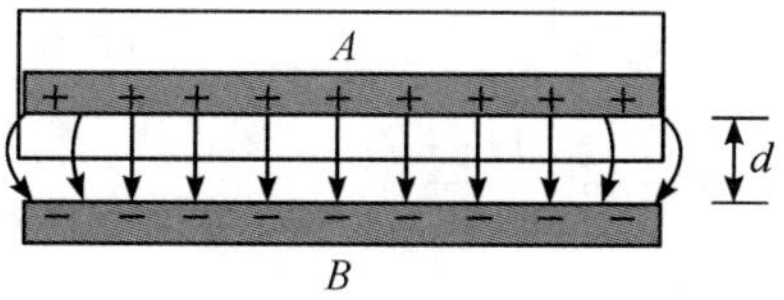

图 2-13 例 2-6 图

设两极板 A、B 内表面的带电量分别为 $+q$ 和 $-q$，取一个紧紧包围正极板 A 的长方体高斯面（两面和极板平行，一个平行面在两极板之间，四个面和极板垂直），电场强度只在极板间平行于极板的面（面的法线方向与电场一致）上才有非零通量，根据高斯定理，有

$$ES = \frac{q}{\varepsilon}$$

$$E = \frac{q}{\varepsilon S}$$

式中，E 的方向由正极板指向负极板。ε 是极板内的介质的介电常数，如果介质是空气，则 $\varepsilon = \varepsilon_0$。

两极板间的电位差为

$$U_{AB} = \int_A^B \boldsymbol{E} \cdot \mathrm{d}\boldsymbol{l} = Ed = \frac{qd}{\varepsilon S}$$

按照电容的定义有

$$C = \frac{q}{U_{AB}} = \frac{\varepsilon S}{d}$$

上式可作为求平行板电容器电容的通用公式使用。

例 2-7 平行双线传输线的结构如图 2.14 所示，导线的半径为 a，两导线轴线的距离为 D，且 $D \gg a$，设周围介质为空气。试求传输线单位长度的电容。

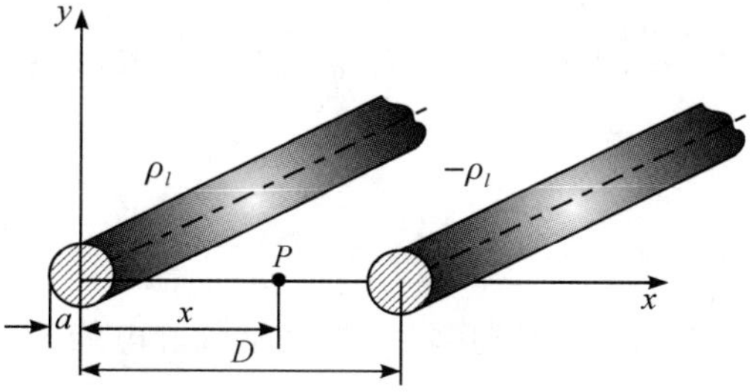

图 2.14 平行双线传输线

解 设两导线单位长度带电量分别为 $+q$ 和 $-q$。由于 $D \gg a$，故可近似地认为电荷均匀分布在两导线的表面上。应用高斯定律和叠加原理，可得到两导线之间的平面上任意一点 P 的电场强度为

$$\boldsymbol{E}(x) = \boldsymbol{e}_x \frac{q}{2\pi\varepsilon_0}\left(\frac{1}{x} + \frac{1}{D-x}\right)$$

两导线间的电位差为

$$U=\int_A^B \boldsymbol{E}\cdot \mathrm{d}\boldsymbol{l}=\int_a^{D-a}\boldsymbol{E}(x)\cdot \boldsymbol{e}_x \mathrm{d}x$$
$$=\frac{q}{2\pi\varepsilon_0}\int_a^{D-a}\left(\frac{1}{x}+\frac{1}{D-x}\right)\mathrm{d}x$$
$$=\frac{q}{\pi\varepsilon_0}\ln\frac{D-a}{a}$$

故得平行双线传输线单位长度的电容为

$$C=\frac{q}{U}=\frac{\pi\varepsilon_0}{\ln[(D-a)/a]}\approx\frac{\pi\varepsilon_0}{\ln(D/a)} \quad \text{(F)}$$

2.8 静电场的能量

静电场最基本的性质是对静止电荷有作用力，能驱动电荷产生位移而对电荷做功，说明静电场有能量。电场能量来源于建立电荷系统的过程中外界提供的能量。例如，给导体充电时，外电源要对电荷做功，使电荷系统产生能量。

假设系统从零开始充电，充电完毕后最终的电荷分布为 ρ，电位函数为 φ。假设在充电过程中，各点的电荷密度以同一比例因子 α 增加，则各点的电位也以同一比例因子 α 增加。如果某一时刻的电荷分布为 $\alpha\rho$，其电位分布为 $\alpha\varphi$。充电时，令 α 从 0 到 1 增加，把充电过程用无数次微分电位叠加表示。当 $\alpha\rightarrow(\alpha+\mathrm{d}\alpha)$时，对于某体积元 $\mathrm{d}V$，其电位为 $\alpha\varphi$，欲送入微分电荷 $\mathrm{d}q=\mathrm{d}(\alpha\rho)\mathrm{d}V=\rho\mathrm{d}\alpha\mathrm{d}V$，外电源所做的功是

$$\mathrm{d}W=\alpha\varphi\ \mathrm{d}q=\alpha\varphi\rho\mathrm{d}\alpha\mathrm{d}V$$

若这部分功全部转化为能量，则整个体积 V 的能量增量为

$$\mathrm{d}W_\mathrm{e}=\int_V \mathrm{d}W=\int_V \alpha\varphi\rho\mathrm{d}\alpha\mathrm{d}V$$

充电完成后整个系统具有的静电能为

$$W_\mathrm{e}=\int \mathrm{d}W_\mathrm{e}=\int_0^1 \alpha\mathrm{d}\alpha\int_V \varphi\rho\mathrm{d}V=\frac{1}{2}\int_V \rho\varphi\mathrm{d}V \tag{2.35}$$

将 $\rho=\nabla\cdot\boldsymbol{D}$ 代入式(2.35)得

$$W_\mathrm{e}=\frac{1}{2}\int_V(\nabla\cdot\boldsymbol{D})\varphi\mathrm{d}V$$

经过一系列数学推导(过程略)后可得到用场矢量表示的静电能为

$$W_\mathrm{e}=\frac{1}{2}\int_V \boldsymbol{E}\cdot\boldsymbol{D}\mathrm{d}V \tag{2.36}$$

把 W_e 对体积微分，得到

$$\omega_\mathrm{e}=\frac{1}{2}\boldsymbol{E}\cdot\boldsymbol{D} \tag{2.37}$$

ω_e 称为能量密度，表示单位体积的能量。

对于线性和各向同性的电介质，有 $\boldsymbol{D}=\varepsilon\boldsymbol{E}$，则能量密度为

$$\omega_e = \frac{1}{2}\varepsilon E^2$$

静电能为

$$W_e = \frac{1}{2}\int_V \varepsilon E^2 \mathrm{d}V$$

例 2-8　半径为 a 的球形空间均匀分布着电荷体密度为 ρ 的电荷，求电场能量。

解　以球心为中心作高斯球面，可求出球体内、外场强分别为 $\boldsymbol{E}_1$、$\boldsymbol{E}_2$。

$r<a$ 时，有

$$\boldsymbol{E} = \boldsymbol{E}_1 = \frac{\rho r}{3\varepsilon_0}\boldsymbol{e}_r$$

$r \geqslant a$ 时，有

$$\boldsymbol{E} = \boldsymbol{E}_2 = \frac{\rho a^3}{3\varepsilon_0 r^2}\boldsymbol{e}_r$$

选取同心的半径为 r、厚度为 $\mathrm{d}r$ 的薄球壳为体积元，体积元的体积为 $\mathrm{d}V = 4\pi r^2 \mathrm{d}r$，则空间的电场能量为

$$\begin{aligned}
W &= \int_V W_e \mathrm{d}V \\
&= \int_0^a \frac{1}{2}\varepsilon_0 E_1^2 \mathrm{d}V + \int_a^\infty \frac{1}{2}\varepsilon_0 E_2^2 \mathrm{d}V \\
&= \int_0^a \frac{1}{2}\varepsilon_0 \left(\frac{\rho r}{3\varepsilon_0}\right)^2 \cdot 4\pi r^2 \mathrm{d}r + \int_a^\infty \frac{1}{2}\varepsilon_0 \left(\frac{\rho a^3}{3\varepsilon_0 r^2}\right)^2 \cdot 4\pi r^2 \mathrm{d}r \\
&= \frac{4\pi \rho^2 a^5}{15\varepsilon_0}
\end{aligned}$$

本 章 小 结

本章主要介绍静电场的性质。

1. 电场强度的公式

$$\boldsymbol{E} = \boldsymbol{e}_R \frac{q_1}{4\pi\varepsilon_0 R^2} = \frac{q_1}{4\pi\varepsilon_0 R^3}\boldsymbol{R} = -\frac{q_1}{4\pi\varepsilon_0}\nabla\left(\frac{1}{R}\right)$$

$$\boldsymbol{E} = \frac{1}{4\pi\varepsilon_0}\int_V \frac{\boldsymbol{r}-\boldsymbol{r}'}{|\boldsymbol{r}-\boldsymbol{r}'|^3}\rho(\boldsymbol{r}')\mathrm{d}V$$

2. 静电场的基本方程

$$\oint_S \boldsymbol{E}\cdot \mathrm{d}\boldsymbol{S} = \frac{\int_V \rho \mathrm{d}V}{\varepsilon_0}$$

上式说明电场强度通过任意封闭曲面的通量，等于封闭曲面包围的电荷的代数和除以 ε_0，这称为高斯定理，电荷是电场的通量源。

$$\oint_C \boldsymbol{E}\cdot \mathrm{d}\boldsymbol{l} = 0$$

上式的物理意义是：静电场将单位正电荷沿任意封闭曲线移动一周，做的功为零。

$$\nabla \cdot \boldsymbol{E}=\frac{\rho}{\varepsilon_0}$$

上式是电场的高斯定理的微分形式。

$$\nabla \times \boldsymbol{E}=\boldsymbol{0}$$

上式说明静电场是无旋场。

3. 电位 φ

电场强度 $\boldsymbol{E}$ 可以表示为标量函数 φ 的梯度。

$$\boldsymbol{E}=-\nabla\varphi$$

$$\varphi=\frac{q}{4\pi\varepsilon_0}\frac{1}{|\boldsymbol{r}-\boldsymbol{r}'|}+C$$

4. 电介质的极化

电介质在电场中被磁化，会产生极化电荷，极化强度为 $\boldsymbol{P}$。

极化电荷体密度：$\rho_P=-\nabla \cdot \boldsymbol{P}$。

极化电荷面密度：$\rho_{SP}=\boldsymbol{P} \cdot \boldsymbol{e}_{\mathrm{n}}$。

电介质中高斯定律的积分形式：$\oint_S \boldsymbol{D} \cdot \mathrm{d}\boldsymbol{S}=q$。它表明电位移矢量穿过任一闭合面的通量等于该闭合面内的自由电荷的代数和。

电介质中高斯定律的微分形式：$\nabla \cdot \boldsymbol{D}=\rho$。它表明电位移矢量的散度等于该点的自由电荷密度。

电位移矢量基本方程积分形式：$\oint_C \boldsymbol{D} \cdot \mathrm{d}\boldsymbol{l}=0$。它表明电位移矢量将单位正电荷沿任意封闭曲线移动一周，做的功为零。

电位移矢量基本方程微分形式：$\nabla \times \boldsymbol{D}=\boldsymbol{0}$。它表明电位移矢量的旋度为零，电场是无旋场。

对于线性和各向同性的电介质，有

$$\boldsymbol{D}=\varepsilon\boldsymbol{E}$$

5. 静电场的边界条件

当两种电介质的分界面存在面电荷时，电位移矢量 $\boldsymbol{D}$ 的法向分量是不连续的，即 $D_{1\mathrm{n}}-D_{2\mathrm{n}}=\rho_S$。

在两种电介质的分界面上，电场强度的切向分量是连续的，即 $E_{1\mathrm{t}}=E_{2\mathrm{t}}$。

6. 电容

两导体系统的电容为任意一导体上的总电荷与两导体之间的电位差之比。

$$C=\frac{q}{U}$$

7. 静电场的能量和能量密度

静电场的能量：$W_{\mathrm{e}}=\frac{1}{2}\int_V \boldsymbol{E} \cdot \boldsymbol{D}\,\mathrm{d}V$。

静电场的能量密度：$\omega_e = \frac{1}{2} \boldsymbol{E} \cdot \boldsymbol{D}$。

习 题

2.1 电荷按体密度 $\rho(r)=\rho_0[1-(r^2/a^2)]$ 分布于一个半径为 a 的球形区域内，其中 ρ_0 为常数。试计算球内、外的电场强度和电位。

2.2 两电介质的分界面为 $z=0$ 平面。已知 $\varepsilon_{r1}=2$ 和 $\varepsilon_{r2}=3$，如果已知区域 1 中的 $\boldsymbol{E}_1=\boldsymbol{e}_x 2y-\boldsymbol{e}_y 2x+\boldsymbol{e}_z(5+z)$，试问能求出区域 2 中哪些地方的 $\boldsymbol{E}_2$ 和 $\boldsymbol{D}_2$？并求出对应的 $\boldsymbol{E}_2$ 和 $\boldsymbol{D}_2$。

2.3 已知 $y>0$ 的空间中没有电荷，下列几个函数中哪些可能是电位函数解？

(1) $\mathrm{e}^y\cos x$；(2) $\mathrm{e}^{-y}\cos x$；(3) $\mathrm{e}^{-\sqrt{2}y}\sin x\cos x$；(4) $\sin x\sin y\sin z$。

2.4 已知空气填充的平板电容器内的电位分布为 $\varphi=ax^2+b$，求与其相应的电场及电荷分布。

2.5 一个半径为 a 的均匀带电圆柱(无限长)的电荷密度是 ρ，求圆柱体内、外的电场强度。

2.6 一个半径为 a 的均匀带电圆盘，电荷密度是 ρ_S，求轴线任意一点处的电场强度。

2.7 真空中有两个点电荷，一个电荷 $-q$ 位于原点，另一个电荷 $q/2$ 位于$(a, 0, 0)$处，求电位为零的等位面方程。

2.8 假设 $x<0$ 的区域为空气，$x>0$ 的区域为电介质，电介质的介电常数为 $3\varepsilon_0$。空气中的电场强度 $\boldsymbol{E}_1=3\boldsymbol{e}_x+4\boldsymbol{e}_y+5\boldsymbol{e}_z$ V/m，求电介质中的电场强度 $\boldsymbol{E}_2$。

2.9 一个平板电容器中间填充介质的相对介电常数为 $\varepsilon_r=(x+d)/d$，其中 d 是极板之间的距离，两个极板分别位于 $x=0$ 和 $x=d$ 处，极板的面积为 S，求电容器的电容。

2.10 两个点电荷 q 和 $-q$ 分别位于 $+y$ 轴和 $+x$ 轴上距原点为 a 处，求：

(1) z 轴上任一点处的电场强度；

(2) 平面 $y=x$ 上任一点的电场强度。

2.11 计算在电场 $\boldsymbol{E}=\boldsymbol{e}_x y+\boldsymbol{e}_y x$ 中，把一个带电量为 $-2\ \mu$C 的电荷沿以下两种路径从点$(2, 1, -1)$移到点$(8, 2, -1)$的过程中电场力所做的功：

(1) 沿曲线 $x=2y^2$；

(2) 沿连接该两点的直线。

2.12 以下矢量场是不是静电场的一种可能的分布？若是，找出其电位 φ 的函数式。

(1) $\boldsymbol{E}=\boldsymbol{e}_x(yz-2x)+\boldsymbol{e}_y xz+\boldsymbol{e}_z xy$；

(2) $\boldsymbol{E}=\boldsymbol{e}_x x^2 y+\boldsymbol{e}_y xy^2+\boldsymbol{e}_z \mathrm{e}^{-\beta y}\cos\alpha x$（$\alpha$，$\beta$ 为常数）。

第 3 章

恒定电流场

上一章，我们研究了静止的电荷产生的静电场，本章我们将讨论与恒定电源（直流电源）相连的导体中恒定流动的电荷（直流电）产生的电场，这一电场称为恒定电流场或恒定电场。

恒定流动的电荷既产生电场，也产生磁场。当导体中有恒定电流时，因为电流的连续性，导体中运动的电荷产生动态平衡，所以导体中的电荷分布密度是恒定的。导体电流在导体内部产生的电场和静止电荷产生的静电场是有区别的。

3.1 电流和电流密度

电流是由电荷作定向运动形成的，通常用电流强度来描述其大小。设在 Δt 时间内通过某截面 S 的电量为 Δq，则通过该截面 S 的电流强度定义为

$$i=\lim_{\Delta t\to 0}\frac{\Delta q}{\Delta t}=\frac{\mathrm{d}q}{\mathrm{d}t}$$

电流强度是标量，若运动电荷的电量不随时间改变，则为恒定电流，用 i 表示。

在通常的电路分析中，电流强度 i 足够我们使用，但有时对于在大块导体中流动的电流（比如电阻法做地质勘探），导体的不同部分的电流的大小和方向都不一样，从而形成分布电流，如图 3.1 所示，所以要引入电流密度的概念。

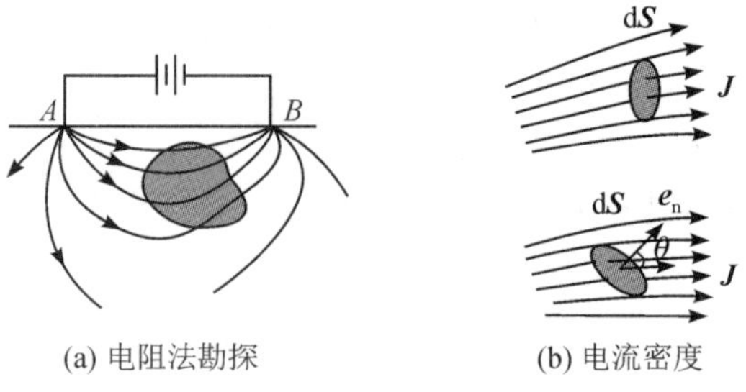

(a) 电阻法勘探　　(b) 电流密度

图 3.1　电流密度示意图

1. 体电流密度

电荷在某一体积内定向运动所形成的电流称为体电流。一般情况下，在导体内某一截面上不同的点，电流的大小和方向往往是不同的。为了描述该截面上电流的分布，用电流

密度 $\boldsymbol{J}$ 描述，定义为空间任意一点 $\boldsymbol{J}$ 的方向是该点上正电荷运动的方向，$\boldsymbol{J}$ 的大小等于在该点与 $\boldsymbol{J}$ 垂直的单位面积的电流，即

$$\boldsymbol{J}=\boldsymbol{e}_{\mathrm{n}}\lim_{\Delta S\to 0}\frac{\Delta i}{\Delta S}=\boldsymbol{e}_{\mathrm{n}}\frac{\mathrm{d}i}{\mathrm{d}S} \tag{3.1}$$

$\boldsymbol{e}_{\mathrm{n}}$ 为电流密度 $\boldsymbol{J}$ 的单位矢量，也是面积元 ΔS 的正法线单位矢量，$\boldsymbol{J}$ 称为体电流密度，它的单位是安每平方米($\mathrm{A/m^2}$)。通过截面 S 的电流为

$$i=\int_S \boldsymbol{J}\cdot\mathrm{d}\boldsymbol{S} \tag{3.2}$$

2. 面电流密度

在厚度 h 可以忽略的薄曲面 S 上，电荷定向运动形成面电流，用面电流密度 $\boldsymbol{J}_S$ 描述。与电流垂直的横截面 $\Delta S\to 0$ 时，面积元 ΔS 变为线元 Δl，如图 3.2 所示，则该面电流密度 $\boldsymbol{J}_S$ 为

$$\boldsymbol{J}_S=\boldsymbol{e}_{\mathrm{n}}\lim_{\Delta l\to 0}\frac{\Delta i}{\Delta l}=\boldsymbol{e}_{\mathrm{n}}\frac{\mathrm{d}i}{\mathrm{d}l} \tag{3.3}$$

式中，$\boldsymbol{e}_{\mathrm{n}}$ 为面电流密度 $\boldsymbol{J}_S$ 的单位矢量。

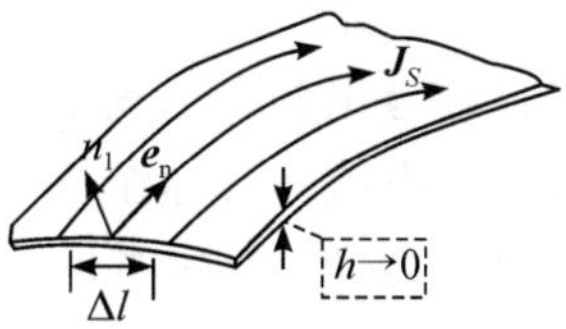

图 3.2 面电流

通过薄导体层上任意有向曲线 l 的电流为

$$i=\int_l \boldsymbol{J}_S\cdot(\boldsymbol{n}_1\times\mathrm{d}\boldsymbol{l}) \tag{3.4}$$

式中，$\boldsymbol{n}_1$ 为薄导体层的法向单位矢量。

3.2 电流连续性方程

人类在研究电的过程中发现了电荷守恒定律：在与外界没有电荷交换的系统内，正、负电荷的代数和保持不变。也就是说，单位时间内从封闭面 S 内流出的电荷量，等于闭合面 S 所限定的体积 V 内电荷的减少量，数学表示如下：

$$\oint_S \boldsymbol{J}\cdot\mathrm{d}\boldsymbol{S}=-\frac{\mathrm{d}q}{\mathrm{d}t}=-\frac{\mathrm{d}}{\mathrm{d}t}\int_V\rho\mathrm{d}V \tag{3.5}$$

式中，q 是封闭面内的电量，ρ 是电荷体密度，$q=\int_V\rho\mathrm{d}V$，由能量守恒定律知式(3.5)成立。式(3.5)为电流连续性方程的积分形式。

封闭面 S 内限定的体积不随时间而变化，将全导数写为偏导数，有

$$\oint_S \boldsymbol{J}\cdot\mathrm{d}\boldsymbol{S}=-\int_V\frac{\partial\rho}{\partial t}\mathrm{d}V$$

由散度定理$\oint_S \boldsymbol{J} \cdot \mathrm{d}\boldsymbol{S} = \int_V \nabla \cdot \boldsymbol{J} \mathrm{d}V$，得

$$\int_V \left(\nabla \cdot \boldsymbol{J} + \frac{\partial \rho}{\partial t}\right) \mathrm{d}V = 0$$

因为封闭曲面 S 任意，包围的体积 V 也任意，所以有

$$\nabla \cdot \boldsymbol{J} + \frac{\partial \rho}{\partial t} = 0$$

上式为电流连续性方程的微分形式。

如果是恒定电流场，封闭面流出的电荷等于流入的电荷，即$\frac{\partial \rho}{\partial t}=0$，则

$$\oint_S \boldsymbol{J} \cdot \mathrm{d}\boldsymbol{S} = 0, \ \nabla \cdot \boldsymbol{J} = 0$$

这表明从任意闭合面穿出的恒定电流为 0，或者可以说恒定电流场是无散场。

3.3 电流密度和电荷密度的关系

导体中运动的电荷形成的电流叫传导电流。电荷在不导电的空间，如真空或极稀薄气体中有规则地运动所形成的电流叫运流电流，又称作对流电流或徙动电流。

若电荷流动的空间中某点电流密度为 $\boldsymbol{J}$，电荷密度为 ρ，电荷运动速度为 $\boldsymbol{v}$，如图 3.3 所示，取一个规则的小体积，长为 Δl，横截面积为 ΔS，电荷穿过截面 ΔS，在 Δt 时间运动 Δl 距离。根据体电荷密度的概念，有

$$\boldsymbol{J} = \boldsymbol{e}_{\mathrm{n}} \frac{\Delta i}{\Delta S} = \boldsymbol{e}_{\mathrm{n}} \frac{\Delta q}{\Delta t \Delta S} = \boldsymbol{e}_{\mathrm{n}} \frac{\rho V}{\Delta t \Delta S} = \boldsymbol{e}_{\mathrm{n}} \frac{\rho v \Delta t \Delta S}{\Delta t \Delta S}$$

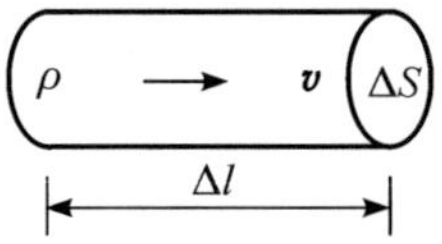

图 3.3　电流密度和电荷密度

得到

$$\boldsymbol{J} = \rho \boldsymbol{v} \tag{3.6}$$

式(3.6)对传导电流和运流电流都成立。

3.4 欧姆定律和焦耳定律

1. 欧姆定律

在恒定电流场中，对于线性和各向同性的导电介质，沿电流方向取一段长为 l、横截面积为 S 的微小圆柱体，体积很小，电流视为均匀分布，电流密度 $\boldsymbol{J}$ 与圆柱体顶面垂直，如图 3.4 所示。

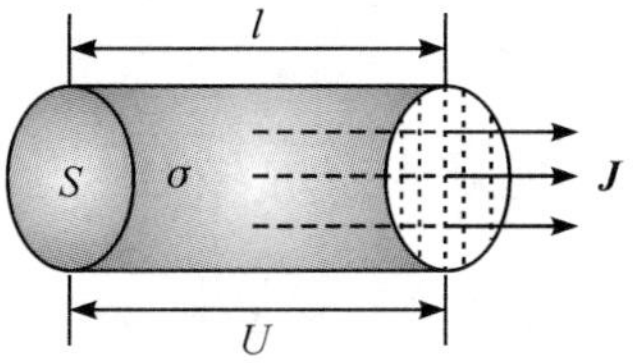

图 3.4　传导电流欧姆定律

通过截面 S 的电流为

$$i=\frac{U}{R}=\frac{El}{\frac{l}{\sigma S}}=E\sigma S$$

将上式代入 $\boldsymbol{J}=\boldsymbol{e}_{\mathrm{n}}\frac{i}{S}$，得到

$$\boldsymbol{J}=\sigma\boldsymbol{E} \tag{3.7}$$

式(3.7)就是欧姆定律的微分形式，σ 是导体的电导率，单位为西门子每米(S/m)。

2. 焦耳定律

设在导电介质中，体密度为 ρ 的电荷在电场强度为 $\boldsymbol{E}$ 的电场的作用下以平均速度 $\boldsymbol{v}$ 运动，则作用于体积元 $\mathrm{d}V$ 内的电荷的电场力为 $\mathrm{d}\boldsymbol{F}=\boldsymbol{E}\mathrm{d}q=\boldsymbol{E}\rho\mathrm{d}V$。若在 $\mathrm{d}t$ 时间内，电荷的移动距离为 $\mathrm{d}\boldsymbol{l}$，则电场力所做的功为

$$\begin{aligned}\mathrm{d}W&=\mathrm{d}\boldsymbol{F}\cdot\mathrm{d}\boldsymbol{l}=\boldsymbol{E}\rho\mathrm{d}V\cdot\mathrm{d}\boldsymbol{l}\\&=\boldsymbol{E}\rho\mathrm{d}V\cdot\boldsymbol{v}\mathrm{d}t=\rho\boldsymbol{v}\cdot\boldsymbol{E}\mathrm{d}V\mathrm{d}t\\&=\boldsymbol{J}\cdot\boldsymbol{E}\mathrm{d}V\mathrm{d}t\end{aligned}$$

所以电场 $\boldsymbol{E}$ 对体积元 $\mathrm{d}V$ 提供的功率为

$$\mathrm{d}p=\frac{\mathrm{d}W}{\mathrm{d}t}=\boldsymbol{J}\cdot\boldsymbol{E}\mathrm{d}V$$

电场 $\boldsymbol{E}$ 对单位体积提供的功率为

$$p=\frac{\mathrm{d}p}{\mathrm{d}V}=\boldsymbol{J}\cdot\boldsymbol{E}$$

电场提供的功率以热的形式消耗在导电介质的电阻上。所以单位体积消耗的功率 p 为

$$p=\boldsymbol{J}\cdot\boldsymbol{E} \tag{3.8}$$

式(3.8)就是焦耳定律的微分形式，p 是单位体积消耗的功率。

整个体积内消耗的功率 P 为

$$P=\int_V\boldsymbol{J}\cdot\boldsymbol{E}\mathrm{d}V$$

这就是焦耳定律的积分形式。

对于线性和各向同性的导电介质，单位体积消耗的功率 p 为

$$p=\boldsymbol{J}\cdot\boldsymbol{E}=\sigma\boldsymbol{E}\cdot\boldsymbol{E}=\sigma E^2$$

对于线性和各向同性的导电介质，整个体积内消耗的功率 P 为

$$P=\int_V\sigma E^2\mathrm{d}V$$

3.5 恒定电流场的基本方程

电流密度 $\boldsymbol{J}$ 和电场强度 $\boldsymbol{E}$ 是恒定电流场的基本场矢量。对于恒定电流场，要维持电流不随时间变化，则空间的电场也必须是恒定不变的，这就要求电荷的空间分布也不随时间变化，所以有$\frac{\partial\rho}{\partial t}=0$。

根据电流连续性方程 $\int_V\left(\nabla\cdot\boldsymbol{J}+\frac{\partial\rho}{\partial t}\right)\mathrm{d}V=0$，得到

$$\int_V\nabla\cdot\boldsymbol{J}\,\mathrm{d}V=0$$

根据高斯定理$\oint_S\boldsymbol{J}\cdot\mathrm{d}\boldsymbol{S}=\int_V\nabla\cdot\boldsymbol{J}\,\mathrm{d}V$，所以有

$$\oint_S\boldsymbol{J}\cdot\mathrm{d}\boldsymbol{S}=0$$

$$\nabla\cdot\boldsymbol{J}=0 \tag{3.9}$$

这就是恒定电流场电流密度 $\boldsymbol{J}$ 的基本方程的微分和积分形式。电流连续性方程在电路中的宏观反映就是基尔霍夫电流定律：流入任意一个节点的电流的代数和为零。电“路”的性质，是“场”的性质的宏观体现。

在静电场中，一个孤立的导体(未与电源构成回路)内部电荷移动产生的内电场与外电场相互抵消，导体内部电场处处为零。

与恒定电源(直流电源)构成回路的导体，由于电源的持续作用，电荷始终在流动，流入电荷等于流出电荷，整个回路导体的电荷始终处于动态平衡之中，导体内部电场 $\boldsymbol{E}$ 不为零，是恒定不变的。

恒定电流场 $\boldsymbol{E}$ 和静电场一样，把电荷移动到起始位置做的功为零，即恒定电流场沿封闭曲线的积分为零，是无旋场或保守场。

$$\oint_C\boldsymbol{E}\cdot\mathrm{d}\boldsymbol{l}=0 \tag{3.10}$$

$$\nabla\times\boldsymbol{E}=\boldsymbol{0} \tag{3.11}$$

下面进行详细说明。

电源外部，在导体中恒定电场的作用下，正电荷从电源正极出发，经过负载，到达电源负极，为了维持导体内源源不断的恒定电流，电源必须把正电荷从电源负极搬到电源正极，这需要克服电场力做功，是非静电力(非库仑力)。电源的作用就是提供这种非静电力，如化学力、洛伦兹力、感应电场力。

恒定电场的源是恒定电源的非静电力，能把正电荷从负极搬到正极，这种力可以等效为一个非静电场 E'，在电源内部，$\boldsymbol{E}'=-\boldsymbol{E}$，非静电场把单位正电荷从电源负极搬到电源正极做的功定义为电源的电动势。计算公式为

$$e=\int_N^P\boldsymbol{E}'\cdot\mathrm{d}\boldsymbol{l}$$

电源极板上的驻极电荷产生的恒定电场 $\boldsymbol{E}$ 通过导体、电阻和电源内部回到起点做的功

为零。如图 3.5 所示，那么有

$$\oint_C \boldsymbol{E} \cdot \mathrm{d}\boldsymbol{l} = 0$$

$$\int_P^N \boldsymbol{E} \cdot \mathrm{d}\boldsymbol{l} + \int_N^P \boldsymbol{E} \cdot \mathrm{d}\boldsymbol{l} = 0$$

$$\int_P^N \boldsymbol{E} \cdot \mathrm{d}\boldsymbol{l} - \int_N^P \boldsymbol{E}' \cdot \mathrm{d}\boldsymbol{l} = 0$$

$$\int_P^N \boldsymbol{E} \cdot \mathrm{d}\boldsymbol{l} - e = 0$$

所以电动势 $e = \int_P^N \boldsymbol{E} \cdot \mathrm{d}\boldsymbol{l}$。

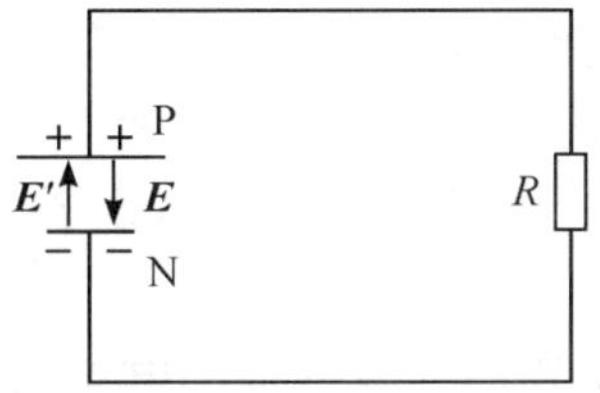

图 3.5　电动势

电源的电动势等于外电路中的电压降，等于电源非静电力对单位正电荷做的功，等于导体内恒定电场对单位正电荷做的功。这是基尔霍夫电压定律的微观解释。

下面讨论在恒定电场的作用下，导体中电荷的分布问题。

恒定电流场中电流恒定的含义是$\dfrac{\partial \rho}{\partial t}=0$，即电荷密度 ρ 不随时间而变化，但 ρ 可以是空间的函数 $\rho(\boldsymbol{r})$。

对于均匀导体，电导率 σ 是常数，由 $\boldsymbol{J}=\sigma\boldsymbol{E}$，$\nabla \cdot \boldsymbol{J}=0$，得到$\nabla \cdot (\sigma\boldsymbol{E})=0$，$\nabla \cdot \boldsymbol{E}=0$，由高斯定理$\nabla \cdot \boldsymbol{E}=\dfrac{\rho}{\varepsilon}=0$，得到 $\rho=0$，所以在恒定电流场，均匀导体内部净电荷处处为零。

这一结论不适合非均匀导体内部，或不同电导率的导体分界面处。因为 σ 不是常数，它不能从$\nabla \cdot (\sigma\boldsymbol{E})$的$\nabla$括号里面提到$\nabla$外面。所以恒定电流场的均匀导体内部没有净电荷，电荷只能分布在导体的非均匀处或分界面上。

在恒定电流条件下，导体内电场与导体表面平行，否则电场指向导体表面的地方会有电荷累积而破坏平衡条件，下面分析这一过程。

当电源未接通时，由于非静电力的作用，在两极上累积的电荷在空间产生电场，如图 3.6(a)所示。

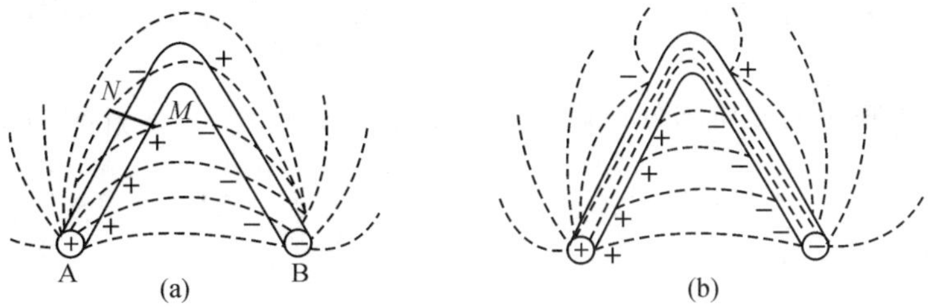

图 3.6　导线内的电场图

当用导线将两极连接在一起时，导线的形状并不一定与静电场的电场线相一致。导线在刚接通的一瞬间，导体中的自由电荷在电源两极板电荷产生的空间电场的作用下，沿着电场线的方向移动。在某些地方导线的表面与电场平行，使自由电荷沿着导线移动，另一些地方，导线的表面与电场的方向相垂直，或者有与电场表面相垂直的电场分量，电场驱使自由电荷趋向导体的表面。这些电荷到达导线表面以后，因为它们不能脱离表面而逸出，便堆积在表面，形成了表面电荷，如图 3.6(a)所示。如果电场的垂直分量由导体内部指向表面(比如 M 点)，这些地方(M 点)有正电荷的堆积。如果电场的垂直分量由表面(比如 N 点)指向导体内部，这些地方(N 点)就有负电荷的堆积。导体表面堆积的电荷也产生电场，而且与电源产生的电场方向相反，这样在导体表面堆积电荷的电场与电源电场的垂直分量叠加后，合成后的电场的垂直分量减小。但是，只要导体内部的合成电场中还存在垂直于导体表面的电场分量，便会继续有表面电荷的堆积，而电荷继续的堆积又使合成电场中垂直于导体表面的电场分量进一步减小，直至整个垂直分量被全部抵消。这样，在导体内只存在平行导体表面方向的电场，就形成一个其方向始终沿着导线表面的合成电场，如图 3.6(b)所示。

所以不论导线形状如何弯曲，弯曲导线内部的电场永远平行于导体的弯曲表面。

3.6 恒定电流场的边界条件

在电导率分别为 σ_1 和 σ_2 的两种导电介质的分界面处，作闭合矩形回路(垂直于分界面的边取无限短，平行于分界面的回路长度为 l)，$\boldsymbol{E}$ 沿闭合矩形回路作线积分，类似静态场的分析，同样有

$$E_{1t}l - E_{2t}l = 0$$

$$E_{1t} = E_{2t} \tag{3.12}$$

在电导率分别为 σ_1 和 σ_2 的两种导电介质的分界面处，作一微型闭合圆柱体(圆柱体侧面垂直于分界面，高 h 取无限短，平行于分界面的圆柱体底面积为 S)，求 $\boldsymbol{J}$ 沿封闭曲面的通量，类似于静态场 $\boldsymbol{D}$ 的分析，同样有

$$J_{1n}S - J_{2n}S = 0$$

$$J_{1n} = J_{2n} \tag{3.13}$$

由 $\boldsymbol{J}=\sigma\boldsymbol{E}$ 得到 $\dfrac{E_{1n}}{\sigma_1}=\dfrac{E_{2n}}{\sigma_2}$。

在存在恒定电流场的导体外表面，导体表面的电场，既有平行于表面的切向分量，也有垂直于表面的法向分量，因而导体表面不是等位面($E_t=-\nabla\varphi$，导体表面电位 φ 随 E_t 而变化)。

在导体内部存在不同介质的分界面处，恒定电场的电位边界条件和前面介绍的静电场的电位边界条件一样：

$$\varphi_1 = \varphi_2$$

由 $\boldsymbol{J}=\sigma\boldsymbol{E}=-\sigma\nabla\varphi$ 得

$$\sigma_1\frac{\partial\varphi_1}{\partial n}=\sigma_2\frac{\partial\varphi_2}{\partial n}$$

3.7　恒定电流场和静电场的比较

由前面的讨论我们知道，均匀导体中的恒定电流场(电源之外的导体内部的电场)和均匀电介质中的静电场，有很多相似之处。

表 3.1 所示为电源外的恒定电流场与介质中无源区域的静电场的比较。

表 3.1　电源外的恒定电流场与无源区的静电流场的比较

场		导电介质中的恒定电流场	无源区域的静电场
基本场矢量		电场强度 $\boldsymbol{E}$ 电流密度 $\boldsymbol{J}$	电场强度 $\boldsymbol{E}$ 电位移矢量 $\boldsymbol{D}$
基本方程	积分形式	$\oint_C \boldsymbol{E}\cdot d\boldsymbol{l}=0$ $\oint_S \boldsymbol{J}\cdot d\boldsymbol{S}=0$	$\oint_C \boldsymbol{E}\cdot d\boldsymbol{l}=0$ $\oint_S \boldsymbol{D}\cdot d\boldsymbol{S}=0$
	微分形式	$\nabla\times\boldsymbol{E}=\boldsymbol{0}$ $\nabla\cdot\boldsymbol{J}=0$	$\nabla\times\boldsymbol{E}=\boldsymbol{0}$ $\nabla\cdot\boldsymbol{D}=0$
本构关系		$\boldsymbol{J}=\sigma\boldsymbol{E}$	$\boldsymbol{D}=\varepsilon\boldsymbol{E}$
相关物理量		电流强度 $i=\oint_S \boldsymbol{J}\cdot d\boldsymbol{S}$	电荷量 $q=\oint_S \boldsymbol{D}\cdot d\boldsymbol{S}$
边界条件		$E_{1t}=E_{2t}$ $J_{1n}=J_{2n}$	$E_{1t}=E_{2t}$ $D_{1n}=D_{2n}$

从表 3.1 可以看出，两种场量的物理量之间有如表 3.2 所示的对偶关系。

表 3.2　恒定电流场与静电场的物理量之间的对偶关系

恒定电流场	$\boldsymbol{E}$	$\boldsymbol{J}$	i	σ
静电场	$\boldsymbol{E}$	$\boldsymbol{D}$	q	ε

两种场对应物理量之间的关系也是相同的，利用这种相似关系，可以把静电场的结论推广到恒定电流场中，直接得到恒定电流场的解，这种方法叫静电比拟法。

例如，利用静电比拟法，可以方便地用静电场中两个导体之间的电容，求出两个导体之间的电导。

在静电场中，两个导体之间充满介电常数为 ε 的均匀电介质的电容为

$$C=\frac{q}{U_{ab}}=\frac{\int_S \boldsymbol{D}\cdot d\boldsymbol{S}}{\int_a^b \boldsymbol{E}\cdot d\boldsymbol{l}}=\frac{\int_S \varepsilon\boldsymbol{E}\cdot d\boldsymbol{S}}{\int_a^b \boldsymbol{E}\cdot d\boldsymbol{l}}$$

在电源的正、负电极之间电导率为 σ 的导体(有恒定电流场)的电导为

$$G=\frac{i}{U_{ab}}=\frac{\int_S \boldsymbol{J}\cdot \mathrm{d}\boldsymbol{S}}{\int_a^b \boldsymbol{E}\cdot \mathrm{d}\boldsymbol{l}}=\frac{\int_S \sigma\boldsymbol{E}\cdot \mathrm{d}\boldsymbol{S}}{\int_a^b \boldsymbol{E}\cdot \mathrm{d}\boldsymbol{l}}$$

所以$\frac{C}{G}=\frac{\varepsilon}{\sigma}$。

如果静电场的两导体之间的电容已知，则两导体之间的(漏)电阻为

$$R=\frac{1}{G}=\frac{\varepsilon}{\sigma C}$$

例 3-1 同轴线的内导体半径为 a，外导体半径为 b，内外导体之间填充介质的介电常数为 ε，电导率为 σ，如图 3.7 所示。试求：此同轴线单位长度的漏电阻(绝缘电阻)。

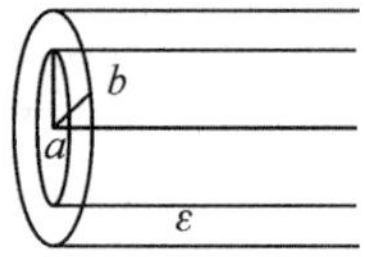

图 3.7 同轴线的内导体

解 类似例 2-7，同轴电缆内、外导体单位长度带电量分别为 ρ_l 和 $-\rho_l$ 时，很容易计算出内、外导体之间的电位差为

$$U=\frac{\rho_l}{2\pi\varepsilon}\ln\frac{b}{a}$$

则单位长度的电容为

$$C=\frac{q}{U}=\frac{\rho_l}{\frac{\rho_l}{2\pi\varepsilon}\ln\frac{b}{a}}=\frac{2\pi\varepsilon}{\ln(b/a)}$$

利用静电比拟法，根据$\frac{C}{G}=\frac{\varepsilon}{\sigma}$可得同轴电缆单位长度的电导为

$$G=\frac{2\pi\sigma}{\ln(b/a)}$$

则单位长度的漏电阻(绝缘电阻)为

$$R=\frac{1}{G}=\frac{\ln(b/a)}{2\pi\sigma}$$

本 章 小 结

本章讲述了恒定电流场的性质。

1. 电流密度和电荷密度的关系

电流密度矢量 $\boldsymbol{J}$ 为空间任意一点垂直于电流方向的单位面积的电流，$\boldsymbol{J}$ 方向是该点正电荷运动的方向。

$$i=\int_S \boldsymbol{J}\cdot \mathrm{d}\boldsymbol{S}$$

$$\boldsymbol{J}=\rho\boldsymbol{v}$$

2. 欧姆定理的微分形式

$$\boldsymbol{J}=\sigma\boldsymbol{E}$$

3. 焦耳定律

单位体积消耗的功率：$p=\boldsymbol{J}\cdot\boldsymbol{E}$

4. 电流连续性方程

$$\nabla\cdot\boldsymbol{J}+\frac{\partial\rho}{\partial t}=0$$

5. 恒定电场的基本方程

$$\oint_S\boldsymbol{J}\cdot\mathrm{d}\boldsymbol{S}=0$$

$$\nabla\cdot\boldsymbol{J}=0$$

$$\oint_C\boldsymbol{E}\cdot\mathrm{d}\boldsymbol{l}=0$$

$$\nabla\times\boldsymbol{E}=\boldsymbol{0}$$

6. 恒定电流场的边界条件

在电导率分别为 σ_1 和 σ_1 的两种导电介质的分界面处，有

$$E_{1\mathrm{t}}=E_{2\mathrm{t}}；J_{1\mathrm{n}}=J_{2\mathrm{n}}$$

习　题

3.1　设 xOy 面上存在着密度为 $\boldsymbol{J}_S=\boldsymbol{e}_x y+\boldsymbol{e}_y x$(A/m)的面电流，计算穿过表面上两点(2，1)和(5，1)之间的线段上的电流。

3.2　设半径为 R_1 和 R_2 的两个同心球面之间填充着 $\sigma=\sigma_0(1+K/r)$的材料，K 为常数，求两球面之间的电阻。

3.3　一个半径为 a 的球内，均匀分布着总量为 q 的电荷，若其以角速度 ω 绕一直径匀速旋转，求球内的电流密度和电流。

3.4　球形电容器内、外极板的半径分别为 a、b，其间介质的电导率为 σ，当外加电压为 U_0 时，计算功率损耗，并求电阻。

3.5　一个半径为 a 的导体球作为电极深埋地下，土壤的电导率为 σ。略去地面的影响，求电极的接地电阻。

3.6　内、外导体半径分别为 a、c 的同轴线，其间填充两种漏电介质，电导率分别为 $\sigma_1(a<r<b)$和 $\sigma_2(b<r<c)$，求单位长度的漏电电阻。

3.7　有一个任意形状的电容器，里面充满介电常数为 ε 的均匀电介质，如果已知当它充满电导率为 σ 的均匀导体时，它对稳定电流的电阻为 R，求该电容器的电容 C。

第4章

恒定磁场

运动的电荷或电流不仅能产生电场，还能产生磁场，磁场的宏观表现是对运动的电荷或电流有力的作用。当电流恒定时，产生的磁场不随时间而变化，这种磁场叫恒定磁场或静磁场。描述磁场强弱和方向的物理量叫磁感应强度。

4.1 磁感应强度

产生静电场的静电荷是独立存在的，但产生磁场的电流元不会单独存在，所以人们不可能通过实验测量出恒定电流元的磁场。为了研究形形色色载流导线产生的磁场，可以将载流导线分割为很多微分电流元，然后分析其产生的磁场微分单元 $\mathrm{d}\boldsymbol{B}$。设导线中的微分电流元为 $I\mathrm{d}\boldsymbol{l}'$，$\boldsymbol{l}'$表示有向线元(方向与电流方向相同)，任意形状的载流导线产生的磁场是所有微分电流元产生的磁场 $\mathrm{d}\boldsymbol{B}$ 的矢量和。毕奥和萨伐尔于 1820 年根据大量的闭合回路实验结果，通过理论上的分析总结，得出如下规律：

$$\mathrm{d}\boldsymbol{B}=\frac{\mu_0}{4\pi}\frac{I\mathrm{d}\boldsymbol{l}'\times\boldsymbol{e}_R}{R^2} \tag{4.1}$$

其中 $\boldsymbol{R}=\boldsymbol{r}-\boldsymbol{r}'$，$\boldsymbol{r}$ 是场点 $\mathrm{d}\boldsymbol{B}$ 处的位置矢量，$\boldsymbol{r}'$是源点 $I\mathrm{d}\boldsymbol{l}'$处的位置矢量。$R=|\boldsymbol{R}|$，$\boldsymbol{e}_R=\dfrac{\boldsymbol{R}}{R}=\dfrac{\boldsymbol{r}-\boldsymbol{r}'}{|\boldsymbol{r}-\boldsymbol{r}'|}$，$\mu_0$是真空中的磁导率，单位是亨利每米(H/m)。电流源产生磁场的示意图如图 4.1 所示。

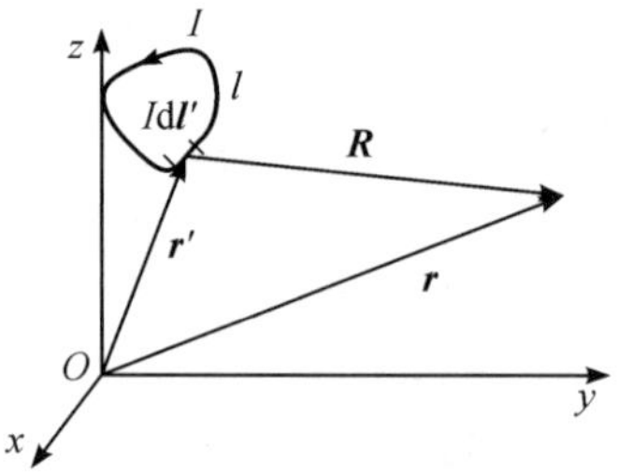

图 4.1　电流元产生磁场的示意图

那么整个闭合导线 l 产生的磁感应强度 $\boldsymbol{B}$ 为

$$\boldsymbol{B}(\boldsymbol{r})=\frac{\mu_0}{4\pi}\oint_l \frac{I\mathrm{d}\boldsymbol{l}'\times\boldsymbol{e}_R}{R^2}=\frac{\mu_0}{4\pi}\oint_l \frac{I\mathrm{d}\boldsymbol{l}'\times(\boldsymbol{r}-\boldsymbol{r}')}{|\boldsymbol{r}-\boldsymbol{r}'|^3} \tag{4.2}$$

磁感应强度是矢量，单位是特斯拉(T)或韦伯每平方米。

如果产生磁场的是面电流，那么产生的磁感应强度是

$$\boldsymbol{B}(\boldsymbol{r})=\frac{\mu_0}{4\pi}\oint_S \frac{\boldsymbol{J}_S(\boldsymbol{r}')\times(\boldsymbol{r}-\boldsymbol{r}')}{|(\boldsymbol{r}-\boldsymbol{r}')|^3}\mathrm{d}S'$$

式中 $\boldsymbol{J}_S(\boldsymbol{r}')$ 为面电流密度。

如果产生磁场的是体电流，那么产生的磁感应强度是

$$\boldsymbol{B}(\boldsymbol{r})=\frac{\mu_0}{4\pi}\oint_V \frac{\boldsymbol{J}_V(\boldsymbol{r}')\times(\boldsymbol{r}-\boldsymbol{r}')}{|(\boldsymbol{r}-\boldsymbol{r}')|^3}\mathrm{d}V' \tag{4.3}$$

式中 $\boldsymbol{J}_V(\boldsymbol{r}')$ 为体电流密度。

例 4-1　计算载流圆环轴线上任意一点的磁感应强度。

解　设圆环的半径为 a，流过的电流为 I。采用圆柱坐标系，为计算方便，让载流圆环位于 xOy 平面上，则所求场点为 $P(0, 0, z)$，如图 4.2 所示。圆环上的电流元为 $I\mathrm{d}\boldsymbol{l}'=\boldsymbol{e}_\varphi Ia\mathrm{d}\varphi'$，其位置矢量为 $\boldsymbol{r}'=a\boldsymbol{e}_\rho$，而场点 P 的位置矢量为 $\boldsymbol{r}=\boldsymbol{e}_z z$，故得

$$\boldsymbol{r}-\boldsymbol{r}'=\boldsymbol{e}_z z-\boldsymbol{e}_\rho a,\quad |\boldsymbol{r}-\boldsymbol{r}'|=(z^2+a^2)^{1/2}$$

$$I\mathrm{d}\boldsymbol{l}'\times(\boldsymbol{r}-\boldsymbol{r}')=\boldsymbol{e}_\varphi Ia\mathrm{d}\varphi'\times(\boldsymbol{e}_z z-\boldsymbol{e}_\rho a)=\boldsymbol{e}_\rho Iaz\mathrm{d}\varphi'+\boldsymbol{e}_z Ia^2\mathrm{d}\varphi'$$

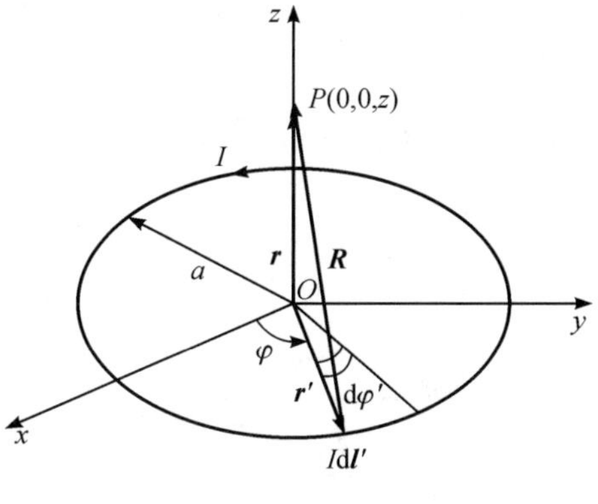

图 4.2　载流圆环产生磁场

由式(4.2)，得轴线上任一点 $P(0, 0, z)$ 的磁感应强度为

$$\boldsymbol{B}(z)=\frac{\mu_0 Ia}{4\pi}\int_0^{2\pi}\frac{\boldsymbol{e}_\rho z+\boldsymbol{e}_z a}{(z^2+a^2)^{3/2}}\mathrm{d}\varphi'=\boldsymbol{e}_z\frac{\mu_0 I\alpha^2}{2(z^2+a^2)^{3/2}} \tag{4.4}$$

可见，载流圆环轴线上的磁感应强度只有轴向分量 $\boldsymbol{e}_z$，这是因为圆环上各对称点处的电流元在场点 P 产生的磁场强度的径向分量相互抵消。

由式(4.4)知在圆环的中心点 $z=0$ 处，磁感应强度最大，即

$$\boldsymbol{B}(0)=\boldsymbol{e}_z\frac{\mu_0 I}{2a}$$

当场点 P 远离圆环，即 $z\gg a$ 时，因 $(z^2+a^2)^{3/2}\approx z^3$，故

$$\boldsymbol{B}(z)=\boldsymbol{e}_z\frac{\mu_0 Ia^2}{2z^3}$$

例 4-2 计算长度为 l 的直线电流 I 的磁场。

解 采用圆柱坐标系，直线电流与 z 轴重合，直线电流的中点位于坐标原点，如图 4.3 所示。显然磁场的分布具有轴对称性，可以只在 φ 等于某一常数的平面内计算磁场。直线上的电流元为 $I\mathrm{d}z'$，其位置矢量为 $\boldsymbol{r}'=z'\boldsymbol{e}_z$，而场点 P 的位置矢量为 $\boldsymbol{r}=\boldsymbol{e}_\rho r+\boldsymbol{e}_z z$，$\boldsymbol{R}=\boldsymbol{r}-\boldsymbol{r}'=\boldsymbol{e}_\rho r+\boldsymbol{e}_z z-z'\boldsymbol{e}_z=\boldsymbol{e}_\rho r+\boldsymbol{e}_z(z-z')$，根据公式(4.2)，我们可得到

$$\boldsymbol{B}(\boldsymbol{r})=\frac{\mu_0}{4\pi}\int_{-l/2}^{+l/2}\frac{\boldsymbol{e}_z I\mathrm{d}z'\times[\boldsymbol{e}_\rho r+\boldsymbol{e}_z(z-z')]}{[r^2+(z-z')^2]^{3/2}}=\boldsymbol{e}_\varphi\frac{\mu_0 I}{4\pi}\int_{-l/2}^{+l/2}\frac{r\mathrm{d}z'}{[r^2+(z-z')^2]^{3/2}}$$

$$=\boldsymbol{e}_\varphi\frac{\mu_0 I}{4\pi r}\left[\frac{z+\frac{l}{2}}{\left[r^2+\left(z+\frac{l}{2}\right)^2\right]^{1/2}}-\frac{z-\frac{l}{2}}{\left[r^2+\left(z-\frac{l}{2}\right)^2\right]^{1/2}}\right]$$

$$=\boldsymbol{e}_\varphi\frac{\mu_0 I}{4\pi r}(\cos\theta_1-\cos\theta_2)$$

其中

$$\cos\theta_1=\frac{z+\frac{l}{2}}{\left[r^2+\left(z+\frac{l}{2}\right)^2\right]^{1/2}},\ \cos\theta_2=\frac{z-\frac{l}{2}}{\left[r^2+\left(z-\frac{l}{2}\right)^2\right]^{1/2}}$$

当 $\theta_1\to 0$，$\theta_2\to\pi$ 时，直线电流的两端无限延长即得到无限长直线电流，此时所产生的磁场为

$$\boldsymbol{B}(\boldsymbol{r})=\boldsymbol{e}_\varphi\frac{\mu_0 I}{2\pi r} \tag{4.5}$$

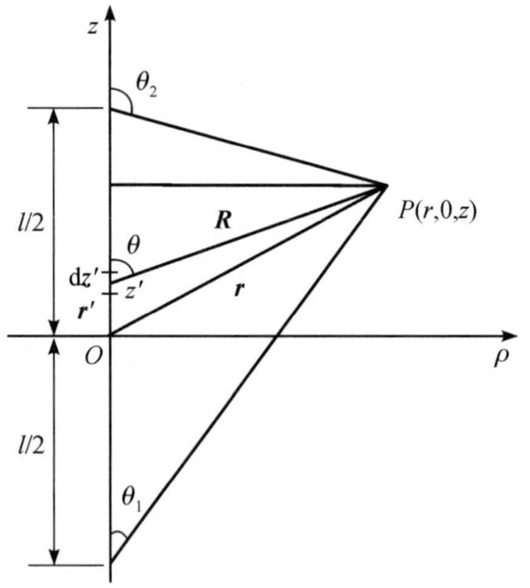

图 4.3 直线电流产生的磁场

4.2 恒定磁场的基本方程

磁感应强度是描述恒定磁场性质的物理量，亥姆霍兹定理指出，任意一矢量场由它的

散度、旋度和边界条件唯一地确定。因此，本节将讨论恒定磁场的散度和旋度。

4.2.1 恒定磁场的散度

通过前面章节，我们知道$\nabla\left(\frac{1}{R}\right)=-\frac{\boldsymbol{R}}{R^3}=-\frac{\boldsymbol{e}_R}{R^2}$，$\boldsymbol{R}=\boldsymbol{r}-\boldsymbol{r}'$，利用该式将式(4.3)重写为

$$\boldsymbol{B}(\boldsymbol{r})=\frac{\mu_0}{4\pi}\int_V \frac{\boldsymbol{J}_V(\boldsymbol{r}')\times(\boldsymbol{r}-\boldsymbol{r}')}{|(\boldsymbol{r}-\boldsymbol{r}')|^3}\mathrm{d}V'=-\frac{\mu_0}{4\pi}\int_V \boldsymbol{J}_V(\boldsymbol{r}')\times\nabla\left(\frac{1}{|\boldsymbol{r}-\boldsymbol{r}'|}\right)\mathrm{d}V'$$

由矢量恒等式(见附录1)　$\nabla\times(\mu\boldsymbol{F})=\nabla\mu\times\boldsymbol{F}+\mu\,\nabla\times\boldsymbol{F}$，可得

$$\nabla\mu\times\boldsymbol{F}=\nabla\times(\mu\boldsymbol{F})-\mu\,\nabla\times\boldsymbol{F}$$

上式中，令 $\mu=\frac{1}{|\boldsymbol{r}-\boldsymbol{r}'|}$，$\boldsymbol{F}=\boldsymbol{J}_V(\boldsymbol{r}')$，得到

$$\boldsymbol{J}_V(\boldsymbol{r}')\times\nabla\left(\frac{1}{|\boldsymbol{r}-\boldsymbol{r}'|}\right)=\mu\,\nabla\times\boldsymbol{J}_V(\boldsymbol{r}')-\nabla\times\left(\frac{\boldsymbol{J}_V(\boldsymbol{r}')}{|\boldsymbol{r}-\boldsymbol{r}'|}\right)$$

注意：上式中∇是对 $\boldsymbol{r}$ 微分，不是对 $\boldsymbol{r}'$微分，所以对 $\boldsymbol{r}'$的微分为零，$\nabla\times\boldsymbol{J}_V(\boldsymbol{r}')=0$，因此

$$\boldsymbol{J}_V(\boldsymbol{r}')\times\nabla\left(\frac{1}{|\boldsymbol{r}-\boldsymbol{r}'|}\right)=-\nabla\times\left(\frac{\boldsymbol{J}_V(\boldsymbol{r}')}{|\boldsymbol{r}-\boldsymbol{r}'|}\right)$$

故有

$$\boldsymbol{B}(\boldsymbol{r})=\frac{\mu_0}{4\pi}\int_V \nabla\times\left(\frac{\boldsymbol{J}_V(\boldsymbol{r}')}{|\boldsymbol{r}-\boldsymbol{r}'|}\right)\mathrm{d}V'=\nabla\times\left(\frac{\mu_0}{4\pi}\int_V \frac{\boldsymbol{J}_V(\boldsymbol{r}')}{|\boldsymbol{r}-\boldsymbol{r}'|}\mathrm{d}V'\right)$$

因为旋度的散度为零，对上式两边求散度，得到

$$\nabla\cdot\boldsymbol{B}(\boldsymbol{r})=\nabla\cdot\left[\nabla\times\left(\frac{\mu_0}{4\pi}\int_V \frac{\boldsymbol{J}_V(\boldsymbol{r}')}{|\boldsymbol{r}-\boldsymbol{r}'|}\mathrm{d}V'\right)\right]=0$$

故得到

$$\nabla\cdot\boldsymbol{B}=0 \tag{4.6}$$

这就是恒定磁场的散度基本方程，磁感应强度的散度恒为0，恒定磁场是无通量源的矢量场，即无散场。

利用散度定理$\oint_S \boldsymbol{A}\cdot\mathrm{d}\boldsymbol{S}=\int_V \nabla\cdot\boldsymbol{A}\mathrm{d}V$，得到

$$\oint_S \boldsymbol{B}\cdot\mathrm{d}\boldsymbol{S}=\int_V \nabla\cdot\boldsymbol{B}\mathrm{d}V=0$$

所以

$$\oint_S \boldsymbol{B}\cdot\mathrm{d}\boldsymbol{S}=0 \tag{4.7}$$

这说明磁感应强度穿过任意封闭曲面的总通量为零，穿入封闭曲面的磁通量等于穿出封闭曲面的磁通量，磁力线是无头无尾的闭合线，这称为磁通连续性原理。磁通连续性原理表明封闭曲面内无磁场散度源：磁荷，自然界中无孤立磁荷存在。

4.2.2 恒定磁场的旋度

我们已经知道，对任意的闭合曲线 C，$\oint_C \boldsymbol{E}\cdot\mathrm{d}\boldsymbol{l}=0$，那么$\oint_C \boldsymbol{B}\cdot\mathrm{d}\boldsymbol{l}$ 等于多少呢？

先用特殊情况的例子讨论。假设磁场 $\boldsymbol{B}$ 由无限长直导线产生，闭合曲线 C 位于与直导线垂直的平面内，我们来计算 $\boldsymbol{B}$ 沿闭合曲线 C 的环量，如图 4.4 所示。由式(4.5)可得

$$\boldsymbol{B}\cdot \mathrm{d}\boldsymbol{l}=\frac{\mu_0 I}{2\pi a}\boldsymbol{e}_t\cdot \mathrm{d}\boldsymbol{l}=\frac{\mu_0 I}{2\pi a}\mathrm{d}l\cos\theta$$

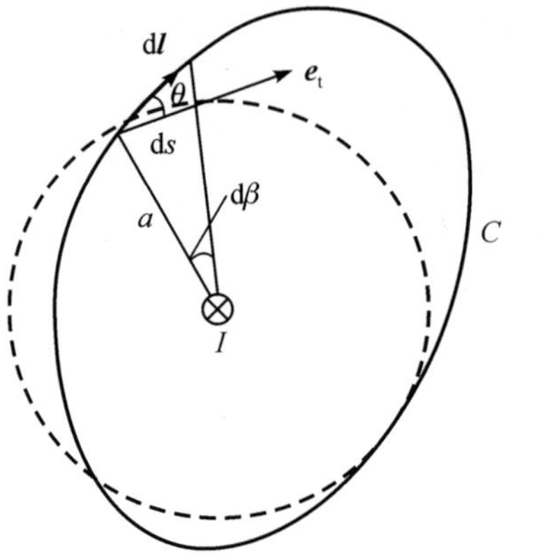

图 4.4　与长直导线垂直的平面内的闭合线 C(圆心⊗代表电流方向)

其中 I 是导线的电流强度，a 是 d$\boldsymbol{l}$ 与导线的距离，$\boldsymbol{e}_t$ 是 $\boldsymbol{B}$ 的单位矢量，θ 是 $\boldsymbol{e}_t$ 与 d$\boldsymbol{l}$ 的夹角(见图 4.4)，以导线与平面的交点为圆心，以 a 为半径作圆，d$\boldsymbol{l}$ 对应一个圆心角 dβ 和一段弧长 ds，由图 4.4 可知，$\mathrm{d}l\cos\theta=\mathrm{d}s=a\,\mathrm{d}\beta$。所以

$$\oint_C \boldsymbol{B}\cdot \mathrm{d}\boldsymbol{l}=\frac{\mu_0 I}{2\pi a}\oint_0^{2\pi} a\,\mathrm{d}\beta=\mu_0 I \tag{4.8}$$

式(4.8)在电流正方向与 $\boldsymbol{B}$ 的方向成右手螺旋关系时成立。其中 I 是代数量，当电流实际方向与正方向一致时，$I>0$，反之，$I<0$ 。

如果闭合曲线绕直导线 n 周(图 4.5 所示为 n 取 2 的例子)，那么有

$$\oint_C \boldsymbol{B}\cdot \mathrm{d}\boldsymbol{l}=n\mu_0 I$$

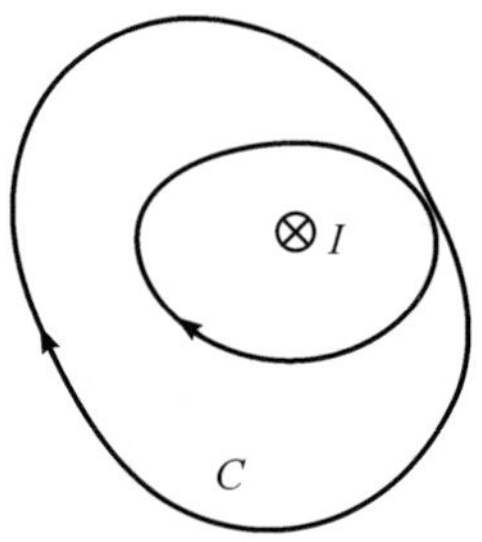

图 4.5　积分闭合曲线绕直导线两周的图例

当闭合曲线 C 不围绕长直导线时(闭合曲线在导线外面)，从长直导线与平面的交点作闭合曲线的两条切线，如图 4.6 所示，把 C 分成两部分 C_1、C_2，这时有

$$\begin{aligned}\oint_C \boldsymbol{B}\cdot \mathrm{d}\boldsymbol{l}&=\oint_{C_1}\boldsymbol{B}\cdot \mathrm{d}\boldsymbol{l}+\oint_{C_2}\boldsymbol{B}\cdot \mathrm{d}\boldsymbol{l}\\&=\frac{\mu_0 I}{2\pi a}\left(\oint_{C_1}\mathrm{d}\beta-\oint_{C_2}\mathrm{d}\beta\right)\\&=\frac{\mu_0 I}{2\pi a}(\beta-\beta)=0\end{aligned}$$

所以，$\boldsymbol{B}$ 沿不环绕长直导线的闭合曲线的环量为 0。

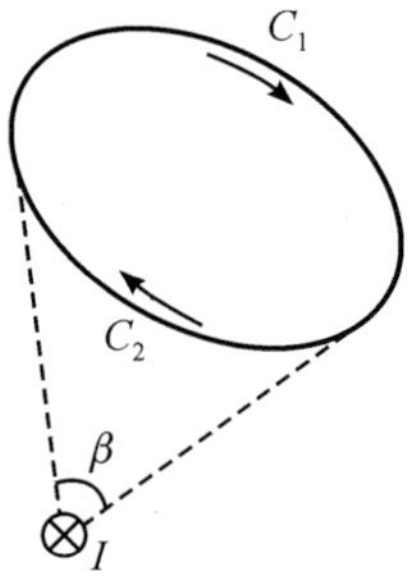

图 4.6　导线在闭曲线外面

以上结论是在以下特殊情况下计算出来的：(1) 导线是直导线；(2) 积分闭合曲线在垂直于直导线的平面上。可以证明(证明过程略)，以上结论对任意导线产生的磁场在任意闭合曲线上都成立，这就是**安培环路定律**，定律描述如下：

恒定磁场的磁感应强度 $\boldsymbol{B}$ 在任意闭合曲线 C 上的环量，等于与该闭合曲线 C 交链的恒定电流的代数和与 μ_0 的乘积

$$\oint_C \boldsymbol{B} \cdot \mathrm{d}\boldsymbol{l} = \mu_0 \sum_i I_i \tag{4.9}$$

如图 4.7 所示，与 C 交链的电流的含义是：存在以 C 为边界的曲面 S，C 所围绕的电流等于穿过曲面 S 的电流。当电流 I 与回路 C 成右手螺旋法则时，I 为正，否则为负。

由斯托克斯定理：

$$\oint_C \boldsymbol{B} \cdot \mathrm{d}\boldsymbol{l} = \int_S (\nabla \times \boldsymbol{B}) \cdot \mathrm{d}\boldsymbol{S}$$

S 是以 C 为边界的任意曲面。

由安培环路定律：

$$\oint_C \boldsymbol{B} \cdot \mathrm{d}\boldsymbol{l} = \mu_0 I = \mu_0 \int_S \boldsymbol{J} \cdot \mathrm{d}\boldsymbol{S} = \int_S \mu_0 \boldsymbol{J} \cdot \mathrm{d}\boldsymbol{S}$$

故得

$$\int_S (\nabla \times \boldsymbol{B}) \cdot \mathrm{d}\boldsymbol{S} = \int_S \mu_0 \boldsymbol{J} \cdot \mathrm{d}\boldsymbol{S}$$

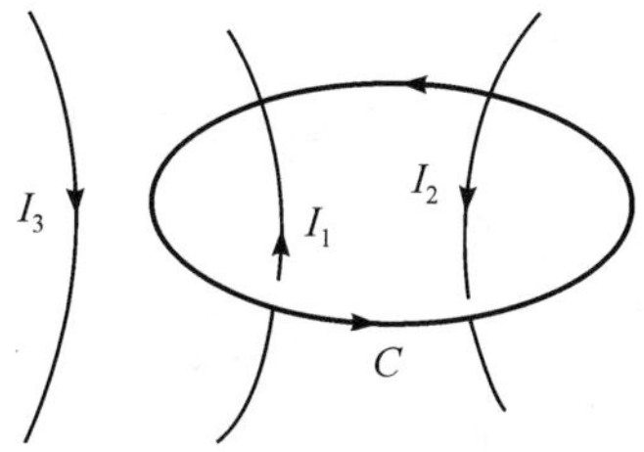

图 4.7 积分回路包围的电流

因为曲面 S 具有任意性，所以有

$$\nabla \times \boldsymbol{B} = \mu_0 \boldsymbol{J} \tag{4.10}$$

这说明恒定磁场的磁感应强度的旋度等于 μ_0 乘以电流密度矢量。恒定磁场是有旋场，恒定电流是恒定磁场的涡旋源。式(4.10)是安培环路定律的微分形式。

4.3 磁　　位

正如电场中存在电位一样，根据磁场的性质也可以在磁场中引入磁位的概念。

4.3.1 矢量磁位

因为磁感应强度的散度恒为零，$\nabla \cdot \boldsymbol{B} = 0$，而一个矢量的旋度的散度为零，所以可以把磁感应强度 $\boldsymbol{B}$ 定义为另一矢量 $\boldsymbol{A}$ 的旋度。

$$\boldsymbol{B} = \nabla \times \boldsymbol{A}$$

我们称矢量 $\boldsymbol{A}$ 为矢量磁位，单位是特斯拉·米(T·m)。利用 $\boldsymbol{A}$ 计算 $\boldsymbol{B}$，可以简化 $\boldsymbol{B}$ 的计算。

根据亥姆霍兹定理，仅仅只知道矢量 $\boldsymbol{A}$ 的旋度 $\boldsymbol{B}$ 还不能确定 $\boldsymbol{A}$，还要知道 $\boldsymbol{A}$ 的散度，散度和旋度一起才能共同确定矢量 $\boldsymbol{A}$。对于恒定磁场，我们规定

$$\nabla \cdot \boldsymbol{A} = 0$$

这种规定称为库仑规范。在这种规范下，矢量 $\boldsymbol{A}$ 能被唯一确定。

因为

$$\nabla \times \boldsymbol{B} = \mu_0 \boldsymbol{J}$$

所以

$$\nabla\times\nabla\times\boldsymbol{A}=\mu_0\boldsymbol{J}$$

又由矢量恒等式，

$$\nabla\times\nabla\times\boldsymbol{A}=\nabla(\nabla\cdot\boldsymbol{A})-\nabla^2\boldsymbol{A}=0-\nabla^2\boldsymbol{A}=\mu_0\boldsymbol{J}$$

因此矢量磁位 $\boldsymbol{A}$ 满足

$$\nabla^2\boldsymbol{A}=-\mu_0\boldsymbol{J}$$

这就是矢量磁位 $\boldsymbol{A}$ 的泊松方程。可以通过类比电场中电位的求解方法(过程略)求出矢量 $\boldsymbol{A}$。

体电流密度 $\boldsymbol{J}$ 产生的矢量磁位 $\boldsymbol{A}$ 为

$$\boldsymbol{A}=\frac{\mu_0}{4\pi}\int_V\frac{\boldsymbol{J}}{|\boldsymbol{r}-\boldsymbol{r}'|}\,\mathrm{d}V'+\boldsymbol{C}$$

式中，矢量 $\boldsymbol{C}$ 是恒定矢量，不影响矢量 $\boldsymbol{B}$ 的计算。

面电流密度 $\boldsymbol{J}_S$ 产生的矢量磁位 $\boldsymbol{A}$ 为

$$\boldsymbol{A}=\frac{\mu_0}{4\pi}\int_S\frac{\boldsymbol{J}_S}{|\boldsymbol{r}-\boldsymbol{r}'|}\mathrm{d}S'+\boldsymbol{C}$$

线电流 $I\mathrm{d}\boldsymbol{l}'$ 产生的矢量磁位 $\boldsymbol{A}$ 为

$$\boldsymbol{A}=\frac{\mu_0}{4\pi}\oint_l\frac{I}{|\boldsymbol{r}-\boldsymbol{r}'|}\mathrm{d}\boldsymbol{l}'+\boldsymbol{C}$$

$\boldsymbol{A}$ 与电流元矢量平行，因此计算 $\boldsymbol{A}$ 比计算 $\boldsymbol{B}$ 简单。算出矢量 $\boldsymbol{A}$ 后，可利用 $\boldsymbol{B}=\nabla\times\boldsymbol{A}$ 来计算 $\boldsymbol{B}$。

例 4-3 求长直线电流的矢量磁位 $\boldsymbol{A}$ 和磁感应强度 $\boldsymbol{B}$。

解 设一直线电流的长度为 l，如图 4.8 所示。直线电流上任意一电流元 $I\mathrm{d}z'$ 在 P 点产生的矢量磁位为

$$\mathrm{d}\boldsymbol{A}=\boldsymbol{e}_z\frac{\mu_0 I}{4\pi}\cdot\frac{\mathrm{d}z'}{\sqrt{r^2+(z-z')^2}}$$

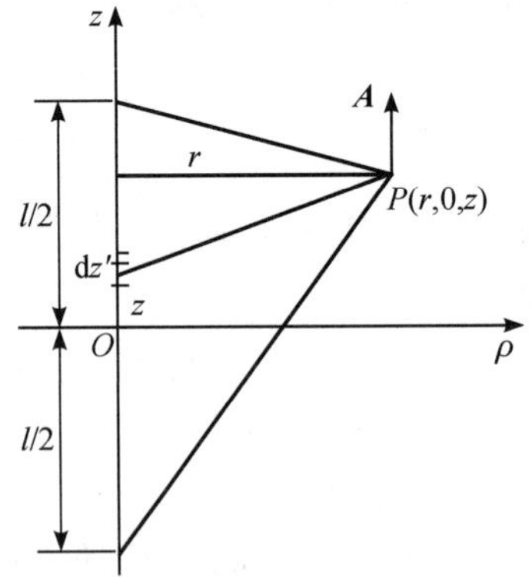

图 4.8 直线电流产生矢量磁位

直线电流在 P 点产生的矢量磁位为

$$\boldsymbol{A}=\boldsymbol{e}_z\frac{\mu_0 I}{4\pi}\int_{-l/2}^{l/2}\frac{\mathrm{d}z'}{\sqrt{r^2+(z-z')^2}}=\boldsymbol{e}_z\frac{\mu_0 I}{4\pi}\ln\frac{\left(\frac{l}{2}-z\right)+\sqrt{\left(\frac{l}{2}-z\right)^2+r^2}}{-\left(\frac{l}{2}+z\right)+\sqrt{\left(\frac{l}{2}+z\right)^2+r^2}}$$

当 $l\to\infty$ 时，因 $\dfrac{l}{2}\gg z$，$l\gg r$，所以有

$$\begin{aligned}\boldsymbol{A} &\approx \boldsymbol{e}_z \frac{\mu_0 l}{4\pi}\ln \frac{\dfrac{l}{2}+\sqrt{\left(\dfrac{l}{2}\right)^2+r^2}}{-\dfrac{l}{2}+\sqrt{\left(\dfrac{l}{2}\right)^2+r^2}} = \boldsymbol{e}_z \frac{\mu_0 l}{4\pi}\ln \frac{1+\sqrt{1+\left(\dfrac{2r}{l}\right)^2}}{-1+\sqrt{1+\left(\dfrac{2r}{l}\right)^2}} \\ &\approx \boldsymbol{e}_z \frac{\mu_0 l}{4\pi}\ln \frac{1+1+\dfrac{1}{2}\left(\dfrac{2r}{l}\right)^2}{-1+1+\dfrac{1}{2}\left(\dfrac{2r}{l}\right)^2} \approx \boldsymbol{e}_z \frac{\mu_0 l}{4\pi}\ln \frac{1+1}{\dfrac{1}{2}\left(\dfrac{2r}{l}\right)^2} \\ &\approx \boldsymbol{e}_z \frac{\mu_0 I}{4\pi}\ln\left(\frac{l}{r}\right)^2 = \boldsymbol{e}_z \frac{\mu_0 I}{2\pi}\ln \frac{l}{r} \end{aligned} \tag{4.11}$$

式(4.11)的近似计算中利用了泰勒级数。如果直线电流是无限长的，则 $\boldsymbol{A}$ 无限大。其原因是由于直线电流延伸到无穷远处，不能选无穷远处作为矢量磁位的参考点，但可以把参考点选在 $r=r_0$ 处，即令

$$\boldsymbol{A}=\boldsymbol{e}_z \frac{\mu_0 I}{2\pi}\ln \frac{l}{r_0}+\boldsymbol{C}=0$$

其中 $\boldsymbol{C}$ 是一个常矢量，$\boldsymbol{C}=-\boldsymbol{e}_z \dfrac{\mu_0 I}{2\pi}\ln \dfrac{l}{r_0}$，在 $\boldsymbol{A}$ 的表达式中附加一个常矢量 $\boldsymbol{C}$，不会影响 $\boldsymbol{B}$ 的计算。式(4.11)可以写为

$$\boldsymbol{A}=\boldsymbol{e}_z \frac{\mu_0 I}{2\pi}\ln \frac{l}{r}-\boldsymbol{e}_z \frac{\mu_0 I}{2\pi}\ln \frac{l}{r_0}=\boldsymbol{e}_z \frac{\mu_0 I}{2\pi}\ln \frac{r_0}{r}$$

无限长直线电流产生的磁感应强度为

$$\boldsymbol{B}=\nabla\times\boldsymbol{A}=-\boldsymbol{e}_\varphi \frac{\partial A_z}{\partial r}=\boldsymbol{e}_\varphi \frac{\mu_0 I}{2\pi r}$$

结果与利用毕奥-萨伐尔定律计算的结果相同。

4.3.2 标量磁位

由前面我们知道 $\nabla\times\boldsymbol{B}=\mu_0\boldsymbol{J}$。如果磁介质所在的空间没有自由电流，即 $\boldsymbol{J}=\boldsymbol{0}$，那么有

$$\nabla\times\boldsymbol{B}=\boldsymbol{0}$$

类似于 $\nabla\times\boldsymbol{E}=\boldsymbol{0}$，我们定义了标量电位 φ，那么由 $\nabla\times\boldsymbol{B}=\boldsymbol{0}$，我们同样也可定义一个标量 φ_m，让

$$\boldsymbol{B}=-\mu_0\nabla\varphi_m$$

上式中 φ_m 称为标量磁位。

因 $\nabla\cdot\boldsymbol{B}=0$，所以 $\nabla\cdot(-\mu_0\nabla\varphi_m)=0$，即

$$\nabla^2\varphi_m=0$$

这就是标量磁位满足的拉普拉斯方程。

需要强调的是，标量磁位只在 $\boldsymbol{J}=0$ 的空间才存在。

4.4 磁介质中的磁场

研究物质的磁效应时，将物质称为磁介质。安培用分子(原子)电流来解释物质的磁性已成为当今物理界的共识。电子在自己的轨道上以恒定速度绕原子核运动，形成一个环形电流，形成磁偶极子。每个磁介质分子(或原子)等效于一个环形电流，称为分子电流(束缚电流)。分子电流的磁偶极矩称为分子磁矩(矢量)，表示为

$$\boldsymbol{p}_{\mathrm{m}}=i\Delta\boldsymbol{S} \tag{4.12}$$

式中 i 为分子电流大小，$\Delta\boldsymbol{S}=\boldsymbol{e}_{\mathrm{n}}\Delta S$ 为分子电流所围的面积元矢量，其方向与 i 的方向成右手螺旋关系，如图 4.9 所示。

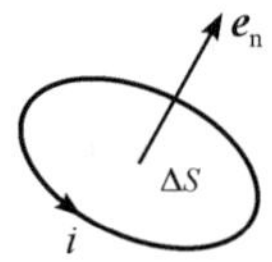

图 4.9 分子电流模型

4.4.1 磁介质的磁化

不存在外磁场时，磁介质中的各个分子磁矩的取向是杂乱无章的，其合成磁矩几乎为 $\boldsymbol{0}$，即 $\sum\boldsymbol{p}_{\mathrm{m}}=\boldsymbol{0}$，对外不显磁性，如图 4.10(a) 所示。当有外磁场作用时，分子磁矩沿外磁场取向，其合成磁矩不为 $\boldsymbol{0}$，即 $\sum\boldsymbol{p}_{\mathrm{m}}\neq\boldsymbol{0}$，对外显示磁性，这就是磁介质的磁化，如图 4.10(b) 所示。磁介质磁化时，磁介质内部所有分子电流相互叠加，结果在磁介质内部和表面形成磁化电流，如图 4.10(c) 所示。

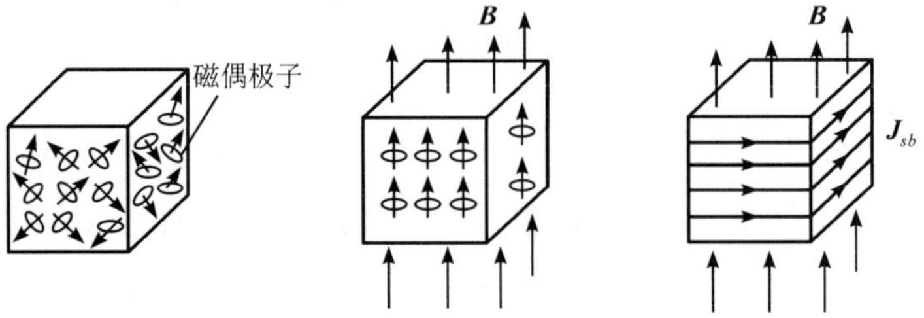

图 4.10 磁介质磁化示意图

磁介质在磁场中磁化后，介质中的分子电流有序排列，会产生附加磁场 $\boldsymbol{B}'$，那么磁介质中的磁场 $\boldsymbol{B}$ 是附加磁场 $\boldsymbol{B}'$ 和外磁场 $\boldsymbol{B}_0$ 的叠加

$$\boldsymbol{B}=\boldsymbol{B}'+\boldsymbol{B}_0$$

电介质在电场中极化时，电介质极化产生的电场与外电场相反，只会减弱外电场。磁介质磁化稍微不同。有的磁介质 $\boldsymbol{B}'$ 和 $\boldsymbol{B}_0$ 方向相反，使合成磁场 $\boldsymbol{B}$ 稍微减少，这种磁介质叫抗磁质；有的磁介质 $\boldsymbol{B}'$ 和 $\boldsymbol{B}_0$ 方向相同，使合成磁场稍微增大，叫顺磁质。还有一种磁介质，$\boldsymbol{B}\gg\boldsymbol{B}_0$，叫铁磁质。

磁介质被磁化时，分子磁矩被一致排列的程度，我们用磁化强度 $\boldsymbol{M}$ 描述，排列得越规

则，$\boldsymbol{M}$ 越大。磁化强度定义为单位体积的分子磁矩的矢量和。

$$\boldsymbol{M}=\lim_{\Delta V\to 0}\frac{\sum_{i}\boldsymbol{p}_{\mathrm{m}i}}{\Delta V} \tag{4.13}$$

上式中 $\boldsymbol{p}_{\mathrm{m}i}$ 表示 ΔV 内第个 i 分子的分子磁矩，$\sum$ 是矢量和，$\boldsymbol{M}$ 是矢量。磁介质被磁化后会形成磁化电流，如图 4.11 所示，那么磁化强度 $\boldsymbol{M}$ 和产生的磁化电流 I 有什么关系呢？

在磁介质中任意取一个由边界回路 C 限定的曲面 S，使 S 面的法线方向与回路 C 的绕行方向构成右手螺旋关系，如图 4.12(a)所示。现在来计算穿过曲面 S 的磁化电流 I_M，只有那些环绕边界曲线 C 的分子电流才对磁化电流 I_M 有贡献，因为其余的分子电流或者是不穿过曲面 S，或者是沿与曲面 S 相反方向穿越两次而使其作用相抵消。

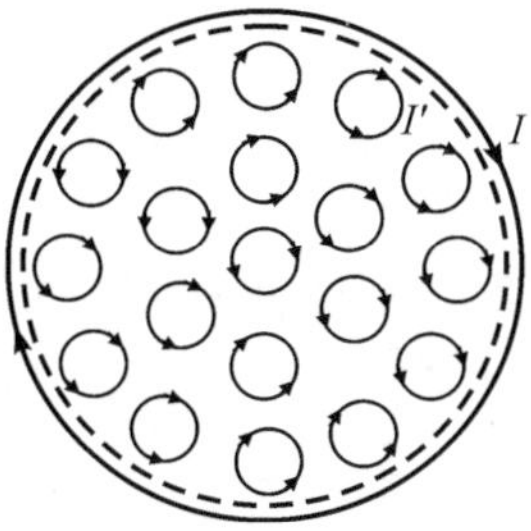

图 4.11　磁化电流的形成示意图

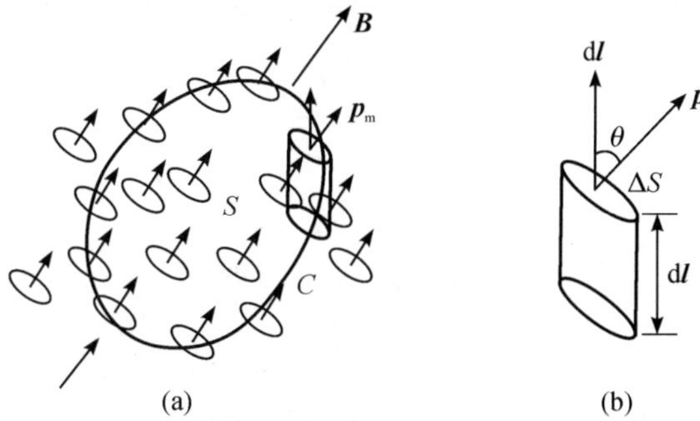

图 4.12　环绕边界 C 的分子电流和圆柱形体积元

在边界曲线 C 上取长度元 $\mathrm{d}\boldsymbol{l}$，其方向与分子磁矩 $\boldsymbol{p}_{\mathrm{m}}$ 的方向成 θ 角。以分子电流环面积 ΔS 为底、$\mathrm{d}\boldsymbol{l}$ 为斜高作一个圆柱体，如图 4.12(b)所示。此时只有分子电流中心在圆柱体内的分子电流才对此圆柱体内的磁化电流有贡献。设磁介质单位体积中的分子数为 N，每个分子的磁矩为 $\boldsymbol{p}_{\mathrm{m}}=i\Delta\boldsymbol{S}$，则与长度元 $\mathrm{d}\boldsymbol{l}$ 交链的磁化电流为

$$\mathrm{d}I_M=Ni\Delta\boldsymbol{S}\cdot\mathrm{d}\boldsymbol{l}=N\boldsymbol{p}_{\mathrm{m}}\cdot\mathrm{d}\boldsymbol{l}=\boldsymbol{M}\cdot\mathrm{d}\boldsymbol{l}$$

穿过整个曲面 S 的磁化电流为

$$I_M=\oint_C\mathrm{d}I_M=\oint_C\boldsymbol{M}\cdot\mathrm{d}\boldsymbol{l}=\int_S\nabla\times\boldsymbol{M}\cdot\mathrm{d}\boldsymbol{S}$$

上式使用了斯托克斯定理 $\int_S\nabla\times\boldsymbol{F}\cdot\mathrm{d}\boldsymbol{S}=\oint_C\boldsymbol{F}\cdot\mathrm{d}\boldsymbol{l}$。

而磁化电流 $\boldsymbol{I}_M$ 是磁化电流密度 $\boldsymbol{J}_M$ 的积分，即

$$I_M=\int_S\boldsymbol{J}_M\cdot\mathrm{d}\boldsymbol{S}$$

得到

$$\boldsymbol{J}_M=\nabla\times\boldsymbol{M} \tag{4.14}$$

式(4.14)就是磁介质内磁化电流体密度与磁化强度的关系。

对于磁介质表面的磁化电流：

在磁介质内紧贴表面取一长度元 $\mathrm{d}\boldsymbol{l}=\boldsymbol{e}_{\mathrm{t}}\mathrm{d}l$，此处的 $\boldsymbol{e}_{\mathrm{t}}$ 表示磁介质表面的切向单位矢量。与此长度元交链的磁化电流为 $\mathrm{d}I_M=\boldsymbol{M}\cdot\mathrm{d}\boldsymbol{l}=\boldsymbol{M}\cdot\boldsymbol{e}_{\mathrm{t}}\mathrm{d}l$。故磁化电流面密度为 $\boldsymbol{J}_{SM}=\boldsymbol{M}_{\mathrm{t}}$，式中的 $\boldsymbol{M}_{\mathrm{t}}$ 是磁化强度矢量 $\boldsymbol{M}$ 的切向分量，磁化电流面密度可表示为

$$\boldsymbol{J}_{SM}=\boldsymbol{M}\times\boldsymbol{e}_{\mathrm{n}} \tag{4.15}$$

e_n 表示磁介质表面的法向单位矢量。

说明：当磁介质内各点的磁化强度为与位置无关的常量时，称为均匀磁化。均匀磁化时，磁介质内部不会形成磁化电流，磁化电流只存在于磁介质表面。

4.4.2 磁介质中恒定磁场的基本方程

在真空中的恒定磁场，传导电流是其旋度源。磁介质在磁场 $\boldsymbol{B}_0$ 中被磁化，产生的磁化电流（磁化电流密度为 $\boldsymbol{J}_M$）在磁介质中会产生附加磁场 $\boldsymbol{B}'$，所以在磁介质中的合成磁场 $\boldsymbol{B}$ 的旋度的源是产生外磁场 $\boldsymbol{B}_0$ 的传导电流密度 $\boldsymbol{J}$ 和磁化电流密度 $\boldsymbol{J}_M$ 的和，即

$$\nabla \times \boldsymbol{B} = \mu_0(\boldsymbol{J} + \boldsymbol{J}_M) \tag{4.16}$$

式(4.16)中的 μ_0 为真空中的磁导率。进一步，我们可以得到

$$\nabla \times \boldsymbol{B} = \mu_0(\boldsymbol{J} + \boldsymbol{J}_M) = \mu_0(\boldsymbol{J} + \nabla \times \boldsymbol{M})$$

所以

$$\nabla \times \left(\frac{\boldsymbol{B}}{\mu_0} - \boldsymbol{M}\right) = \boldsymbol{J}$$

此处我们引入包含磁化效应的物理量：磁场强度 $\boldsymbol{H}$，为

$$\boldsymbol{H} = \frac{\boldsymbol{B}}{\mu_0} - \boldsymbol{M} \tag{4.17}$$

单位为安培每米。这样磁介质中的磁场基本方程变为

$$\nabla \times \boldsymbol{H} = \boldsymbol{J} \tag{4.18}$$

式(4.18)就是磁介质中的安培环路定律的微分形式，磁介质内某点的磁场强度 $\boldsymbol{H}$ 的旋度等于该点的传导电流密度。

因为

$$\int_S \nabla \times \boldsymbol{H} \cdot \mathrm{d}\boldsymbol{S} = \int_S \boldsymbol{J} \cdot \mathrm{d}\boldsymbol{S} = I$$

由斯托克斯定理：$\int_S \nabla \times \boldsymbol{H} \cdot \mathrm{d}\boldsymbol{S} = \oint_C \boldsymbol{H} \cdot \mathrm{d}\boldsymbol{l}$，于是得到

$$\oint_C \boldsymbol{H} \cdot \mathrm{d}\boldsymbol{l} = I \tag{4.19}$$

式(4.19)就是磁介质中的安培环路定律的积分形式。

对所有磁介质都有 $\boldsymbol{H} = \frac{\boldsymbol{B}}{\mu_0} - \boldsymbol{M}$。实验表明对线性和各向同性的磁介质，磁化强度 $\boldsymbol{M}$ 与磁场强度 $\boldsymbol{H}$ 成正比，表示为

$$\boldsymbol{M} = \chi_m \boldsymbol{H} \tag{4.20}$$

式(4.20)中的 χ_m 称为磁介质的磁化率，于是有

$$\boldsymbol{H} = \frac{\boldsymbol{B}}{\mu_0} - \chi_m \boldsymbol{H}$$

即

$$\boldsymbol{B} = \mu_0(\boldsymbol{H} + \chi_m \boldsymbol{H}) = \mu_0(1 + \chi_m)\boldsymbol{H} = \mu_0 \mu_r \boldsymbol{H} = \mu \boldsymbol{H}$$

于是得到

$$\boldsymbol{B} = \mu \boldsymbol{H} \tag{4.21}$$

式(4.21)称为线性和各向同性的磁介质中的本构关系。$\mu=\mu_0\mu_r$ 称为磁介质的磁导率，单位为 H/m(亨利每米)；$\mu_r=1+\chi_m$ 称为磁介质的相对磁导率，真空中 $\chi_m=0$、$\mu_r=1$，$\boldsymbol{M}=\boldsymbol{0}$，$\boldsymbol{B}=\mu_0\boldsymbol{H}$，$\mu_0$ 为真空中的磁导率，真空中无磁化效应。

某类磁介质 $\chi_m>0$，则此类磁介质为顺磁质，此时 $\mu_r>1$。若某类磁介质 $\chi_m<0$，则此类磁介质为抗磁质，此时 $\mu_r<1$。不管是顺磁质还是抗磁质，它们的磁化效应都很弱，通常都统称为非铁磁性物质，$\mu_r\approx1$。另外有一类磁介质称为铁磁性物质，$\boldsymbol{B}$ 和 $\boldsymbol{H}$ 的关系是非线性的，μ 是 $\boldsymbol{H}$ 的函数，且与原始的磁化状态有关，μ 值远远大于1，可达几百、几千，甚至更大。

对各向异性的磁介质，μ 是张量，类似电介质中的介电常数。

例 4-4 有一磁导率为 μ、半径为 a 的无限长导磁圆柱，其轴线处有无限长的线电流 I，圆柱外是空气，磁导率为 μ_0，如图4.13所示。试求圆柱内外的 $\boldsymbol{B}$、$\boldsymbol{H}$ 与 $\boldsymbol{M}$ 的分布。

解 因为磁场为轴对称分布，故利用磁介质中的安培环路定律：

$$\oint_C \boldsymbol{H}\cdot \mathrm{d}\boldsymbol{l}=2\pi\rho H_\varphi=I$$

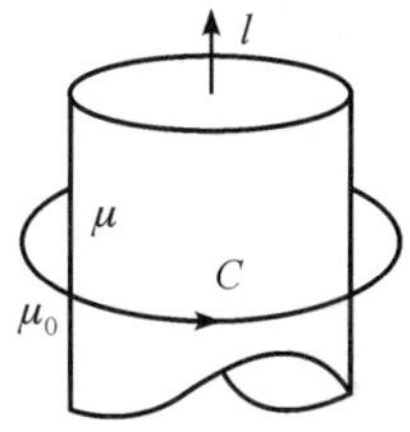

图4.13 例4-4图

可求出磁场强度为

$$\boldsymbol{H}=\frac{I}{2\pi\rho}\boldsymbol{e}_\varphi \quad (0<\rho<\infty)$$

利用 $\boldsymbol{B}=\mu\boldsymbol{H}$，可求出磁感应强度为

$$\boldsymbol{B}=\begin{cases}\dfrac{\mu I}{2\pi\rho}\boldsymbol{e}_\varphi & (0<\rho\leqslant a)\\[2ex] \dfrac{\mu_0 I}{2\pi\rho}\boldsymbol{e}_\varphi & (a<\rho<\infty)\end{cases}$$

磁化强度为

$$\boldsymbol{M}=\frac{\boldsymbol{B}}{\mu_0}-\boldsymbol{H}=\begin{cases}\dfrac{\mu-\mu_0}{\mu_0}\cdot\dfrac{1}{2\pi\rho}\boldsymbol{e}_\varphi & (0<\rho\leqslant a)\\[2ex] \boldsymbol{0} & (a<\rho<\infty)\end{cases}$$

4.5 恒定磁场的边界条件

前面我们研究的磁场强度、磁位、磁感应强度，都是磁场在无穷大空间里的性质，没考虑在两种磁介质分界面上这些场量的性质。因为连续函数才有导数，矢量微分算子也只在连续空间才有意义，所以在两种介质的分界面上讨论场的散度和旋度是无意义的。下面我们讨论两种磁介质分界面上磁场的性质。

4.5.1 两种磁介质边界上的边界条件

1. $\boldsymbol{B}$ 的边界条件

图4.14所示为两种磁介质(磁导率分别为 μ_1、μ_2)的分界面，两种介质里的磁感应强度分别为 $\boldsymbol{B}_1$、$\boldsymbol{B}_2$。$\boldsymbol{B}$ 与分界面法线方向的夹角分别为 θ_1、θ_2。在分界面处做一个底面积为 ΔS，高为 Δh 的圆柱型高斯面，两底面分别在两磁介质中，侧面垂直于分界面。因 ΔS 足够

小，故可认为穿过此面积的磁通量为常数；又因 $\Delta h \to 0$，故圆柱侧面对面积分 $\oint_S \boldsymbol{B} \cdot \mathrm{d}\boldsymbol{S}$ 中的贡献可以忽略。

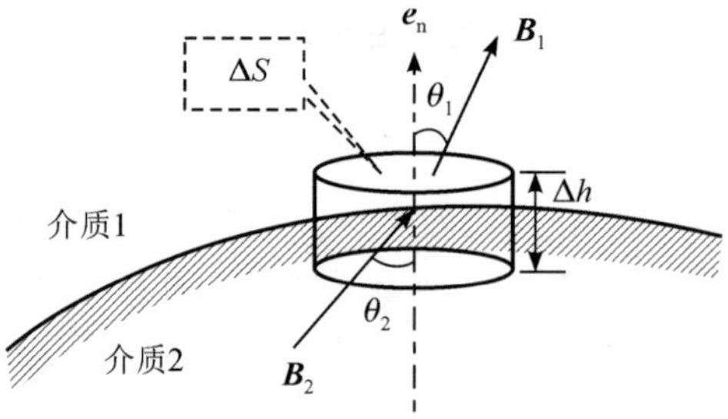

图 4.14 **B** 的分界面的边界条件

利用磁通连续性原理 $\oint_S \boldsymbol{B} \cdot \mathrm{d}\boldsymbol{S} = 0$，有

$$\begin{aligned}\oint_S \boldsymbol{B} \cdot \mathrm{d}\boldsymbol{S} &= \oint_{\text{顶面}} \boldsymbol{B} \cdot \mathrm{d}\boldsymbol{S} + \oint_{\text{底面}} \boldsymbol{B} \cdot \mathrm{d}\boldsymbol{S} + \oint_{\text{侧面}} \boldsymbol{B} \cdot \mathrm{d}\boldsymbol{S} \\ &= \oint_{\text{顶面}} \boldsymbol{B}_1 \cdot \boldsymbol{e}_n \mathrm{d}S - \oint_{\text{底面}} \boldsymbol{B}_2 \cdot \boldsymbol{e}_n \mathrm{d}S \\ &= \oint_{\text{顶面}} (\boldsymbol{B}_1 - \boldsymbol{B}_2) \cdot \boldsymbol{e}_n \mathrm{d}S \\ &= 0\end{aligned}$$

所以

$$(\boldsymbol{B}_1 - \boldsymbol{B}_2) \cdot \boldsymbol{e}_n = 0$$

或

$$B_{1n} - B_{2n} = 0 \tag{4.22}$$

结论：在两种磁介质的分界面上，磁感应强度 **B** 的法向分量是连续的。

2. *H* 的边界条件

如图 4.15 所示，两种磁介质的磁导率分别为 μ_1、μ_2，两种磁介质中的磁场强度分别为 $\boldsymbol{H}_1$、$\boldsymbol{H}_2$。**H** 与分界面法线方向的夹角分别为 θ_1、θ_2。在分界面处做一个与分界面垂直的矩形回路 $abcda$，$ab = cd = \Delta l$，$ad = bc = \Delta h \to 0$，磁场强度 **H** 对此环路积分。

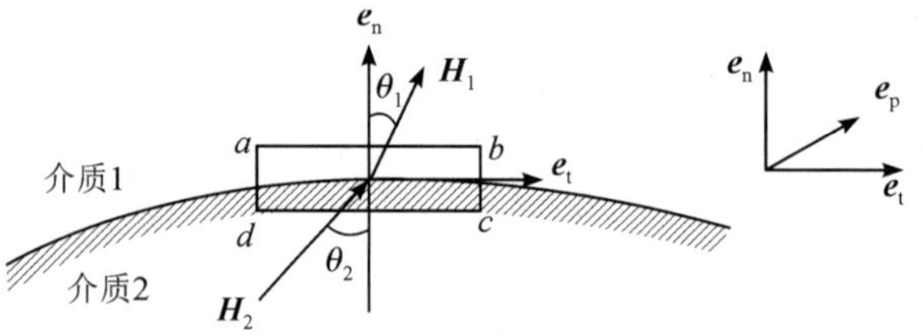

图 4.15 **H** 的边界条件

由 **H** 的安培环路定律得 $\oint_C \boldsymbol{H} \cdot \mathrm{d}\boldsymbol{l} = I$。$I$ 是分界面上回路交链的面电流，$\boldsymbol{J}_S$ 是面电流密度。

$$I=\oint_S \boldsymbol{J}_S \cdot d\boldsymbol{S}=\oint_C \boldsymbol{H} \cdot d\boldsymbol{l}$$

$$=\int_{ab} \boldsymbol{H}_1 \cdot d\boldsymbol{l}+\int_{bc} \boldsymbol{H} \cdot d\boldsymbol{l}+\int_{cd} \boldsymbol{H}_2 \cdot d\boldsymbol{l}+\int_{da} \boldsymbol{H} \cdot d\boldsymbol{l} \tag{4.23}$$

当 $ad=bc=\Delta h \to 0$ 时，

$$\lim_{\Delta h \to 0} \oint_S \boldsymbol{J}_S \cdot d\boldsymbol{S}=\int_{\Delta l} \boldsymbol{J}_S \cdot \boldsymbol{e}_p d\boldsymbol{l}$$

式(4.23)为

$$\oint_C \boldsymbol{H} \cdot d\boldsymbol{l}=\int_{ab} \boldsymbol{H}_1 \cdot d\boldsymbol{l}+\int_{cd} \boldsymbol{H}_2 \cdot d\boldsymbol{l}=\int_{\Delta l} \boldsymbol{J}_S \cdot \boldsymbol{e}_p dl$$

所以

$$\int_{\Delta l} (\boldsymbol{H}_1-\boldsymbol{H}_2) \cdot \boldsymbol{e}_t dl=\int_{\Delta l} \boldsymbol{J}_S \cdot \boldsymbol{e}_p dl$$

因为 $\boldsymbol{e}_t=\boldsymbol{e}_p \times \boldsymbol{e}_n$，所以

$$(\boldsymbol{H}_1-\boldsymbol{H}_2) \cdot (\boldsymbol{e}_p \times \boldsymbol{e}_n)=\boldsymbol{J}_S \cdot \boldsymbol{e}_p$$

因为 $\boldsymbol{A} \cdot (\boldsymbol{B} \times \boldsymbol{C})=\boldsymbol{B} \cdot (\boldsymbol{C} \times \boldsymbol{A})$，所以

$$(\boldsymbol{e}_n \times (\boldsymbol{H}_1-\boldsymbol{H}_2)) \cdot \boldsymbol{e}_p=\boldsymbol{J}_S \cdot \boldsymbol{e}_p$$

得到

$$\boldsymbol{e}_n \times (\boldsymbol{H}_1-\boldsymbol{H}_2)=\boldsymbol{J}_S$$

或者

$$H_{1t}-H_{2t}=J_S \tag{4.24}$$

如果两种介质的边界上 $J_S=0$，那么 $H_{1t}-H_{2t}=0$。

结论：在存在面电流的两种磁介质的分界面上，磁场强度的切向分量是不连续的；当分界面上不存在面电流时，两磁介质的分界面上磁场强度的切向分量是连续的。

3. *H* 线、*B* 线在介质边界上的折射

从 $\boldsymbol{B}$ 和 $\boldsymbol{H}$ 的边界条件可知：$B_{1n}=B_{2n}$，所以 $\mu_1 H_{1n}=\mu_2 H_{2n}$，当分界面上没有面电流时，$H_{1t}=H_{2t}$，参考图 4.15，有

$$\frac{H_{1t}}{\mu_1 H_{1n}}=\frac{H_{2t}}{\mu_2 H_{2n}}$$

又因为 $\tan\theta_1=\dfrac{H_{1t}}{H_{1n}}$，$\tan\theta_2=\dfrac{H_{2t}}{H_{2n}}$，所以

$$\mu_1 \tan\theta_1=\mu_2 \tan\theta_2$$

故有

$$\frac{\tan\theta_1}{\tan\theta_2}=\frac{\mu_1}{\mu_2}$$

因为是两种不同的介质，所以 $\mu_1 \neq \mu_2$，于是 $\theta_1 \neq \theta_2$。$\boldsymbol{H}$ 线在两种介质的分界处发生了折射，见图 4.15。同样，$\boldsymbol{B}$ 线在两种介质的分界处也发生折射。

4. 矢量磁位 *A* 的边界条件

根据恒定磁场 $\boldsymbol{B}$ 在不同介质分界面上的边界条件

$$\boldsymbol{e}_n \times (\boldsymbol{H}_1-\boldsymbol{H}_2)=\boldsymbol{J}_S,\ (\boldsymbol{B}_1-\boldsymbol{B}_2) \cdot \boldsymbol{e}_n=0$$

由$\nabla\times\boldsymbol{A}=\boldsymbol{B}$可以推出(过程略)，不同介质分界面上有

$$\boldsymbol{A}_1=\boldsymbol{A}_2$$

另外，由$\boldsymbol{B}=\nabla\times\boldsymbol{A}$，$\boldsymbol{H}=\boldsymbol{B}/\mu$，因为

$$H_{1t}=H_{2t}$$

所以在不同介质分界面上有

$$\frac{1}{\mu_1}(\nabla\times\boldsymbol{A}_1)_t-\frac{1}{\mu_2}(\nabla\times\boldsymbol{A}_2)_t=J_S$$

上式中，t是指分界面的切线方向。

4.5.2 铁磁质表面的边界条件

铁磁质磁导率很大(μ_r为10^5级)，设介质1为空气，介质2为铁磁质，因μ_2很大，$\boldsymbol{H}_2=\boldsymbol{B}_2/\mu_2$，所以$\boldsymbol{H}_2$很小，$H_{2t}$很小。分界面上没电流，所以$H_{1t}=H_{2t}$很小，而$B_{1n}=B_{2n}$，所以空气中的磁感应线几乎垂直于铁磁质表面。

例4-5 如图4.16所示，已知$z<0$的区域介质$\mu_{r2}=1.5$，$z>0$的区域介质$\mu_{r1}=5$。在两种介质的交界处有

$$\boldsymbol{B}_1=25.75\boldsymbol{e}_x-17.7\boldsymbol{e}_y+10\boldsymbol{e}_z\text{(T)}$$
$$\boldsymbol{B}_2=2.4\boldsymbol{e}_x+10.0\boldsymbol{e}_z\text{(T)}$$

试求：交界面处电流面密度。

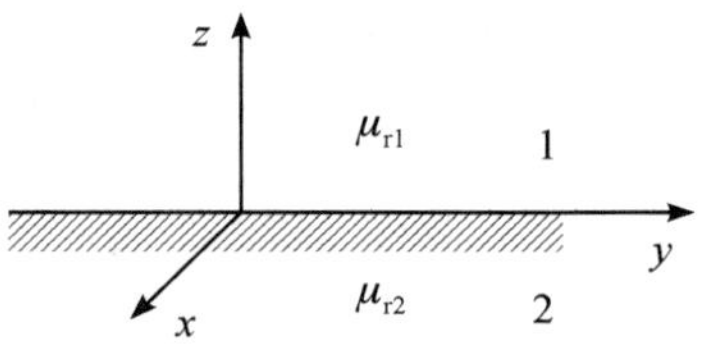

图4.16 例4-5图

解 由题目已知，z轴正向为交界面的法向方向，则x轴、y轴两个方向为交界面的切向方向，根据磁场的切向边界条件有

$$\boldsymbol{J}_S=\boldsymbol{e}_n\times(\boldsymbol{H}_1-\boldsymbol{H}_2)$$

利用磁场的本构关系，有

$$\boldsymbol{H}_1=\frac{\boldsymbol{B}_1}{\mu_1}=\frac{\boldsymbol{B}_1}{\mu_{r1}\mu_0}=\frac{1}{\mu_0}(5.15\boldsymbol{e}_x-3.54\boldsymbol{e}_y+2.0\boldsymbol{e}_z)\ \text{(A/m)}$$

$$\boldsymbol{H}_2=\frac{\boldsymbol{B}_2}{\mu_2}=\frac{\boldsymbol{B}_2}{\mu_{r2}\mu_0}=\frac{1}{\mu_0}(1.6\boldsymbol{e}_x+6.67\boldsymbol{e}_z)\ \text{(A/m)}$$

于是电流面密度为

$$\boldsymbol{J}_S=\boldsymbol{e}_n\times(\boldsymbol{H}_1-\boldsymbol{H}_2)=\boldsymbol{e}_z\times\frac{1}{\mu_0}(3.55\boldsymbol{e}_x-3.54\boldsymbol{e}_y-4.67\boldsymbol{e}_z)$$
$$=\frac{3.54}{\mu_0}\boldsymbol{e}_x+\frac{3.55}{\mu_0}\boldsymbol{e}_y\text{(A/m)}$$

4.6 导体系统的电感

在线性和各向同性的介质中，电流回路在空间产生的磁场与回路中的电流成正比。因此，穿过回路的磁通量(或磁链)也与回路中的电流成正比。恒定磁场中，把穿过回路的磁通量(或叫磁链)与回路中的电流的比值称为电感系数，简称为电感。与静电场中定义的电

容 C、恒定电流场中定义的电阻相似，电感只与导体系统的几何参数和周围介质有关，与电流、磁通量无关。电感分为自感和互感。

4.6.1 自感

设回路中的电流为 I，电流产生的磁场与回路交链的自感磁链为 ψ，则磁链 ψ 与回路中的电流 I 成正比关系，其比值

$$L=\frac{\psi}{I} \tag{4.25}$$

L 称为回路的自感系数，简称为自感，自感的单位是 H(亨利)。

在计算粗导体回路的自感时，自感通常分为内自感 L_i 与外自感 L_o，$L=L_i+L_o$。内自感是导体内部的磁链与电流的比值，外自感是导体外部的磁链与电流的比值。

计算自感的方法如下：

(1) 设导体电流 I；

(2) 计算内外磁链 $\psi=\int_S \boldsymbol{B}\cdot d\boldsymbol{S}$；

(3) 总磁链除以电流得到自感 L。

例 4-6 设双线传输线间的距离为 D，导线的半径为 $a(D\gg a)$，如图 4.17 所示，求单位长度的外自感。

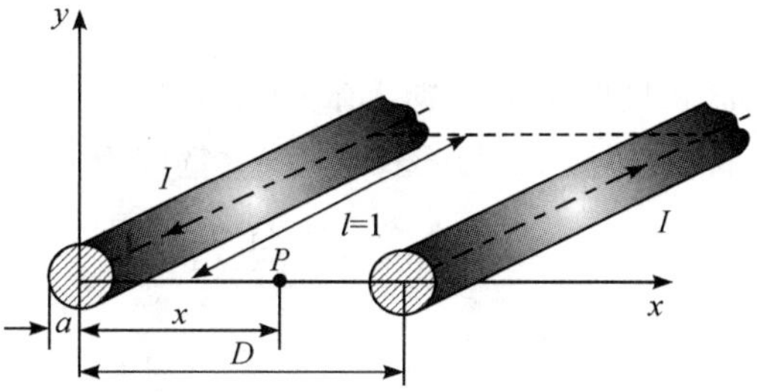

图 4.17 例 4-6 图

解 设导线中的电流为 $\pm I$，在两导线构成的平面上 x 处，两导线产生的磁感应强度方向相同，总的磁感应强度为

$$\boldsymbol{B}_0=\frac{\mu_0 I}{2\pi}\left(\frac{1}{x}+\frac{1}{D-x}\right)\boldsymbol{e}_\varphi$$

两导线间单位长度的磁链为

$$\psi=\int_a^{D-a}\frac{\mu_0 I}{2\pi}\left(\frac{1}{x}+\frac{1}{D-x}\right)dx=\frac{\mu_0 I}{\pi}\ln\frac{D-a}{a}\approx\frac{\mu_0 I}{\pi}\ln\frac{D}{a}$$

双线传输线单位长度的外自感为

$$L_0=\frac{\psi}{I}=\frac{\mu_0}{\pi}\ln\frac{D}{a}$$

4.6.2 互感

有两个彼此靠近的回路 C_1 和 C_2，回路 C_1 的电流 I_1 产生的磁场除了与 C_1 交链以外，还与 C_2 交链。回路 C_1 的电流 I_1 变化时，在回路 C_2 中产生的磁链(磁通量)的变化，称为

回路 C_1 与回路 C_2 的互感磁链，记为 ψ_{21}。比值 $M_{21}=\frac{\psi_{21}}{I_1}$，称为回路 C_1 与回路 C_2 间的互感系数，简称为互感。互感的单位是 H(亨利)。

回路 C_1 的电流 I_1 在回路 C_2 中产生的磁链为

$$\psi_{21}=\int_{S_2}\boldsymbol{B}_1\cdot \mathrm{d}\boldsymbol{S}_2$$

上式中，$\boldsymbol{B}_1$ 是回路 C_1 在回路 C_2 中产生的磁场，S_2 是回路 C_2 的面积。

例 4-7 一根无限长直导线沿 y 轴放置，附近平行共面放置一个矩形导线回路，如图 4.18 所示。试求：直导线在矩形回路中产生的互感。

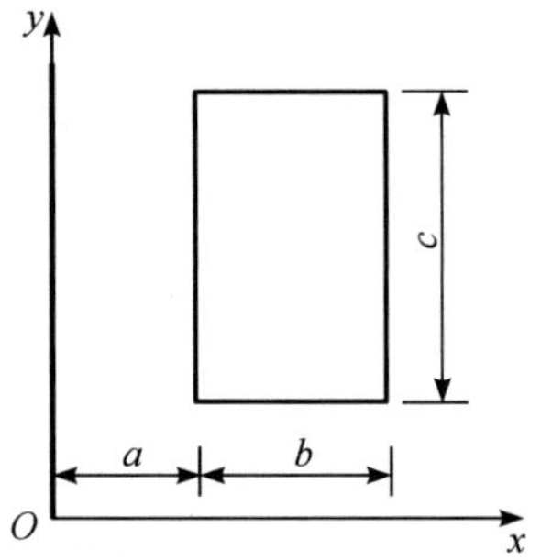

图 4.18 例 4-7 图

解 设直导线中的电流强度为 I_1，根据无限长直导线周围磁场的分布特点，为计算矩形线圈的磁链，在矩形中取与直导线平行的长度为 c、宽度为 $\mathrm{d}x$ 的面元，面元中的磁链为

$$\mathrm{d}\psi_{21}=\boldsymbol{B}\cdot \mathrm{d}\boldsymbol{S}=\frac{\mu_0 I_1}{2\pi x}\cdot c\,\mathrm{d}x$$

整个矩形线圈的磁链为

$$\psi_{21}=\int_a^{a+b}\mathrm{d}\psi_{21}=\int_a^{a+b}\frac{\mu_0 I_1}{2\pi x}\cdot c\,\mathrm{d}x$$

$$=\frac{\mu_0 I_1 c}{2\pi}\ln\left(\frac{a+b}{a}\right)$$

根据互感定义式，可得直导线与矩形线圈的互感为

$$M_{21}=\frac{\psi_{21}}{I_1}=\frac{\mu_0 c}{2\pi}\ln\left(\frac{a+b}{a}\right)$$

4.7 恒定磁场的能量

根据物理学知识，电流回路在恒定磁场中要受到磁场力的作用而发生运动，表明恒定磁场储存着能量。

因为电流是磁场的源，电流的能量是电源在建立电流的过程中做的功，所以磁场能量就是电流产生磁场的过程中由电源供给的。

当电流从零开始增加时，回路中感应电动势要阻止电流的增加，因而必须有外加电压克服回路中的感应电动势。假设外电源所做的功将全部转换为系统的磁场能量，这时，回路上的外加电压和回路中的感应电动势是大小相等而方向相反的。

根据法拉第电磁感应定律，回路 j 中磁通量 ψ_j 发生变化时产生的感应电动势为

$$e_j=-\frac{\partial \psi_j}{\partial t}$$

外加电压 u_j 与 e_j 大小相等，符号相反，等于

$$u_j=-e_j=\frac{\partial \psi_j}{\partial t}$$

$\mathrm{d}t$ 时间内与回路 j 相连接的电源所做的功为

$$\mathrm{d}W_j=u_j\mathrm{d}q_j=\frac{\mathrm{d}\psi_j}{\mathrm{d}t}i_j\mathrm{d}t=i_j\mathrm{d}\psi_j$$

如果系统包括 N 个回路，增加的磁能就为

$$\mathrm{d}W_\mathrm{m}=\sum_{j=1}^{N}i_j\mathrm{d}\psi_j$$

回路 j 的磁链为

$$\psi_j=\sum_{k=1}^{N}M_{jk}i_k$$

$$\mathrm{d}W_\mathrm{m}=\sum_{j=1}^{N}\sum_{k=1}^{N}i_jM_{jk}\mathrm{d}i_k$$

M_{jk} 是回路 k 对回路 j 产生的互感系数，当 $k=j$ 时，$M_{jk}=L_j$ 是自感系数。

假设各回路中的电流同时从零开始以同一比例 α 上升，即 $i_j(t)=\alpha(t)I_j$，$\mathrm{d}i_k=I_k\mathrm{d}\alpha$。$I_k$ 是第 k 个线圈的电流，I_j 是第 j 个线圈的电流。

$$\mathrm{d}W_\mathrm{m}=\sum_{j=1}^{N}\sum_{k=1}^{N}M_{jk}I_jI_k\alpha\mathrm{d}\alpha$$

磁场能量为

$$\begin{aligned}W_\mathrm{m}&=\sum_{j=1}^{N}\sum_{k=1}^{N}M_{jk}I_jI_k\int_0^1\alpha\mathrm{d}\alpha\\&=\frac{1}{2}\sum_{j=1}^{N}\sum_{k=1}^{N}M_{jk}I_kI_j\end{aligned}\tag{4.26}$$

当 $N=1$，$M_{jk}=L_1$，$W_\mathrm{m}=\dfrac{1}{2}L_1I_1^2$；

当 $N=2$，$M_{11}=L_1$，$M_{22}=L_2$，$M_{12}=M_{21}=M$，$W_\mathrm{m}=\dfrac{1}{2}L_1I_1^2+\dfrac{1}{2}L_2I_2^2+MI_1I_2$。

将 $\psi_j=\sum\limits_{k=1}^{N}M_{jk}i_k$ 代入式(4.26)得到

$$W_\mathrm{m}=\frac{1}{2}\sum_{j=1}^{N}I_j\psi_j$$

因为 $\psi=\int_S\boldsymbol{B}\cdot\mathrm{d}\boldsymbol{S}=\int_S\nabla\times\boldsymbol{A}\cdot\mathrm{d}\boldsymbol{S}=\oint_C\boldsymbol{A}\cdot\mathrm{d}\boldsymbol{l}$(斯托克斯定理)，所以

$$W_{\mathrm{m}}=\frac{1}{2}\sum_{j=1}^{N}I_j\psi_j=\frac{1}{2}\sum_{j=1}^{N}I_j\oint_{C_j}\boldsymbol{A}\cdot\mathrm{d}\boldsymbol{l}_j \tag{4.27}$$

上式中 $\boldsymbol{A}$ 是 N 个回路在 $\mathrm{d}\boldsymbol{l}_j$ 上的合成矢量磁位。以上是细导线回路的情况。

对分布电流情况，$I_j\mathrm{d}\boldsymbol{l}_j=\boldsymbol{J}\mathrm{d}V$，代入式(4.27)可得

$$W_{\mathrm{m}}=\frac{1}{2}\int_V\boldsymbol{J}\cdot\boldsymbol{A}\mathrm{d}V$$

因为 $\boldsymbol{J}=\nabla\times\boldsymbol{H}$，则

$$\begin{aligned}W_{\mathrm{m}}&=\frac{1}{2}\int_V\boldsymbol{J}\cdot\boldsymbol{A}\mathrm{d}V\\&=\frac{1}{2}\int_V\boldsymbol{A}\cdot(\nabla\times\boldsymbol{H})\mathrm{d}V\\&=\frac{1}{2}\int_V[\boldsymbol{H}\cdot(\nabla\times\boldsymbol{A})-\nabla\cdot(\boldsymbol{A}\times\boldsymbol{H})]\mathrm{d}V\\&=\frac{1}{2}\int_V\boldsymbol{H}\cdot(\nabla\times\boldsymbol{A})\,\mathrm{d}V-\frac{1}{2}\oint_S(\boldsymbol{A}\times\boldsymbol{H})\cdot\mathrm{d}\boldsymbol{S}\end{aligned} \tag{4.28}$$

上面利用了公式 $\nabla\cdot(\boldsymbol{A}\times\boldsymbol{H})=\boldsymbol{H}\cdot(\nabla\times\boldsymbol{A})-\boldsymbol{A}\cdot(\nabla\times\boldsymbol{H})$，所以有

$$\boldsymbol{A}\cdot(\nabla\times\boldsymbol{H})=\boldsymbol{H}\cdot(\nabla\times\boldsymbol{A})-\nabla\cdot(\boldsymbol{A}\times\boldsymbol{H})$$

V 是磁场不为零的空间，S 是包含 V 的封闭曲面，V 趋于无穷大时 $\boldsymbol{A}$ 和 $\boldsymbol{H}$ 趋近零，式(4.28)第 2 项为零。所以

$$W_{\mathrm{m}}=\frac{1}{2}\int_V\boldsymbol{H}\cdot\boldsymbol{B}\mathrm{d}V \tag{4.29}$$

单位为焦耳(J)。上式表明，磁场能量存储在场空间，磁场能量对体积的微分称为磁场能量密度，表示为

$$\omega_{\mathrm{m}}=\frac{1}{2}\boldsymbol{H}\cdot\boldsymbol{B}=\frac{1}{2}\mu H^2=\frac{1}{2}\frac{B^2}{\mu} \tag{4.30}$$

单位为焦耳每立方米($\mathrm{J/m^3}$)。

例 4-8 如图 4.19 所示，求同轴线单位长度内储存的磁场能量。

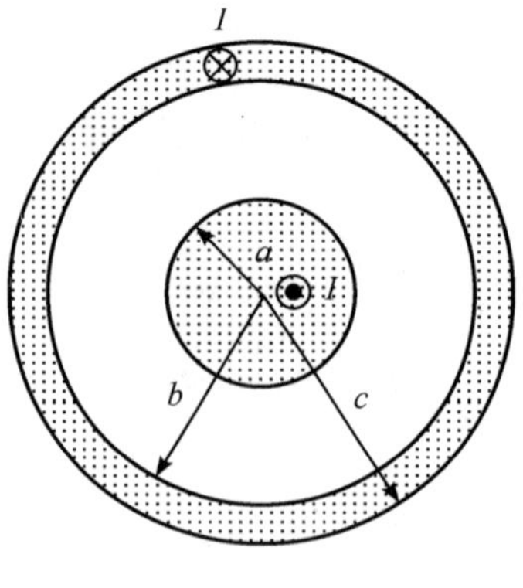

图 4.19 例 4-8 图

解 如图 4.19 所示，设同轴线的内导体半径为 a，外导体的内半径为 b，外导体的外

半径为 c。内、外导体之间填充的介质以及导体的磁导率均为 μ_0。设电流为 I，根据安培环路定律求出磁场分布

$$\boldsymbol{H}_1=\boldsymbol{e}_\varphi \frac{Ir}{2\pi a^2},\quad 0\leqslant r\leqslant a$$

$$\boldsymbol{H}_2=\boldsymbol{e}_\varphi \frac{I}{2\pi r},\quad a\leqslant r\leqslant b$$

$$\boldsymbol{H}_3=\boldsymbol{e}_\varphi \frac{I}{2\pi r}\frac{c^2-r^2}{c^2-b^2},\quad b\leqslant r\leqslant c$$

由此即可求出三个区域单位长度内的磁场能量分别为

$$W_{m1}=\frac{\mu_0}{2}\int_0^a H_1^2 2\pi r\,dr=\frac{\mu_0}{2}\int_0^a\left(\frac{Ir}{2\pi a^2}\right)^2 2\pi r\,dr=\frac{\mu_0 I^2}{16\pi}\quad (\text{J})$$

$$W_{m2}=\frac{\mu_0}{2}\int_a^b H_2^2 2\pi r\,dr=\frac{\mu_0}{2}\int_a^b\left(\frac{I}{2\pi r}\right)^2 2\pi r\,dr=\frac{\mu_0 I^2}{4\pi}\ln\frac{b}{a}\quad (\text{J})$$

$$\begin{aligned}W_{m3}&=\frac{\mu_0}{2}\int_b^c H_3^2 2\pi r\,dr=\frac{\mu_0}{2}\int_b^c\left[\frac{I}{2\pi r}\frac{c^2-r^2}{c^2-b^2}\right]^2 2\pi r\,dr\\&=\frac{\mu_0 I^2}{4\pi}\left[\frac{c^4}{(c^2-b^2)^2}\ln\frac{c}{b}-\frac{3c^2-b^2}{4(c^2-b^2)}\right]\quad (\text{J})\end{aligned}$$

同轴线单位长度储存的总磁场能量为

$$\begin{aligned}W_m&=W_{m1}+W_{m2}+W_{m3}\\&=\frac{\mu_0 I^2}{16\pi}+\frac{\mu_0 I^2}{4\pi}\ln\frac{b}{a}+\frac{\mu_0 I^2}{4\pi}\left[\frac{c^4}{(c^2-b^2)^2}\ln\frac{c}{b}-\frac{3c^2-b^2}{4(c^2-b^2)}\right]\quad (\text{J})\end{aligned}$$

本章小结

本章讲述恒定磁场的性质。包括如下内容：

1. 磁感应强度的公式

$$\boldsymbol{B}(\boldsymbol{r})=\frac{\mu_0}{4\pi}\oint_l \frac{I\,d\boldsymbol{l}\times\boldsymbol{e}_R}{R^2}=\frac{\mu_0}{4\pi}\oint_l \frac{I\,d\boldsymbol{l}\times(\boldsymbol{r}-\boldsymbol{r}')}{|\boldsymbol{r}-\boldsymbol{r}'|^3}$$

2. 恒定磁场的基本方程

$$\oint_S \boldsymbol{B}\cdot d\boldsymbol{S}=0$$

说明：磁感应强度穿过任意封闭曲面的通量为零，这称为磁通连续性原理。磁通连续性原理说明磁力线无始无终。

$$\oint_C \boldsymbol{B}\cdot d\boldsymbol{l}=\mu_0\sum_i I_i$$

说明：磁感应强度 $\boldsymbol{B}$ 在任意封闭曲线上的环量，等于与该闭合曲线交链的电流的代数和与 μ_0 的乘积，这是安培环路定律。

$$\nabla \cdot \boldsymbol{B} = 0$$

说明：恒定磁场是无散场。

$$\nabla \times \boldsymbol{B} = \mu_0 \boldsymbol{J}$$

说明：恒定磁场是有旋场。

3. 矢量磁位 A

$$\boldsymbol{B} = \nabla \times \boldsymbol{A}$$

$$\boldsymbol{A} = \frac{\mu_0}{4\pi}\int_V \frac{\boldsymbol{J}}{|\boldsymbol{r} - \boldsymbol{r}'|}\mathrm{d}V' + \boldsymbol{C}$$

4. 磁介质的磁化

磁介质在磁场中被磁化，会产生磁化电流。磁化强度为 $\boldsymbol{M}$，那么磁化电流体密度为

$$\boldsymbol{J}_M = \nabla \times \boldsymbol{M}$$

磁化电流面密度为

$$\boldsymbol{J}_{SM} = \boldsymbol{M} \times \boldsymbol{e}_{\mathrm{n}}$$

磁介质中的安培环路定律的积分形式为

$$\oint_C \boldsymbol{H} \cdot \mathrm{d}\boldsymbol{l} = I$$

磁介质中的安培环路定律的微分形式为

$$\nabla \times \boldsymbol{H} = \boldsymbol{J}$$

磁介质中的磁通连续性原理的积分形式

$$\oint_S \boldsymbol{H} \cdot \mathrm{d}\boldsymbol{S} = 0$$

磁介质中的磁通连续性原理的微分形式

$$\nabla \cdot \boldsymbol{H} = 0$$

磁介质的本构关系为

$$\boldsymbol{B} = \mu \boldsymbol{H}$$

另外：磁介质分为顺磁质、抗磁质、铁磁质。

5. 恒定磁场的边界条件

在两种磁介质的分界面上，磁感应强度 $\boldsymbol{B}$ 的法向分量是连续的，$B_{1\mathrm{n}} = B_{2\mathrm{n}}$。

在存在面电流的两种磁介质的分界面上，磁场强度的切向分量是不连续的，$H_{1\mathrm{t}} - H_{2\mathrm{t}} = J_S$。

6. 电感

恒定磁场中，穿过回路的磁通量(或磁链)与回路中的电流的比值称为电感系数，简称电感。$L = \dfrac{\psi}{I}$。

7. 恒定磁场的能量

$$W_{\mathrm{m}} = \frac{1}{2}\int_V \boldsymbol{H} \cdot \boldsymbol{B}\,\mathrm{d}V$$

8. 磁场的能量密度

$$\omega_{\mathrm{m}}=\frac{1}{2}\boldsymbol{H}\cdot\boldsymbol{B}$$

习　题

4.1　一个半径为 a 的导体球带电荷量为 Q，以均匀角速度 ω 绕一个直径旋转，求球心处的磁感应强度 $\boldsymbol{B}$。

4.2　若无限长半径为 a 的圆柱体中电流密度 $\boldsymbol{J}=\boldsymbol{e}_z(r^2+4r)$，$r\leqslant a$，试求圆柱体内外的磁感应强度。

4.3　下面的矢量函数中哪些可能是磁场？如果是，求其源变量 $\boldsymbol{J}$。

(1) $\boldsymbol{H}=\boldsymbol{e}_\rho ar$（圆柱坐标）；

(2) $\boldsymbol{H}=\boldsymbol{e}_x(-ay)+\boldsymbol{e}_y ax$；

(3) $\boldsymbol{H}=\boldsymbol{e}_x ax-\boldsymbol{e}_y ay$；

(4) $\boldsymbol{H}=\boldsymbol{e}_\varphi ar$（球坐标）。

4.4　半径为 a 的磁介质球，其磁化强度为 $\boldsymbol{M}=\boldsymbol{e}_z(Az^2+B)$，其中 A、B 均为常数。求磁化电流体密度 $\boldsymbol{J}_M$ 和磁化电流面密度 $\boldsymbol{J}_{SM}$。

4.5　已知 $y<0$ 区域为磁性介质，其相对磁导率 $\mu_{\mathrm{r}}=5000$，$y>0$ 的区域为空气。试求：

(1) 当空气中的磁感应强度 $\boldsymbol{B}_0=(\boldsymbol{e}_x 0.5-\boldsymbol{e}_y 10)$ mT 时，磁性介质边界处的磁感应强度 $\boldsymbol{B}$；

(2) 当磁性介质中的磁感应强度 $\boldsymbol{B}=(\boldsymbol{e}_x 10+\boldsymbol{e}_y 0.5)$ mT 时，空气边界处的磁感应强度 $\boldsymbol{B}_0$。

4.6　一个半径为 a 的均匀带电球体，总电荷量为 q，它以角速度 ω 绕其自身某一直径转动，试求它的磁矩。

4.7　求位于磁导率为 μ_0 的介质中电流为 I 的无限长载流直导线的 $\boldsymbol{B}$ 和矢位 $\boldsymbol{A}$。(用 $\int_S\boldsymbol{B}\cdot\mathrm{d}\boldsymbol{S}=\oint_C\boldsymbol{A}\cdot\mathrm{d}\boldsymbol{l}$，并求 $r=r_0$ 处为磁矢位的参考零点)，并验证 $\nabla\times\boldsymbol{A}=\boldsymbol{B}$。

4.8　已知内、外半径分别为 a、b 的无限长铁质圆柱壳(磁导率为 μ)沿轴向有恒定的传导电流 I，求磁感应强度和磁化电流。

4.9　如图 4.20 所示，四根无限长直导线 1、2、3、4 垂直于 xOy 平面，分别位于点 $(0, 0)$、$(a, 0)$、(a, a)、$(0, a)$。导线 1、3 通以电流 $\boldsymbol{e}_z I$，导线 2、4 通以电流 $-\boldsymbol{e}_z I$，求：位于 (a, a) 点的导线上每单位长度受到的磁力。

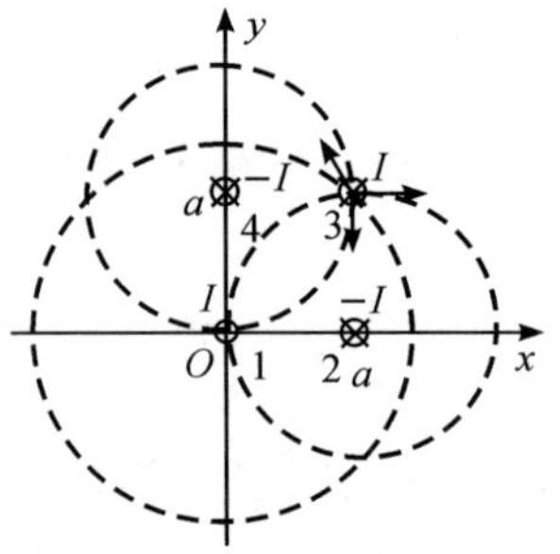

图 4.20　习题 4.9 的图

4.10　铁质无限长导线的半径为 a，$\mu_r=1000$，通有恒定电流 I，求：

(1) 空间各点的 $\boldsymbol{H}$ 和 $\boldsymbol{B}$。若改为铜导线，a、I 不变，则 $\boldsymbol{H}$、$\boldsymbol{B}$ 有何变化？

(2) 空间各点的磁化强度 $\boldsymbol{M}$，束缚体电流密度 $\boldsymbol{J}_M$。

(3) 导体表面上的束缚面电流密度 $\boldsymbol{J}_{SM}$。

第5章

时变电磁场

前几章我们讨论了静电场和恒定磁场，静电场是由静止的电量不随时间变化的电荷产生的，恒定磁场是由恒定的电流(即运动的电荷)产生的，静电场和恒定磁场都不随时间而变化，统称为静态场。静态场的特点是静电场和恒定磁场各自独立存在，即没有恒定磁场时，静电场亦存在，反之亦然。

当电荷随时间而变化时，产生的电场也随时间而变化；当电流随时间而变化时，产生的磁场也随时间而变化。实验表明，变化的电场产生变化的磁场，变化的磁场产生变化的电场，电场磁场不再独立存在，成为一个整体，这就是电磁场。电磁场的能量以波的形式向远方传播，叫电磁波。

5.1 法拉第电磁感应定律

英国物理学家法拉第等人经过10年的实验探索，1831年发现了用磁场产生电的方法，提出了法拉第电磁感应定律。

法拉第发现，当导体回路所围面积的磁通量发生变化时，回路中出现感应电流，表明回路中出现电动势，这就是感应电动势。感应电动势 ε_{in} 的大小正比于穿过回路所围面积的磁通量 ψ 的时间变化率的负值。规定回路中感应电动势的参考方向与穿过该回路的磁感应强度符合右手螺旋关系。若 $\varepsilon_{in}>0$，表示 $\frac{d\psi}{dt}<0$，回路磁通量随时间减少，感应电动势实际方向与规定方向相同。若 $\varepsilon_{in}<0$，表示 $\frac{d\psi}{dt}>0$，回路磁通量随时间增大，感应电动势实际方向与规定方向相反。感应电流产生的磁通量总是对原磁通量变化起阻碍作用(楞次定律)。如图5.1所示，则感应电动势为

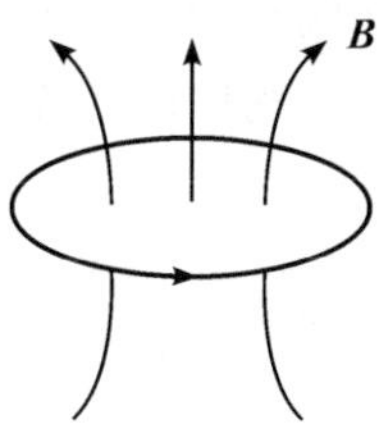

图5.1 感应电动势

$$\varepsilon_{in}=-\frac{d\psi}{dt}=-\frac{d}{dt}\int_S \boldsymbol{B}\cdot d\boldsymbol{S} \tag{5.1}$$

其中，S 表示线圈回路所围成的面积，这就是法拉第电磁感应定律。式(5.1)的负号，表示感应电动势的方向使产生的电流阻碍磁通量的变化。

闭合导体内存在电流，说明导体内存在电场，不只是导体内存在电场，包含导体的空间都存在这种电场，只是导体中的电流反映了空间电场的存在。这电场不是电荷产生的，

是由回路的磁通量的变化引起的，是非保守场，它能使导线中的电荷定向移动产生电流，这种电场称为感应电场，记为 $\boldsymbol{E}_{\text{in}}$，用感应电场表示感应电动势 ε_{in} 为

$$\varepsilon_{\text{in}} = \oint_C \boldsymbol{E}_{\text{in}} \cdot \mathrm{d}\boldsymbol{l} \tag{5.2}$$

法拉第电磁感应定律可以表示为

$$\oint_C \boldsymbol{E}_{\text{in}} \cdot \mathrm{d}\boldsymbol{l} = -\frac{\mathrm{d}}{\mathrm{d}t}\int_S \boldsymbol{B} \cdot \mathrm{d}\boldsymbol{S} \tag{5.3}$$

回路中的感应电动势与构成回路的导体性质无关。只要回路所围面积的磁通量发生变化，就会产生感应电动势，就存在感应电场，此特点适合于任意回路。

如果空间同时存在有静止电荷产生的库仑电场 $\boldsymbol{E}_{\text{c}}$，空间的总电场等于库仑电场 $\boldsymbol{E}_{\text{c}}$ 与感应电场 $\boldsymbol{E}_{\text{in}}$ 的叠加，即

$$\boldsymbol{E} = \boldsymbol{E}_{\text{c}} + \boldsymbol{E}_{\text{in}}$$

由于

$$\oint_C \boldsymbol{E}_{\text{c}} \cdot \mathrm{d}\boldsymbol{l} = 0$$

所以

$$\oint_C \boldsymbol{E} \cdot \mathrm{d}\boldsymbol{l} = \oint_C \boldsymbol{E}_{\text{c}} \cdot \mathrm{d}\boldsymbol{l} + \oint_C \boldsymbol{E}_{\text{in}} \cdot \mathrm{d}\boldsymbol{l} = \oint_C \boldsymbol{E}_{\text{in}} \cdot \mathrm{d}\boldsymbol{l}$$

于是式(5.3)变为

$$\oint_C \boldsymbol{E} \cdot \mathrm{d}\boldsymbol{l} = -\frac{\mathrm{d}}{\mathrm{d}t}\int_S \boldsymbol{B} \cdot \mathrm{d}\boldsymbol{S} \tag{5.4}$$

式(5.4)就是法拉第电磁感应定律。穿过线圈回路的磁通量变化可以是由磁场随时间变化而引起的，也可以是由回路移动而引起的，或者是由两者皆存在而引起的。故式(5.4)是一个普遍适用的表达式。

当回路静止，磁通量变化仅由磁场的变化引起时，式(5.4)对时间求导变为仅需对 $\boldsymbol{B}$ 求导。因此法拉第电磁感应定律为

$$\oint_C \boldsymbol{E} \cdot \mathrm{d}\boldsymbol{l} = -\int_S \frac{\partial \boldsymbol{B}}{\partial t} \cdot \mathrm{d}\boldsymbol{S} \tag{5.5}$$

这就是时变磁场中静止回路的法拉第电磁感应定律的积分形式。

利用斯托克斯定理

$$\oint_C \boldsymbol{E} \cdot \mathrm{d}\boldsymbol{l} = \int_S (\nabla \times \boldsymbol{E}) \cdot \mathrm{d}\boldsymbol{S}$$

得到

$$\int_S (\nabla \times \boldsymbol{E}) \cdot \mathrm{d}\boldsymbol{S} = -\int_S \frac{\partial \boldsymbol{B}}{\partial t} \cdot \mathrm{d}\boldsymbol{S}$$

上式对任意回路 S 成立，所以

$$\nabla \times \boldsymbol{E} = -\frac{\partial \boldsymbol{B}}{\partial t} \tag{5.6}$$

式(5.6)就是时变磁场中静止回路的法拉第电磁感应定律的微分形式。它表明变化的磁场产生电场，这电场就是感应电场。感应电场不同于静电荷产生的静电场，静电场的电场强度的旋度为零，是无旋场；而感应电场的旋度不为零，感应电场是有旋场，它的旋度源

是变化的磁场。

例 5-1　长为 a、宽为 b 的矩形环中有均匀磁场 $\boldsymbol{B}$ 垂直穿过，如图 5.2 所示。矩形回路 $a\times b$ 静止，$\boldsymbol{B}=\boldsymbol{e}_z B_0\cos\omega t$，求矩形环内的感应电动势。

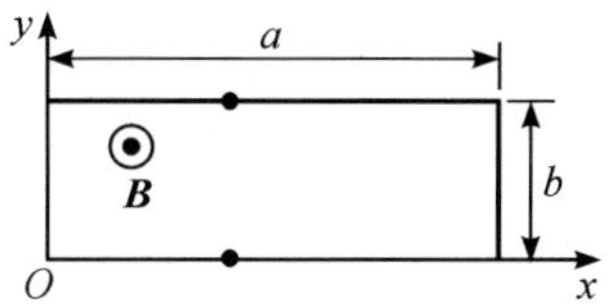

图 5.2　例 5-1 图

解　均匀磁场 $\boldsymbol{B}$ 随时间作简谐变化，而回路静止，因而回路内的感应电动势是由磁场变化产生的

$$\mathscr{E}_{\text{in}}=\oint_C \boldsymbol{E}\cdot \mathrm{d}\boldsymbol{l}=-\int_S \frac{\partial \boldsymbol{B}}{\partial t}\cdot \mathrm{d}\boldsymbol{S}=-\int_S \frac{\partial}{\partial t}(\boldsymbol{e}_z B_0\cos\omega t)\cdot \boldsymbol{e}_z \mathrm{d}S$$
$$=\omega B_0 ab\sin\omega t$$

5.2 位移电流

法拉第电磁感应定律告诉我们，变化的磁场能产生电场，人们自然会问一个相反的问题，变化的电场能否产生磁场呢？麦克斯韦为了解决将安培环路定理应用到时变电磁场时出现的矛盾，提出了位移电流的假说，对安培环路定理进行了修正，提出时变的电场也能产生磁场。

前面的恒定磁场的安培环路定理的微分形式是

$$\nabla\times \boldsymbol{H}=\boldsymbol{J}$$

对上式两端同时取散度，即

$$\nabla\cdot(\nabla\times \boldsymbol{H})=\nabla\cdot \boldsymbol{J}$$

而 $\nabla\cdot(\nabla\times \boldsymbol{H})=0$，故得 $\nabla\cdot \boldsymbol{J}=0$，这对恒定电流产生的恒定磁场是成立的。但对时变电场，由恒定电流的连续性方程可知 $\nabla\cdot \boldsymbol{J}=-\dfrac{\partial\rho}{\partial t}\neq 0$，出现矛盾。因此安培环路定律对时变电磁场不成立。

用一个连接了电源的电容器电路来说明，该电路如图 5.3 所示。这时电路中有时变的传导电流 $i(t)$，相应地建立时变磁场。选定一个闭合路径 C 包围导线，选定以 C 为边界的开放曲面 S_1，则由安培环路定理得 $\oint_C \boldsymbol{H}\cdot \mathrm{d}\boldsymbol{l}=i(t)$。但是，当选定以同一个闭合路径 C 为边界的另一个开放曲面 S_2 时，S_2 从电容中穿过，因穿过曲面 S_2 的传导电流为 0，故得 $\oint_C \boldsymbol{H}\cdot \mathrm{d}\boldsymbol{l}=0$，同一个磁场强度矢量 $\boldsymbol{H}$ 在同一个闭合路径 C 上的环量得到不同的结果，这说明从静磁场中得到的安培环路定理对时变磁场是不适用的。

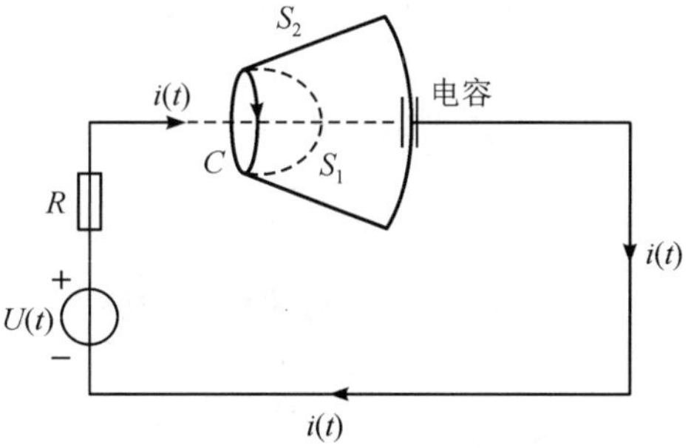

图 5.3　连接时变电源的电容

电容器极板上的电荷分布是随外接的时变电压源而变化的，极板上的时变电荷在极板间形成时变电场。麦克斯韦认为电容器两极板间存在的另一种形式的电流就是由时变电场引起的，麦克斯韦称它为位移电流。

麦克斯韦假定静电场中的高斯定律对时变场仍然成立，即$\nabla\cdot\boldsymbol{D}=\rho$。将其代入电流连续性方程，得

$$\nabla\cdot\boldsymbol{J}=-\frac{\partial\rho}{\partial t}=-\frac{\partial(\nabla\cdot\boldsymbol{D})}{\partial t}=-\nabla\cdot\frac{\partial\boldsymbol{D}}{\partial t}$$

即

$$\nabla\cdot\left(\boldsymbol{J}+\frac{\partial\boldsymbol{D}}{\partial t}\right)=0$$

式中$\dfrac{\partial\boldsymbol{D}}{\partial t}$是电位移矢量随时间的变化率，称为位移电流密度，它的单位是安培每平方米，记为$\boldsymbol{J}_{\mathrm{d}}$。

$$\boldsymbol{J}_{\mathrm{d}}=\frac{\partial\boldsymbol{D}}{\partial t}\tag{5.7}$$

将$\nabla\times\boldsymbol{H}=\boldsymbol{J}$ 修改为$\nabla\times\boldsymbol{H}=\boldsymbol{J}+\dfrac{\partial\boldsymbol{D}}{\partial t}$，这样$\nabla\cdot(\nabla\times\boldsymbol{H})=0$ 就成立了。因此时变场情况下安培环路定律变为

$$\nabla\times\boldsymbol{H}=\boldsymbol{J}+\frac{\partial\boldsymbol{D}}{\partial t}\tag{5.8}$$

式(5.8)叫全电流安培环路定律。此式的物理意义是，在时变电磁场中，只有传导电流与位移电流之和才是连续的。由该定律可得出结论：位移电流密度$\dfrac{\partial\boldsymbol{D}}{\partial t}$也是磁场的漩涡源，表明时变电场产生时变磁场。

例 5-2 海水的电导率$\sigma=4$ S/m，相对介电常数$\varepsilon_{\mathrm{r}}=81$，求频率为 1 MHz 时，位移电流密度与传导电流密度的比值。设电场是正弦变化的，且$\boldsymbol{E}=\boldsymbol{e}_x E_0\cos\omega t$。

解 根据位移电流的定义

$$\boldsymbol{J}_{\mathrm{d}}=\frac{\partial\boldsymbol{D}}{\partial t}=-\boldsymbol{e}_x\omega\varepsilon E_0\sin\omega t$$

所以位移电流密度的幅值为

$$J_{\mathrm{dm}}=\omega\varepsilon E_0$$

而传导电流密度的幅值为

$$J_{\mathrm{cm}}=\sigma E_0$$

因此，位移电流密度与传导电流密度的比值为

$$\frac{J_{\mathrm{dm}}}{J_{\mathrm{cm}}}=\frac{\omega\varepsilon}{\sigma}=\frac{\omega\varepsilon_{\mathrm{r}}\varepsilon_0}{\sigma}$$

$$=\frac{2\pi f\times 81\times\dfrac{1}{36\pi}\times 10^{-9}}{4}=1.125\times 10^{-3}$$

从此题可知，位移电流密度的大小与频率成正比。

例 5-3 自由空间的磁场强度为$\boldsymbol{H}=\boldsymbol{e}_x H_{\mathrm{m}}\cos(\omega t-kz)$ A/m，式中的k 为常数。试求位移电流密度和电场强度。

解 自由空间的传导电流密度为 0，由式(5.8)，得

$$J_d = \frac{\partial \boldsymbol{D}}{\partial t} = \nabla \times \boldsymbol{H} = \begin{vmatrix} \boldsymbol{e}_x & \boldsymbol{e}_y & \boldsymbol{e}_z \\ \frac{\partial}{\partial x} & \frac{\partial}{\partial y} & \frac{\partial}{\partial z} \\ H_x & 0 & 0 \end{vmatrix}$$

$$= \boldsymbol{e}_y \frac{\partial H_x}{\partial z} = \boldsymbol{e}_y \frac{\partial}{\partial z}[H_m \cos(\omega t - kz)]$$

$$= \boldsymbol{e}_y k H_m \sin(\omega t - kz)\ \text{A/m}^2$$

所以

$$\boldsymbol{E} = \frac{\boldsymbol{D}}{\varepsilon_0} = \frac{1}{\varepsilon_0}\int \frac{\partial \boldsymbol{D}}{\partial t}\mathrm{d}t = \frac{1}{\varepsilon_0}\int \boldsymbol{e}_y k H_m \sin(\omega t - kz)\mathrm{d}t$$

$$= -\boldsymbol{e}_y \frac{k}{\omega\varepsilon_0} H_m \cos(\omega t - kz) \quad \text{V/m}$$

5.3　麦克斯韦方程组

麦克斯韦在研究了前人的三大电磁实验定律：即库仑定律、毕奥-萨伐尔定律和法拉第电磁感应定律之后，用数学公式完美地抽象出麦克斯韦理论。

麦克斯韦首先提出位移电流的假设，提出变化的电场也是一种电流（称为位移电流），也产生磁场，即时变电场产生磁场。麦克斯韦又假设存在有旋电场（感应电场），变化的磁场是感应电场的旋度源，这个感应电场也像库仑电场一样对电荷有力的作用，但它移动电荷一周所做的功不为 0，因而它不是无旋场而是有旋场，麦克斯韦指出时变磁场要产生电场。麦克斯韦认为：由库仑定律直接得出的高斯定律在时变条件下也是成立的，由毕奥-萨伐尔定律直接导出的磁通连续性原理在时变条件下也是成立的。有了这些前提后，1864 年麦克斯韦总结出了麦克斯韦方程组。

5.3.1　麦克斯韦方程组的积分形式

麦克斯韦方程组的积分形式描述的是一个大范围内（任意闭合面或闭合曲线所占空间范围）场与场源（电荷、电流以及时变的电场和磁场）相互之间的关系。

积分形式麦克斯韦第一方程是

$$\oint_C \boldsymbol{H} \cdot \mathrm{d}\boldsymbol{l} = \int_S \left(\boldsymbol{J} + \frac{\partial \boldsymbol{D}}{\partial t}\right) \cdot \mathrm{d}\boldsymbol{S} \tag{5.9}$$

这是全电流安培环路定律的积分形式。

麦克斯韦第一方程说明：磁场强度沿任意闭合曲线 C 的环量，等于穿过以该闭合曲线为边界的任意曲面 S 的传导电流与位移电流之和。

积分形式麦克斯韦第二方程是

$$\oint_C \boldsymbol{E} \cdot \mathrm{d}\boldsymbol{l} = -\int_S \frac{\partial \boldsymbol{B}}{\partial t} \cdot \mathrm{d}\boldsymbol{S} \tag{5.10}$$

这是法拉第电磁感应定律。

麦克斯韦第二方程说明：电场强度沿任意闭合曲线 C 的环量，等于穿过以该闭合曲线为边界的任一曲面 S 的磁通量变化率的负值。

积分形式麦克斯韦第三方程是

$$\oint_S \boldsymbol{B} \cdot \mathrm{d}\boldsymbol{S} = 0 \tag{5.11}$$

这是磁连续性原理，磁感应强度穿过任意闭合曲面 S 的通量恒等于 0。

积分形式麦克斯韦第四方程是

$$\oint_S \boldsymbol{D} \cdot \mathrm{d}\boldsymbol{S} = \int_V \rho \mathrm{d}V \tag{5.12}$$

这是电场的高斯定理，电位移矢量穿过任意闭合曲面 S 的通量等于该闭合面所包围的自由电荷的代数和。

5.3.2 麦克斯韦方程组的微分形式

麦克斯韦方程组的微分形式描述空间中任意一点的场和场源的关系。把麦克斯韦积分形式方程组用高斯定理和斯托克斯定理表示，可以得到对应的微分方程

$$\nabla \times \boldsymbol{H} = \boldsymbol{J} + \frac{\partial \boldsymbol{D}}{\partial t} \tag{5.13}$$

式(5.13)表明：传导电流和位移电流都是磁场的涡旋源。

$$\nabla \times \boldsymbol{E} = -\frac{\partial \boldsymbol{B}}{\partial t} \tag{5.14}$$

式(5.14)表明：变化的磁场是电场的涡旋源。

$$\nabla \cdot \boldsymbol{B} = 0 \tag{5.15}$$

式(5.15)表明：磁场的散度为零。

$$\nabla \cdot \boldsymbol{D} = \rho \tag{5.16}$$

式(5.16)表明：电位移矢量的散度为自由电荷的密度。

5.3.3 介质的本构关系

场是存在于介质中的，介质中的场量之间存在所谓的本构关系。对线性和各向同性的介质，本构关系是

$$\boldsymbol{D} = \varepsilon \boldsymbol{E} \tag{5.17}$$

$$\boldsymbol{B} = \mu \boldsymbol{H} \tag{5.18}$$

$$\boldsymbol{J} = \sigma \boldsymbol{E} \tag{5.19}$$

ε、μ、σ 分别是介质的介电常数、磁导率、电导率。

把本构关系代入到麦克斯韦方程组的微分形式得到

$$\nabla \times \boldsymbol{H} = \sigma \boldsymbol{E} + \varepsilon \frac{\partial \boldsymbol{E}}{\partial t}$$

$$\nabla \times \boldsymbol{E} = -\mu \frac{\partial \boldsymbol{H}}{\partial t}$$

$$\nabla \cdot \boldsymbol{H} = 0$$

$$\nabla \cdot \boldsymbol{E} = \frac{\rho}{\varepsilon}$$

这几个方程叫麦克斯韦方程组的限定形式，它适用于线性和各向同性的均匀介质。

麦克斯韦方程组是电磁场的普适方程，麦克斯韦所预言的电磁波的存在，被赫兹于1889 年验证，赫兹的实验也证实了麦克斯韦方程组的正确性。麦克斯韦方程组是电磁场与电磁波的核心方程，是本书的核心，是本书后面内容的基础。

例 5-4　在无源的自由空间(μ_0，ε_0)，已知调频广播电台辐射电磁波的电场强度为 $\boldsymbol{E}=10^{-2}\sin(6.28\times10^9 t-20.9z)\boldsymbol{e}_y$ V/m。试求：(1) 产生此电场的磁场的磁感应强度表达式；(2) 磁场强度表达式。

解　(1) 由 $\nabla\times\boldsymbol{E}=-\dfrac{\partial \boldsymbol{B}}{\partial t}$ 有

$$\frac{\partial \boldsymbol{B}}{\partial t} = -\nabla\times\boldsymbol{E} = -\begin{vmatrix} \boldsymbol{e}_x & \boldsymbol{e}_y & \boldsymbol{e}_z \\ \dfrac{\partial}{\partial x} & \dfrac{\partial}{\partial y} & \dfrac{\partial}{\partial z} \\ E_x & E_y & E_z \end{vmatrix} = -\begin{vmatrix} \boldsymbol{e}_x & \boldsymbol{e}_y & \boldsymbol{e}_z \\ \dfrac{\partial}{\partial x} & \dfrac{\partial}{\partial y} & \dfrac{\partial}{\partial z} \\ 0 & E_y & 0 \end{vmatrix}$$

$$= \frac{\partial E_y}{\partial z}\boldsymbol{e}_x = -20.9\times10^{-2}\cos(6.28\times10^9 t-20.9z)\boldsymbol{e}_x$$

两侧对时间积分，有

$$\boldsymbol{B} = \int(-\nabla\times\boldsymbol{E})\,\mathrm{d}t = \int[-20.9\times10^{-2}\cos(6.28\times10^9 t-20.9z)]\,\mathrm{d}t\boldsymbol{e}_x$$

$$= -\frac{20.9\times10^{-2}}{6.28\times10^9}\sin(6.28\times10^9 t-20.9z)\boldsymbol{e}_x$$

$$= -3.33\times10^{-11}\sin(6.28\times10^9 t-20.9z)\boldsymbol{e}_x\ (\mathrm{T})$$

(2) 由 $\boldsymbol{B}=\mu_0\boldsymbol{H}$，有

$$\boldsymbol{H} = \frac{\boldsymbol{B}}{\mu_0} = \frac{-3.33\times10^{-11}}{4\pi\times10^{-7}}\sin(6.28\times10^9 t-20.9z)\boldsymbol{e}_x$$

$$= -2.65\times10^{-5}\sin(6.28\times10^9 t-20.9z)\boldsymbol{e}_x\ (\mathrm{A/m})$$

5.4　电磁场的边界条件

前面我们研究了静电场、恒定磁场在两种不同介质分界面上的性质，下面我们讨论时变电磁场在不同介质分界面上的性质。

5.4.1　两种介质表面的边界条件

1. E 的边界条件

如图 5.4 所示，两种介质的介电常数分别为 ε_1、ε_2，两种介质中的电场强度分别为 $\boldsymbol{E}_1$、$\boldsymbol{E}_2$。$\boldsymbol{E}$ 与分界面法线方向的夹角分别为 θ_1、θ_2。在分界面处做一个与分界面垂直的矩形回路 $abcda$，$ab=cd=\Delta l$，$ad=bc=\Delta h\to0$。利用法拉第电磁感应定律

$$\oint_C \boldsymbol{E} \cdot \mathrm{d}\boldsymbol{l} = -\int_S \frac{\partial \boldsymbol{B}}{\partial t} \cdot \mathrm{d}\boldsymbol{S}$$

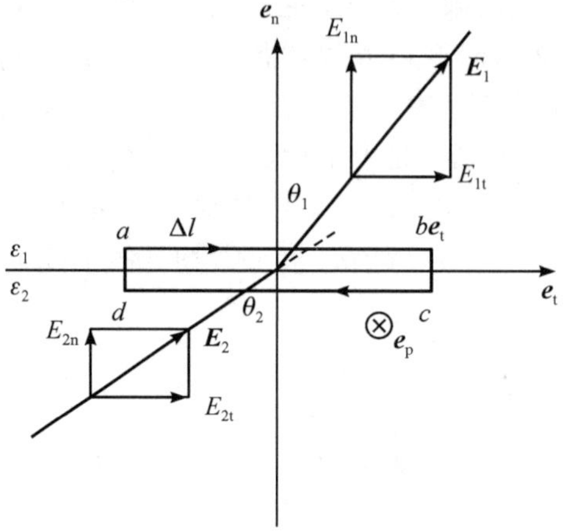

图 5.4　时变电场强度 $\boldsymbol{E}$ 的边界条件

由于矩形的面积很小，上式右边为 $-\int_S \frac{\partial \boldsymbol{B}}{\partial t} \cdot \mathrm{d}\boldsymbol{S} = -\lim\limits_{\Delta h \to 0}\left[\left(\frac{\partial \boldsymbol{B}}{\partial t}\right)_{e_p} \Delta h \Delta l\right] = 0$，$\left(\frac{\partial \boldsymbol{B}}{\partial t}\right)_{e_p}$ 是 $\frac{\partial \boldsymbol{B}}{\partial t}$ 在 $\boldsymbol{e}_p$ 方向的投影。所以

$$\oint_C \boldsymbol{E} \cdot \mathrm{d}\boldsymbol{l} = \int_{ab} \boldsymbol{E}_1 \cdot \mathrm{d}\boldsymbol{l} + \int_{bc} \boldsymbol{E} \cdot \mathrm{d}\boldsymbol{l} + \int_{cd} \boldsymbol{E}_2 \cdot \mathrm{d}\boldsymbol{l} + \int_{da} \boldsymbol{E} \cdot \mathrm{d}\boldsymbol{l} = 0$$

当 $ad = bc = \Delta h \to 0$ 时，上式为

$$\int_{ab} \boldsymbol{E}_1 \cdot \mathrm{d}\boldsymbol{l} + \int_{cd} \boldsymbol{E}_2 \cdot \mathrm{d}\boldsymbol{l} = \int_{\Delta l} (\boldsymbol{E}_1 - \boldsymbol{E}_2) \cdot \boldsymbol{e}_t \mathrm{d}l = 0$$

所以

$$\boldsymbol{e}_t \cdot (\boldsymbol{E}_1 - \boldsymbol{E}_2) = 0$$

$\boldsymbol{e}_t$ 是分界面切线方向单位矢量。或者

$$E_{1t} - E_{2t} = 0 \tag{5.20}$$

结论：在两种介质的分界面上，时变电场强度的切向分量是连续的，$E_{1t} = E_{2t}$。这与静电场 $\boldsymbol{E}$ 的边界条件一样。

2. $\boldsymbol{H}$ 的边界条件

图 5.5 所示为两种磁介质(磁导率分别为 μ_1、μ_2)的分界面，两种磁介质中的磁场强度分别为 $\boldsymbol{H}_1$、$\boldsymbol{H}_2$。$\boldsymbol{H}$ 与分界面法线方向的夹角分别为 θ_1、θ_2。在分界面处做一个与分界面垂直的矩形回路 $abcda$，$ab = cd = \Delta l$，$ad = bc = \Delta h \to 0$。磁场强度 $\boldsymbol{H}$ 对此环路积分。

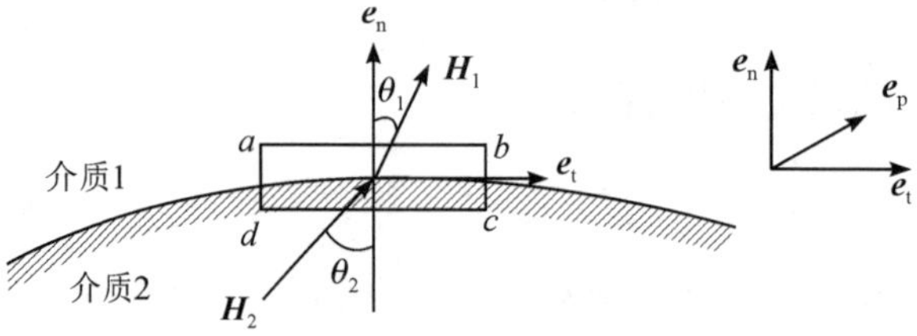

图 5.5　时变磁场强度 $\boldsymbol{H}$ 的边界条件

由 $\boldsymbol{H}$ 的全电流安培环路定律

$$\oint_C \boldsymbol{H}\cdot \mathrm{d}\boldsymbol{l}=\int_S \boldsymbol{J}_S\cdot \mathrm{d}\boldsymbol{S}+\int_S \frac{\partial \boldsymbol{D}}{\partial t}\cdot \mathrm{d}\boldsymbol{S}$$

由于矩形的面积很小，上式右边第二项为 $\int_S \frac{\partial \boldsymbol{D}}{\partial t}\cdot \mathrm{d}\boldsymbol{S}=-\lim\limits_{\Delta h\to 0}\left[\left(\frac{\partial \boldsymbol{D}}{\partial t}\right)_{e_\mathrm{p}}\Delta h\Delta l\right]=0$，$\left(\frac{\partial \boldsymbol{D}}{\partial t}\right)_{e_\mathrm{p}}$ 是 $\frac{\partial \boldsymbol{D}}{\partial t}$ 在 $\boldsymbol{e}_\mathrm{p}$ 方向的投影。所以

$$\oint_C \boldsymbol{H}\cdot \mathrm{d}\boldsymbol{l}=\int_{ab} \boldsymbol{H}_1\cdot \mathrm{d}\boldsymbol{l}+\int_{bc} \boldsymbol{H}\cdot \mathrm{d}\boldsymbol{l}+\int_{cd} \boldsymbol{H}_2\cdot \mathrm{d}\boldsymbol{l}+\int_{da} \boldsymbol{H}\cdot \mathrm{d}\boldsymbol{l}=\int_S \boldsymbol{J}_S\cdot \mathrm{d}\boldsymbol{S}$$

当 $ad=bc=\Delta h\to 0$ 时，上式为

$$\oint_C \boldsymbol{H}\cdot \mathrm{d}\boldsymbol{l}=\int_{ab} \boldsymbol{H}_1\cdot \mathrm{d}\boldsymbol{l}+\int_{cd} \boldsymbol{H}_2\cdot \mathrm{d}\boldsymbol{l}=\int_{\Delta l} \boldsymbol{J}_S\cdot \boldsymbol{e}_\mathrm{p}\mathrm{d}l$$

于是

$$\int_{\Delta l}(\boldsymbol{H}_1-\boldsymbol{H}_2)\cdot \boldsymbol{e}_\mathrm{t}\mathrm{d}l=\int_{\Delta l} \boldsymbol{J}_S\cdot \boldsymbol{e}_\mathrm{p}\mathrm{d}l$$

因为 $\boldsymbol{e}_\mathrm{t}=\boldsymbol{e}_\mathrm{p}\times \boldsymbol{e}_\mathrm{n}$，得到

$$\int_{\Delta l}(\boldsymbol{H}_1-\boldsymbol{H}_2)\cdot (\boldsymbol{e}_\mathrm{p}\times \boldsymbol{e}_\mathrm{n})\mathrm{d}l=\int_{\Delta l} \boldsymbol{J}_S\cdot \boldsymbol{e}_\mathrm{p}\mathrm{d}l$$

故有

$$(\boldsymbol{H}_1-\boldsymbol{H}_2)\cdot (\boldsymbol{e}_\mathrm{p}\times \boldsymbol{e}_\mathrm{n})=\boldsymbol{J}_S\cdot \boldsymbol{e}_\mathrm{p}$$

因为 $\boldsymbol{A}\cdot(\boldsymbol{B}\times\boldsymbol{C})=\boldsymbol{B}\cdot(\boldsymbol{C}\times\boldsymbol{A})$，所以

$$(\boldsymbol{e}_\mathrm{n}\times(\boldsymbol{H}_1-\boldsymbol{H}_2))\cdot \boldsymbol{e}_\mathrm{p}=\boldsymbol{J}_S\cdot \boldsymbol{e}_\mathrm{p}$$

故得

$$\boldsymbol{e}_\mathrm{n}\times(\boldsymbol{H}_1-\boldsymbol{H}_2)=\boldsymbol{J}_S$$

或

$$H_{1\mathrm{t}}-H_{2\mathrm{t}}=J_S \tag{5.21}$$

如果两种介质的边界上 $J_S=0$，那么 $H_{1\mathrm{t}}=H_{2\mathrm{t}}$。

结论：在存在面电流的两种磁介质的分界面上，时变磁场强度的切向分量是不连续的。当分界面不存在面电流时，两磁介质的分界面上时变磁场强度的切向分量是连续的。这和恒定磁场 $\boldsymbol{H}$ 的边界条件一样。

3. *B* 的边界条件

和恒定磁场 $\boldsymbol{B}$ 的边界条件一样：

$$(\boldsymbol{B}_1-\boldsymbol{B}_2)\cdot \boldsymbol{e}_\mathrm{n}=0$$

或

$$B_{1\mathrm{n}}-B_{2\mathrm{n}}=0 \tag{5.22}$$

结论：在两种磁介质的分界面上，时变磁感应强度 $\boldsymbol{B}$ 的法向分量是连续的。

4. *D* 的边界条件

和静电场 $\boldsymbol{D}$ 的边界条件一样：

$$(\boldsymbol{D}_1-\boldsymbol{D}_2)\cdot \boldsymbol{e}_\mathrm{n}=\rho_S$$

或

$$D_{1n}-D_{2n}=\rho_S \tag{5.23}$$

结论：当两种介质的分界面存在面电荷时，时变电位移矢量 $\boldsymbol{D}$ 的法向分量是不连续的。当然，如果当两种介质的分界面不存在面电荷时，$\rho_S=0$，时变电位移矢量 $\boldsymbol{D}$ 的法向分量是连续的。

5.4.2 两种特殊情况的边界条件

1. 理想导体表面上的边界条件

设介质 1 为理想介质，介质 2 为理想导体。由于理想导体的 $\sigma=\infty$，由欧姆定律 $\boldsymbol{J}=\sigma\boldsymbol{E}$，可知理想导体内 $\boldsymbol{E}_2=\boldsymbol{0}$，否则 $\boldsymbol{J}$ 为无穷大，理想导体里没有无穷大电流。

由电磁感应定律：$\nabla\times\boldsymbol{E}_2=-\dfrac{\partial\boldsymbol{B}_2}{\partial t}=\boldsymbol{0}$，可知 $\boldsymbol{B}_2$ 为常数或零。在时变场中，$\boldsymbol{B}_2$ 只能为零。

理想导体所带的电荷只分布于导体表面，再根据麦克斯韦方程组所描述的 $\boldsymbol{E}$、$\boldsymbol{D}$ 与 $\boldsymbol{B}$、$\boldsymbol{H}$ 间的关系，得到理想导体内部 $\boldsymbol{E}_2=\boldsymbol{0}$，$\boldsymbol{D}_2=\boldsymbol{0}$，$\boldsymbol{B}_2=\boldsymbol{0}$，$\boldsymbol{H}_2=\boldsymbol{0}$。因此，理想导体表面上的边界条件为

$$\boldsymbol{e}_n\times\boldsymbol{H}_1=\boldsymbol{J}_S$$
$$\boldsymbol{e}_n\times\boldsymbol{E}_1=\boldsymbol{0}$$
$$\boldsymbol{e}_n\cdot\boldsymbol{B}_1=0$$
$$\boldsymbol{e}_n\cdot\boldsymbol{D}_1=\rho_S$$

或者是

$$H_{1t}=J_S$$
$$E_{1t}=0$$
$$B_{1n}=0$$
$$D_{1n}=\rho_S$$

2. 两种理想介质表面上的边界条件

设介质 1 和介质 2 是两种不同的理想介质($\sigma=0$)，它们的分界面上不可能存在自由面电荷($\rho_S=0$)和面电流($J_S=0$)。因此，分界面上的边界条件为

$$\boldsymbol{e}_n\times(\boldsymbol{H}_1-\boldsymbol{H}_2)=\boldsymbol{0}\ \text{或者}\ H_{1t}=H_{2t}$$
$$\boldsymbol{e}_n\times(\boldsymbol{E}_1-\boldsymbol{E}_2)=\boldsymbol{0}\ \text{或者}\ E_{1t}=E_{2t}$$
$$\boldsymbol{e}_n\cdot(\boldsymbol{B}_1-\boldsymbol{B}_2)=0\ \text{或者}\ B_{1n}=B_{2n}$$
$$\boldsymbol{e}_n\cdot(\boldsymbol{D}_1-\boldsymbol{D}_2)=0\ \text{或者}\ D_{1n}=D_{2n}$$

和静电场一样，在不存在面电荷的不同介质的表面上，时变的 $\boldsymbol{E}$ 场线和时变的 $\boldsymbol{D}$ 场线会发生折射。和恒定磁场一样，在不存在面电流的不同介质的表面上，时变的 $\boldsymbol{B}$ 场线和时变的 $\boldsymbol{H}$ 场线会发生折射。

对于电磁场的边界条件总结如下：在理想导体表面，电场垂直于表面(无切向分量)，磁场平行于表面(无法向分量)。

现将电磁场的基本方程和边界条件总结为下表，如表 5.1 所示。

表 5.1 电磁场的基本方程和边界条件

基本方程	边界条件	说 明
积分形式：$\oint_C \boldsymbol{H}\cdot d\boldsymbol{l}=\int_S \boldsymbol{J}\cdot d\boldsymbol{S}+\int_S \frac{\partial \boldsymbol{D}}{\partial t}\cdot d\boldsymbol{S}$ 微分形式：$\nabla\times\boldsymbol{H}=\boldsymbol{J}+\frac{\partial \boldsymbol{D}}{\partial t}$	1. $\boldsymbol{e}_n\times(\boldsymbol{H}_1-\boldsymbol{H}_2)=\boldsymbol{J}_S$ 2. $\boldsymbol{e}_n\times(\boldsymbol{H}_1-\boldsymbol{H}_2)=\boldsymbol{0}$ 3. $\boldsymbol{e}_n\times\boldsymbol{H}_1=\boldsymbol{J}_S$	情况 1 是边界条件的一般形式
积分形式：$\oint_C \boldsymbol{E}\cdot d\boldsymbol{l}=-\int_S \frac{\partial \boldsymbol{D}}{\partial t}\cdot d\boldsymbol{S}$ 微分形式：$\nabla\times\boldsymbol{E}=-\frac{\partial \boldsymbol{B}}{\partial t}$	1. $\boldsymbol{e}_n\times(\boldsymbol{E}_1-\boldsymbol{E}_2)=\boldsymbol{0}$ 2. $\boldsymbol{e}_n\times(\boldsymbol{E}_1-\boldsymbol{E}_2)=\boldsymbol{0}$ 3. $\boldsymbol{e}_n\times\boldsymbol{E}_1=\boldsymbol{0}$	情况 2 是两种介质都是理想介质的边界条件
积分形式：$\oint_S \boldsymbol{B}\cdot d\boldsymbol{S}=0$ 微分形式：$\nabla\cdot\boldsymbol{B}=0$	1. $\boldsymbol{e}_n\cdot(\boldsymbol{B}_1-\boldsymbol{B}_2)=0$ 2. $\boldsymbol{e}_n\cdot(\boldsymbol{B}_1-\boldsymbol{B}_2)=0$ 3. $\boldsymbol{e}_n\cdot\boldsymbol{B}_1=0$	情况 3 是理想导体表面的边界条件
积分形式：$\oint_S \boldsymbol{D}\cdot d\boldsymbol{S}=\int_V \rho dV$ 微分形式：$\nabla\cdot\boldsymbol{D}=\rho$	1. $\boldsymbol{e}_n\cdot(\boldsymbol{D}_1-\boldsymbol{D}_2)=\rho_S$ 2. $\boldsymbol{e}_n\cdot(\boldsymbol{D}_1-\boldsymbol{D}_2)=0$ 3. $\boldsymbol{e}_n\cdot\boldsymbol{D}_1=\rho_S$	单位矢量 $\boldsymbol{e}_n$ 离开分界面指向介质 1

例 5-5 $z<0$ 的区域的介质参数为 $\varepsilon_1=\varepsilon_0$、$\mu_1=\mu_0$、$\sigma_1=0$；$z>0$ 区域的介质参数为 $\varepsilon_2=5\varepsilon_0$、$\mu_2=20\mu_0$、$\sigma_2=0$。若介质 1 中的电场强度为

$$\boldsymbol{E}_1(z,t)=\boldsymbol{e}_x[60\cos(15\times10^8t-5z)+20\cos(15\times10^8t+5z)]\ \text{V/m}$$

介质 2 中的电场强度为

$$\boldsymbol{E}_2(z,t)=\boldsymbol{e}_xA\cos(15\times10^8t-50z)\ \text{V/m}$$

(1) 试确定常数 A 的值；(2) 求磁场强度 $\boldsymbol{H}_1(z,t)$ 和 $\boldsymbol{H}_2(z,t)$；(3) 验证 $\boldsymbol{H}_1(z,t)$ 和 $\boldsymbol{H}_2(z,t)$ 满足边界条件。

解 (1) 这是两种电介质($\sigma=0$)的分界面，在分界 $z=0$ 处，有

$$\boldsymbol{E}_1(0,t)=\boldsymbol{e}_x[60\cos(15\times10^8t)+20\cos(15\times10^8t)]$$
$$=\boldsymbol{e}_x80\cos(15\times10^8t)\ \text{V/m}$$
$$\boldsymbol{E}_2(0,t)=\boldsymbol{e}_xA\cos(15\times10^8t)\ \text{V/m}$$

利用两种电介质分界面上 $\boldsymbol{E}$ 的切向分量连续的边界条件 $\boldsymbol{E}_1(0,t)=\boldsymbol{E}_2(0,t)$，得

$$A=80\ \text{V/m}$$

(2) 应用微分形式的麦克斯韦第二方程 $\nabla\times\boldsymbol{E}=-\frac{\partial \boldsymbol{B}}{\partial t}$，得

$$\frac{\partial \boldsymbol{H}_1}{\partial t}=-\frac{1}{\mu}\nabla\times\boldsymbol{E}_1=-\frac{1}{\mu}\begin{vmatrix}\boldsymbol{e}_x & \boldsymbol{e}_y & \boldsymbol{e}_z\\ \frac{\partial}{\partial x} & \frac{\partial}{\partial y} & \frac{\partial}{\partial z}\\ E_{1x} & 0 & 0\end{vmatrix}=-\boldsymbol{e}_y\frac{1}{\mu_1}\frac{\partial E_{1x}}{\partial z}$$

$$=-\boldsymbol{e}_y\frac{1}{\mu_0}[300\sin(15\times10^8t-5z)-100\sin(15\times10^8t+5z)]$$

将上式对时间 t 积分，得

$$\boldsymbol{H}_1(z,t)=\boldsymbol{e}_y\frac{1}{\mu_0}[2\times10^{-7}\cos(15\times10^8t-5z)-\frac{2}{3}\times10^{-7}\cos(15\times10^8t+5z)]\ \text{A/m}$$

同样，由$\nabla\times\boldsymbol{E}_2=-\mu_2\dfrac{\partial\boldsymbol{H}_2}{\partial t}$，得

$$\boldsymbol{H}_2(z,t)=\boldsymbol{e}_y\frac{4}{3\mu_0}\times10^{-7}\cos(15\times10^8t-5z)\ \text{A/m}$$

(3) $z=0$ 时

$$\boldsymbol{H}_1(0,t)=\boldsymbol{e}_y\frac{1}{\mu_0}\left[2\times10^{-7}\cos(15\times10^8t)-\frac{2}{3}\times10^{-7}\cos(15\times10^8t)\right]$$

$$=\boldsymbol{e}_y\frac{4}{3\mu_0}\times10^{-7}\cos(15\times10^8t)\ \text{A/m}$$

$$\boldsymbol{H}_2(0,t)=\boldsymbol{e}_y\frac{4}{3\mu_0}\times10^{-7}\cos(15\times10^8t)\ \text{A/m}$$

可见，在 $z=0$ 处 $\boldsymbol{H}$ 的切向分量是连续的，因为在分界面上($z=0$)不存在面电流。

例 5-6 两块无限大的理想导体平板分别置于 $z=0$ 和 $z=d$ 处，如图 5.6 所示。若平板之间的电场强度为

$$\boldsymbol{E}(x,z,t)=\boldsymbol{e}_yE_0\sin\left(\frac{\pi z}{d}\right)\cos(\omega t-k_xx)\ \text{V/m}$$

式中的 E_0、k_x 皆为常数。试求：

(1) 与 $\boldsymbol{E}$ 相伴的磁场强度 $\boldsymbol{H}(x,z,t)$；

(2) 两导体表面上的面电流密度 $\boldsymbol{J}_S$ 和面电荷密度 ρ_S。

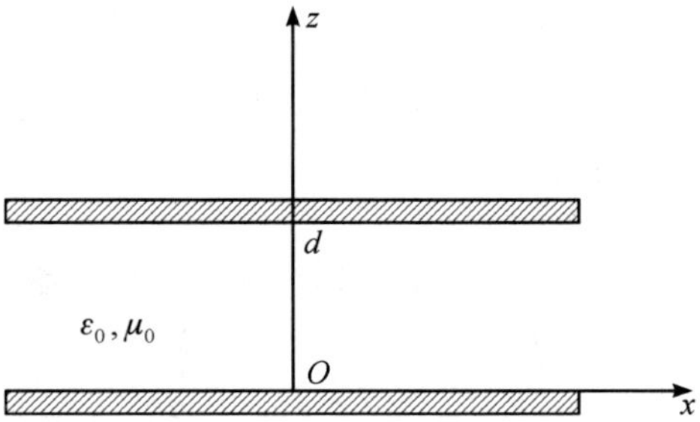

图 5.6 理想导体平板电容

解 (1) 由$\nabla\times\boldsymbol{E}=-\mu_0\dfrac{\partial\boldsymbol{H}}{\partial t}$得

$$-\boldsymbol{e}_x\frac{\partial E_y}{\partial z}+\boldsymbol{e}_z\frac{\partial E_y}{\partial x}=-\mu_0\frac{\partial\boldsymbol{H}}{\partial t}$$

即

$$\frac{\partial\boldsymbol{H}}{\partial t}=-\frac{E_0}{\mu_0}\left[-\boldsymbol{e}_x\frac{\pi}{d}\cos\left(\frac{\pi z}{d}\right)\cos(\omega t-k_xx)+\boldsymbol{e}_zk_x\sin\left(\frac{\pi z}{d}\right)\sin(\omega t-k_xx)\right]$$

将上式对时间 t 积分，得

$$\boldsymbol{H}(x,z,t)=-\frac{E_0}{\mu_0}\left[-\boldsymbol{e}_x\int\frac{\pi}{d}\cos\left(\frac{\pi z}{d}\right)\cos(\omega t-k_xx)\mathrm{d}t+\right.$$

$$\left.\boldsymbol{e}_z\int k_x\sin\left(\frac{\pi z}{d}\right)\sin(\omega t-k_xx)\mathrm{d}t\right]\ \text{A/m}$$

$$=\left[\boldsymbol{e}_x\frac{\pi E_0}{\omega\mu_0d}\cos\left(\frac{\pi z}{d}\right)\sin(\omega t-k_xx)+\right.$$

$$\left.\boldsymbol{e}_z\frac{k_xE_0}{\omega\mu_0}\sin\left(\frac{\pi z}{d}\right)\cos(\omega t-k_xx)\right]\ \text{A/m}$$

(2) 面电流和面电荷出现在两个理想的导体板的内表面上，分别为：

在 $z=0$ 处的导体板上

$$\boldsymbol{J}_S = \boldsymbol{e}_n \times \boldsymbol{H}\,|_{z=0} = \boldsymbol{e}_z \times \boldsymbol{H}\,|_{z=0} = \left[\boldsymbol{e}_y\,\frac{\pi E_0}{\omega\mu_0 d}\sin(\omega t - k_x x)\right]\ \text{A/m}$$

$$\rho_S = \boldsymbol{e}_n \cdot \boldsymbol{D}\,|_{z=0} = \boldsymbol{e}_z \cdot \varepsilon_0 \boldsymbol{E}\,|_{z=0} = 0$$

在 $z=d$ 处的导体板上

$$\boldsymbol{J}_S = \boldsymbol{e}_n \times \boldsymbol{H}\,|_{z=d} = -\boldsymbol{e}_z \times \boldsymbol{H}\,|_{z=d} = \left[\boldsymbol{e}_y\,\frac{\pi E_0}{\omega\mu_0 d}\sin(\omega t - k_x x)\right]\ \text{A/m}$$

$$\rho_S = \boldsymbol{e}_n \cdot \boldsymbol{D}\,|_{z=d} = -\boldsymbol{e}_z \cdot \varepsilon_0 \boldsymbol{E}\,|_{z=d} = 0$$

5.5 电磁场的能量

前面我们在静电场和恒定磁场的章节讲过，静电场和恒定磁场都有能量，能量对场空间各点做体积微分就是能量密度，能量密度对体积积分就得到场在该空间的能量。能量密度的单位是焦耳每立方米。

由前面的内容可知，静电场的能量密度 ω_e 为

$$\omega_e = \frac{1}{2}\boldsymbol{D} \cdot \boldsymbol{E}$$

D 为电位移矢量，**E** 为电场强度。

恒定磁场的能量密度 ω_m 为

$$\omega_m = \frac{1}{2}\boldsymbol{B} \cdot \boldsymbol{H}$$

B 为磁感应强度，**H** 为磁场强度。

电磁场的能量密度是电场的能量密度和磁场的能量密度之和。

$$\omega = \omega_e + \omega_m = \frac{1}{2}\boldsymbol{D} \cdot \boldsymbol{E} + \frac{1}{2}\boldsymbol{B} \cdot \boldsymbol{H} \tag{5.24}$$

电磁场是一种物质，具有能量。时变电磁场中，能量分布于电磁场所在的空间。空间某点的能量意味着空间某点存在能量密度(能量对体积的微分)。时变电场和时变磁场随时间而变化，因此空间中各点的电场能量和磁场能量随时间而变化。由于电场和磁场相互转化，电场能量和磁场能量相互转化，使电磁场能量随着电场磁场随时间在空间相互转换，使电磁场能量在空间的分布随时间而变化，形成电磁场能量流，从而形成电磁波。

为了描述电磁场能量的流动状况，引入能流密度矢量，其方向表示能量的流动方向，其大小表示单位时间内穿过与能量流动方向相垂直的单位面积的能量。能流密度矢量又称为坡印廷矢量，用 **S** 表示，其单位为 W/m^2。

1884 年英国物理学家坡印廷根据麦克斯韦方程和能量守恒定理推导出(推导过程见参考文献)电磁场在转换过程中的能量关系：

$$\begin{aligned}-\oint_S (\boldsymbol{E} \times \boldsymbol{H}) \cdot d\boldsymbol{S} &= \frac{d}{dt}\int_V \left(\frac{1}{2}\boldsymbol{B} \cdot \boldsymbol{H} + \frac{1}{2}\boldsymbol{D} \cdot \boldsymbol{E}\right) dV + \int_V (\boldsymbol{E} \cdot \boldsymbol{J})\, dV \\ &= \frac{d}{dt}\int_V \omega\, dV + \int_V p\, dV \end{aligned} \tag{5.25}$$

式(5.25)中 ω 是电磁场的能量密度，$p = \boldsymbol{E} \cdot \boldsymbol{J}$ 是单位体积的焦耳功率。

在式(5.25)中，右端第一项是在单位时间内体积 V 中所增加的电磁场能量，右端第二项是在单位时间内电场对体积 V 中的电流所做的功，即体积 V 内总的损耗功率。根据能量守恒关系，式(5.25)左端 $-\oint_S(\boldsymbol{E}\times\boldsymbol{H})\cdot\mathrm{d}\boldsymbol{S}$ 则是单位时间内通过封闭曲面 S 进入体积 V 的电磁能量，所以矢量 $\boldsymbol{E}\times\boldsymbol{H}$ 是一个与垂直通过单位面积的功率相关的矢量，如图 5.7 所示。我们将 $\boldsymbol{E}\times\boldsymbol{H}$ 定义为电磁能流密度矢量 $\boldsymbol{S}$，即

$$\boldsymbol{S}=\boldsymbol{E}\times\boldsymbol{H} \tag{5.26}$$

例 5－7 同轴电缆的内导体截面半径为 a，外导体的截面半径为 b，外导体厚度忽略不计，其间填充均匀理想介质。设内外导体间的电压为 U，导体中流过的电流为 I。试求：(1) 在导体为理想导体的情况下，同轴线中传输的功率。(2) 当导体电导率为 σ 有限值时，通过内导体表面进入单位长度导体内的功率。

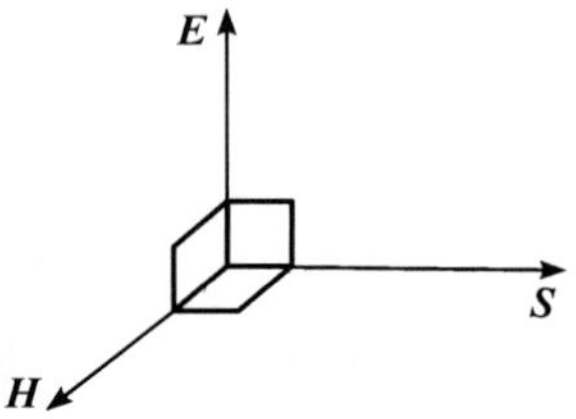

图 5.7 坡印廷矢量

解 (1) 在内、外导体为理想导体的情况下，电场和磁场都只存在于内、外导体之间的理想介质中，内、外导体表面的电场无切向分量，只有电场的径向分量(见图 5.8)。

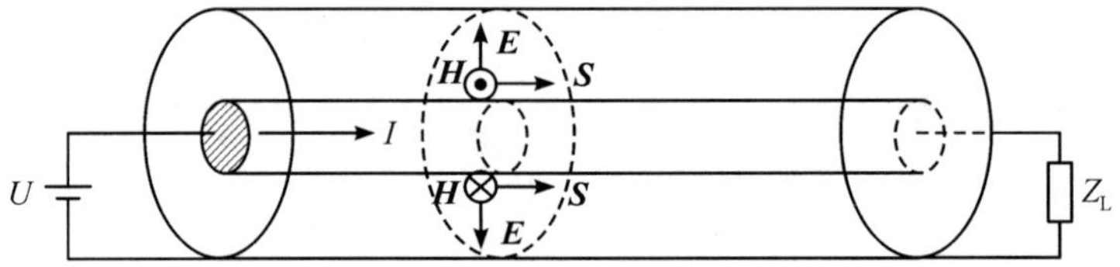

图 5.8 同轴线中电场、磁场、坡印廷矢量(理想导体情况)

设内导体单位长度电荷量为 Q，介质的介电常数为 ε，在内外导体之间沿平行内导体的方向取一个高斯圆柱面，包围内导体，由高斯定理：

$$\oint_S\boldsymbol{E}\cdot\mathrm{d}\boldsymbol{S}=\frac{Q}{\varepsilon}$$

得到

$$E\cdot 2\pi\rho\cdot 1=\frac{Q}{\varepsilon}$$

$$\boldsymbol{E}=\frac{Q}{2\pi\rho\varepsilon}\boldsymbol{e}_\rho$$

$$U=\int_a^b\boldsymbol{E}\cdot\boldsymbol{e}_\rho\mathrm{d}\rho=\int_a^b\frac{Q}{2\pi\rho\varepsilon}\mathrm{d}\rho=\frac{Q}{2\pi\varepsilon}\int_a^b\frac{1}{\rho}\mathrm{d}\rho=\frac{Q}{2\pi\varepsilon\ln\left(\dfrac{b}{a}\right)}$$

由上两式很容易得到

$$\boldsymbol{E}=\frac{U}{\rho\ln\left(\dfrac{b}{a}\right)}\boldsymbol{e}_\rho,\quad a<\rho<b$$

利用安培环路定理，容易求得内外导体之间的磁场强度为

$$\boldsymbol{H}=\frac{I}{2\pi\rho}\boldsymbol{e}_\varphi,\quad a<\rho<b$$

根据坡印廷矢量公式，可得坡印廷矢量为

$$\boldsymbol{S}=\boldsymbol{E}\times\boldsymbol{H}=\frac{U}{\rho\ln\left(\frac{b}{a}\right)}\boldsymbol{e}_\rho\times\frac{I}{2\pi\rho}\boldsymbol{e}_\varphi$$

$$=\frac{UI}{2\pi\rho^2\ln\left(\frac{b}{a}\right)}\boldsymbol{e}_z$$

由结果可知，同轴电缆的传输功率大小为 $UI/2\pi\rho^2\ln(b/a)$，方向为沿着电缆的轴向，即由电流流向负载。穿过任意截面的功率为

$$P=\int_S\boldsymbol{S}\cdot\boldsymbol{e}_z\mathrm{d}S=\int_a^b\frac{UI}{2\pi\rho^2\ln\left(\frac{b}{a}\right)}2\pi\rho\mathrm{d}\rho=UI$$

说明：这结果与电路分析的结果相同。可见同轴线传递的功率，是通过内外导体之间的电磁场传递到负载的，而不是通过导体内部传递的。

(2) 当导体不是理想导体，而是电导率 σ 为有限值的导体，如图 5.9 所示，则导体内部将存在沿电流流向的电场，根据恒定电场相关公式，有

$$\boldsymbol{E}_{内}=\frac{\boldsymbol{J}}{\sigma}=\frac{I}{\pi a^2\sigma}\boldsymbol{e}_z$$

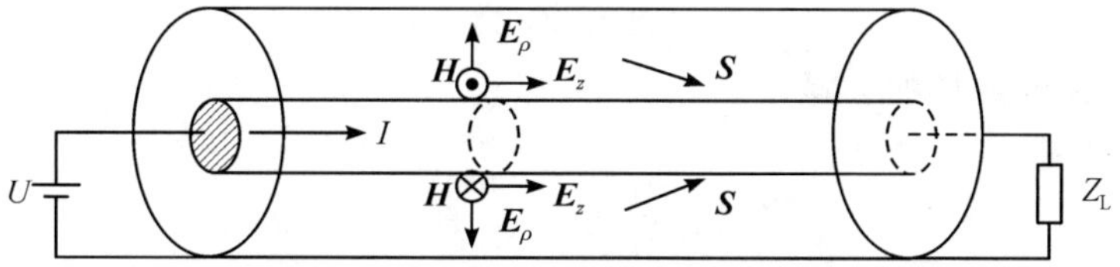

图 5.9　同轴线中电场、磁场、坡印廷矢量(非理想导体情况)

根据恒定电场边界条件，场强切向分量连续，则内导体表面外侧附近的电场强度应存在一个切向分量，即实际的场强为

$$\boldsymbol{E}_{外}\big|_{\rho=a}=\frac{U}{a\ln\left(\frac{b}{a}\right)}\boldsymbol{e}_\rho+\frac{I}{\pi a^2\sigma}\boldsymbol{e}_z$$

导体外侧的磁场强度为

$$\boldsymbol{H}\big|_{\rho=a}=\frac{I}{2\pi a}\boldsymbol{e}_\varphi$$

坡印廷矢量为

$$\boldsymbol{S}_{外}=\boldsymbol{E}_{外}\times\boldsymbol{H}\big|_{\rho=a}=\frac{UI}{2\pi a^2\ln\left(\frac{b}{a}\right)}\boldsymbol{e}_z-\frac{I^2}{2\pi^2a^3\sigma}\boldsymbol{e}_\rho$$

单位时间通过内导体表面进入导体单位长度的能量为

$$\boldsymbol{P}=\int_S\boldsymbol{S}_{外}\big|_{\rho=a}\cdot(-\boldsymbol{e}_\rho)\mathrm{d}S=\frac{I^2}{2\pi^2a^3\sigma}2\pi a\times1=\frac{I^2}{\pi a^2\sigma}=RI^2$$

式中 $R=\frac{1}{\pi a^2\sigma}$ 是单位长度内导体的电阻，由此结果可知，单位时间进入内导体的能量恰好

是这段导体消耗的焦耳热。

说明：由此例结果可知，如果导体不是理想导体，能量的流动既有沿导体轴向的分量(这部分能量沿能流密度方向流向负载)，又有垂直导体分界面的分量(这部分能量在导体中以发热的形式消耗掉)。

以上分析表明，电磁能量是通过电磁场传输的，导体的作用仅是引导电磁能量的传输方向。若是非理想导体，导体在传输电磁场能量的同时，本身也会消耗一部分电磁场的能量，导体的电导率越小，导体消耗的电磁场能量越大，从节能角度出发，输电线应尽可能选择电导率大的材料。

5.6 电磁场的矢量位和标量位

为了描述静电场和恒定磁场，分别引入了标量电位以及矢量磁位和标量磁位，这使电场和磁场的分析得到很大程度的简化。对于时变电磁场，也可以引入位函数来描述，使一些问题的分析得到简化。

由于磁场 $\boldsymbol{B}$ 的散度恒等于零，即$\nabla \cdot \boldsymbol{B}=0$，因此可以将磁场 $\boldsymbol{B}$ 表示为一个矢量函数 $\boldsymbol{A}$ 的旋度，即

$$\boldsymbol{B}=\nabla\times \boldsymbol{A}$$

式中的矢量 $\boldsymbol{A}$ 称为电磁场的矢量位。

根据法拉第电磁感应定律

$$\nabla\times \boldsymbol{E}=-\frac{\partial \boldsymbol{B}}{\partial t}$$

所以

$$\nabla\times \boldsymbol{E}=-\frac{\partial}{\partial t}(\nabla\times \boldsymbol{A})$$

即

$$\nabla\times \left(\boldsymbol{E}+\frac{\partial \boldsymbol{A}}{\partial t}\right)=0$$

$\boldsymbol{E}+\dfrac{\partial \boldsymbol{A}}{\partial t}$ 是个无旋场，可以用一个标量函数 φ 的梯度来表示，即

$$\boldsymbol{E}+\frac{\partial \boldsymbol{A}}{\partial t}=-\nabla\varphi \tag{5.27}$$

上式中的 φ 称为电磁场的标量位。

由上面 $\boldsymbol{B}$ 和 $\boldsymbol{E}$ 定义的矢量位和标量位不是唯一的，为了使矢量位和标量位唯一，还要定义 $\boldsymbol{A}$ 的散度。在工程上通常规定 $\boldsymbol{A}$ 的散度为

$$\nabla \cdot \boldsymbol{A}=-\varepsilon\mu\frac{\partial \varphi}{\partial t} \tag{5.28}$$

这被称为洛伦兹条件。

5.7 时谐电磁场

在时谐电磁场中，如果场源以一定的角频率随时间呈时谐(正弦或余弦)变化，则产生的电磁场也以同样的角频率随时间呈时谐变化，这种以一定的角频率随时间呈时谐变化的电磁场叫时谐电磁场，工程上用得最多的是时谐电磁场。非时谐电磁场可用傅里叶分析展开为不同角频率的时谐电磁场的叠加。

5.7.1 时谐电磁场的复数表示

设 $u(\boldsymbol{r},t)$是以 ω 为角频率的标量函数：

$$u(\boldsymbol{r},t)=u_{\mathrm{m}}(\boldsymbol{r})\cos[\omega t+\varphi(\boldsymbol{r})]$$

利用欧拉公式 $e^{j\theta}=\cos\theta+j\sin\theta$，将上式表示为一个复函数的实部

$$u(\boldsymbol{r},t)=\mathrm{Re}[u_{\mathrm{m}}(\boldsymbol{r})e^{j\varphi(\boldsymbol{r})}e^{j\omega t}]=\mathrm{Re}[\tilde{u}_{\mathrm{m}}(\boldsymbol{r})e^{j\omega t}]$$

其中 $\tilde{u}_{\mathrm{m}}(\boldsymbol{r})=u_{\mathrm{m}}(\boldsymbol{r})e^{j\varphi(\boldsymbol{r})}$，称为$u(\boldsymbol{r},t)$的复振幅，用$u$ 上面加～表示，或叫 $u(\boldsymbol{r},t)$的复数形式。

回顾在电路分析中，交流电流稳态分析，把正弦波表示为向量，这里的复振幅就是向量，包含幅度 $u_{\mathrm{m}}(\boldsymbol{r})$和相位 $\varphi(\boldsymbol{r})$。

对矢量 $\boldsymbol{F}(\boldsymbol{r},t)$有

$$\begin{aligned}\boldsymbol{F}(\boldsymbol{r},t)&=\boldsymbol{e}_xF_{x\mathrm{m}}(\boldsymbol{r})\cos[\omega t+\varphi_x(\boldsymbol{r})]+\boldsymbol{e}_yF_{y\mathrm{m}}(\boldsymbol{r})\cos[\omega t+\varphi_y(\boldsymbol{r})]+\\&\quad\boldsymbol{e}_zF_{z\mathrm{m}}(\boldsymbol{r})\cos[\omega t+\varphi_z(\boldsymbol{r})]\\&=\mathrm{Re}\,[\boldsymbol{e}_xF_{x\mathrm{m}}e^{j\varphi_x(\boldsymbol{r})}e^{j\omega t}+\boldsymbol{e}_yF_{y\mathrm{m}}e^{j\varphi_y(\boldsymbol{r})}e^{j\omega t}+\boldsymbol{e}_zF_{z\mathrm{m}}e^{j\varphi_z(\boldsymbol{r})}e^{j\omega t}]\\&=\mathrm{Re}\,[\boldsymbol{e}_xF_{x\mathrm{m}}e^{j\varphi_x(\boldsymbol{r})}+\boldsymbol{e}_yF_{y\mathrm{m}}e^{j\varphi_y(\boldsymbol{r})}+\boldsymbol{e}_zF_{z\mathrm{m}}e^{j\varphi_z(\boldsymbol{r})}]e^{j\omega t}\\&=\mathrm{Re}\,[\tilde{\boldsymbol{F}}_{\mathrm{m}}(\boldsymbol{r})e^{j\omega t}]\end{aligned}$$

其中$\tilde{\boldsymbol{F}}_{\mathrm{m}}(\boldsymbol{r})=\boldsymbol{e}_xF_{x\mathrm{m}}e^{j\varphi_x(\boldsymbol{r})}+\boldsymbol{e}_yF_{y\mathrm{m}}e^{j\varphi_y(\boldsymbol{r})}+\boldsymbol{e}_zF_{z\mathrm{m}}e^{j\varphi_z(\boldsymbol{r})}$，称为时谐矢量场 $\boldsymbol{F}(\boldsymbol{r},t)$的复矢量。

反过来，通过复矢量如何写出矢量的瞬时值表达式呢？例如，如果电场强度复矢量 $\tilde{\boldsymbol{E}}=\boldsymbol{e}_x5\cos(10z)$，那么电场强度的瞬时矢量为

$$\boldsymbol{E}(z,t)=\mathrm{Re}[\boldsymbol{e}_x5\cos(10z)e^{j\omega t}]=\boldsymbol{e}_x5\cos(\omega t)\cos(10z)$$

5.7.2 复数形式的麦克斯韦方程组

前面我们讲过，对一般的时变电磁场，麦克斯韦方程组为

$$\nabla\times\boldsymbol{E}=-\frac{\partial\boldsymbol{B}}{\partial t}$$

$$\nabla\times\boldsymbol{H}=\frac{\partial\boldsymbol{D}}{\partial t}+\boldsymbol{J}$$

$$\nabla\cdot\boldsymbol{B}=0$$

$$\nabla\cdot\boldsymbol{D}=\rho$$

在时谐电磁场中，矢量场 $\boldsymbol{F}(\boldsymbol{r},t)$对时间求导数得

$$\frac{\partial \boldsymbol{F}(\boldsymbol{r},t)}{\partial t}=\frac{\partial}{\partial t}\mathrm{Re}[\widetilde{\boldsymbol{F}}_{\mathrm{m}}(\boldsymbol{r})\mathrm{e}^{\mathrm{j}\omega t}]=\mathrm{Re}\left[\frac{\partial}{\partial t}(\widetilde{\boldsymbol{F}}_{\mathrm{m}}(\boldsymbol{r})\mathrm{e}^{\mathrm{j}\omega t})\right]=\mathrm{Re}[\mathrm{j}\omega\widetilde{\boldsymbol{F}}_{\mathrm{m}}(\boldsymbol{r})\mathrm{e}^{\mathrm{j}\omega t}]$$

所以时谐矢量对时间求微分，用复矢量表示时，等于复矢量乘 $\mathrm{j}\omega$。

对时谐电磁场，将复数形式代入，将∇和 Re 交换顺序，并且等式两边都去掉 Re，麦克斯韦方程组可写为

$$\nabla\times\widetilde{\boldsymbol{E}}_{\mathrm{m}}\mathrm{e}^{\mathrm{j}\omega t}=-\mathrm{j}\omega\widetilde{\boldsymbol{B}}_{\mathrm{m}}\mathrm{e}^{\mathrm{j}\omega t}$$

$$\nabla\times\widetilde{\boldsymbol{H}}_{\mathrm{m}}\mathrm{e}^{\mathrm{j}\omega t}=\mathrm{j}\omega\widetilde{\boldsymbol{D}}_{\mathrm{m}}\mathrm{e}^{\mathrm{j}\omega t}+\widetilde{\boldsymbol{J}}_{\mathrm{m}}\mathrm{e}^{\mathrm{j}\omega t}$$

$$\nabla\cdot\widetilde{\boldsymbol{B}}_{\mathrm{m}}\mathrm{e}^{\mathrm{j}\omega t}=0$$

$$\nabla\cdot\widetilde{\boldsymbol{D}}_{\mathrm{m}}\mathrm{e}^{\mathrm{j}\omega t}=\rho$$

等号两边都消掉 $\mathrm{e}^{\mathrm{j}\omega t}$，去掉下标 m，不会引起混淆，可以得到复数形式的麦克斯韦方程组为

$$\nabla\times\widetilde{\boldsymbol{E}}=-\mathrm{j}\omega\widetilde{\boldsymbol{B}}$$

$$\nabla\times\widetilde{\boldsymbol{H}}=\mathrm{j}\omega\widetilde{\boldsymbol{D}}+\widetilde{\boldsymbol{J}}$$

$$\nabla\cdot\widetilde{\boldsymbol{B}}=0$$

$$\nabla\cdot\widetilde{\boldsymbol{D}}=\rho$$

为了突出复数形式与实数形式的区别，用"～"符号表示复数形式。由于复数形式的公式与实数形式的公式之间存在明显的区别(jω)，为简洁起见，复矢量也可不加"～"符号，不会引起混淆，读者应能鉴别。故将麦克斯韦方程的复数形式进一步写为

$$\nabla\times\boldsymbol{E}=-\mathrm{j}\omega\boldsymbol{B} \tag{5.29}$$

$$\nabla\times\boldsymbol{H}=\mathrm{j}\omega\boldsymbol{D}+\boldsymbol{J} \tag{5.30}$$

$$\nabla\cdot\boldsymbol{B}=0 \tag{5.31}$$

$$\nabla\cdot\boldsymbol{D}=\rho \tag{5.32}$$

如果用不加～的 $\boldsymbol{E}$ 直接表示复矢量$\widetilde{\boldsymbol{E}}$，$\boldsymbol{E}(t)$表示时谐矢量场，这时

$$\boldsymbol{E}=\boldsymbol{e}_xE_x\mathrm{e}^{\mathrm{j}\varphi_x}+\boldsymbol{e}_yE_y\mathrm{e}^{\mathrm{j}\varphi_y}+\boldsymbol{e}_zE_z\mathrm{e}^{\mathrm{j}\varphi_z}$$

$$\boldsymbol{E}(t)=\mathrm{Re}[\boldsymbol{E}\mathrm{e}^{\mathrm{j}\omega t}]$$

同样，时谐场也可用 $\boldsymbol{H}$、$\boldsymbol{B}$、$\boldsymbol{D}$ 分别表示复矢量$\widetilde{\boldsymbol{H}}$、$\widetilde{\boldsymbol{B}}$、$\widetilde{\boldsymbol{D}}$，读者应能鉴别。当然有时为了使概念更清晰，也可加"～"。

5.7.3 复能流密度

前面讨论的坡印廷矢量是瞬时值矢量，表示瞬时能流密度。对时谐电磁场，由于场矢量 $\boldsymbol{E}$ 和 $\boldsymbol{H}$ 都是随时间周期性变化的函数，所以坡印廷矢量 $\boldsymbol{S}$ 也是随时间周期性变化的函数，在时谐电磁场中，一个周期内的平均能流密度矢量更有意义。坡印廷矢量在一个周期内的平均值称为平均坡印廷矢量，用 $\boldsymbol{S}_{\mathrm{av}}$ 表示：

$$\boldsymbol{S}_{\mathrm{av}}=\frac{1}{T}\int_0^T\boldsymbol{S}\,\mathrm{d}t=\frac{1}{T}\int_0^T\boldsymbol{E}\times\boldsymbol{H}\,\mathrm{d}t \tag{5.33}$$

式中 $T=2\pi/\omega$ 为时谐场的周期，ω 为时谐场的角频率。

$$\boldsymbol{S}_{\mathrm{av}}=\frac{1}{T}\int_0^T \mathrm{Re}\left[\widetilde{\boldsymbol{E}}\mathrm{e}^{\mathrm{j}\omega t}\right]\times\mathrm{Re}\left[\widetilde{\boldsymbol{H}}\mathrm{e}^{\mathrm{j}\omega t}\right]\mathrm{d}t$$

经过简单推导(过程略)，可以得到

$$\boldsymbol{S}_{\mathrm{av}}=\frac{1}{2}\mathrm{Re}\left[\widetilde{\boldsymbol{E}}\times\widetilde{\boldsymbol{H}}^*\right]\tag{5.34}$$

$\widetilde{\boldsymbol{H}}^*$ 表示 $\widetilde{\boldsymbol{H}}$ 的复共轭。

例 5-8 自由空间中有一时谐电磁场，其中电场强度和磁场强度的瞬时值分别为

$$\boldsymbol{E}=\boldsymbol{e}_x E_0\cos(\omega t-\varphi_{\mathrm{c}})$$
$$\boldsymbol{H}=\boldsymbol{e}_y H_0\cos(\omega t-\varphi_{\mathrm{m}})$$

求此时谐电磁场的平均能流密度。

解 平均能流密度即是指平均坡印廷矢量。求解方法有两种。

方法一：

根据 $\boldsymbol{S}=\boldsymbol{E}\times\boldsymbol{H}$，可得

$$\begin{aligned}\boldsymbol{S}&=\left[\boldsymbol{e}_x E_0\cos(\omega t-\varphi_{\mathrm{c}})\right]\times\left[\boldsymbol{e}_y H_0\cos(\omega t-\varphi_{\mathrm{m}})\right]\\&=\boldsymbol{e}_z E_0 H_0\cos(\omega t-\varphi_{\mathrm{c}})\cos(\omega t-\varphi_{\mathrm{m}})\\&=\frac{1}{2}\boldsymbol{e}_z E_0 H_0\left[\cos(\varphi_{\mathrm{m}}-\varphi_{\mathrm{c}})+\cos(2\omega t-\varphi_{\mathrm{m}}-\varphi_{\mathrm{c}})\right]\end{aligned}$$

中括号中的第一项不随时间变化，一个周期内的平均值即是瞬时值；第二项是随时间按余弦规律变化的函数，一个周期内的平均值为零。因而，平均坡印廷矢量为

$$\boldsymbol{S}_{\mathrm{av}}=\frac{1}{2}\boldsymbol{e}_z E_0 H_0\cos(\varphi_{\mathrm{m}}-\varphi_{\mathrm{c}})$$

方法二：

根据 $\boldsymbol{S}_{\mathrm{av}}=\frac{1}{2}\mathrm{Re}\left[\widetilde{\boldsymbol{E}}\times\widetilde{\boldsymbol{H}}^*\right]$ 计算。两个场量的复矢量及磁场强度的共轭复矢量分别为

$$\widetilde{\boldsymbol{E}}=\boldsymbol{e}_x E_0\mathrm{e}^{-\mathrm{j}\varphi_{\mathrm{c}}};\ \widetilde{\boldsymbol{H}}=\boldsymbol{e}_y H_0\mathrm{e}^{-\mathrm{j}\varphi_{\mathrm{m}}};\ \widetilde{\boldsymbol{H}}^*=\boldsymbol{e}_y H_0\mathrm{e}^{\mathrm{j}\varphi_{\mathrm{m}}}$$

故复坡印廷矢量为

$$\widetilde{\boldsymbol{S}}=\frac{1}{2}\widetilde{\boldsymbol{E}}\times\widetilde{\boldsymbol{H}}^*=\frac{1}{2}\boldsymbol{e}_z(E_0\mathrm{e}^{-\mathrm{j}\varphi_{\mathrm{c}}})(H_0\mathrm{e}^{\mathrm{j}\varphi_{\mathrm{m}}})=\frac{1}{2}\boldsymbol{e}_z E_0 H_0\mathrm{e}^{\mathrm{j}(\varphi_{\mathrm{m}}-\varphi_{\mathrm{c}})}$$

平均坡印廷矢量为

$$\boldsymbol{S}_{\mathrm{av}}=\mathrm{Re}[\widetilde{\boldsymbol{S}}]=\mathrm{Re}\left[\boldsymbol{e}_z\frac{1}{2}E_0 H_0\mathrm{e}^{\mathrm{j}(\varphi_{\mathrm{m}}-\varphi_{\mathrm{c}})}\right]=\frac{1}{2}\boldsymbol{e}_z E_0 H_0\cos(\varphi_{\mathrm{m}}-\varphi_{\mathrm{c}})$$

两种方法计算结果相同，两者相比较，后者计算难度更低些，因而在实际问题中，后者是比较常用的方法。

例 5-9 在无源的自由空间中，已知电磁场的电场强度复矢量为 $\boldsymbol{E}=\boldsymbol{e}_y E_0\mathrm{e}^{-\mathrm{j}kz}$(V/m)。式中，$E_0$ 和 k 为常数。试求：(1) 磁场强度的复矢量；(2) 瞬时坡印廷矢量；(3) 平均坡印廷矢量。

解 (1) 根据 $\nabla\times\boldsymbol{E}=-\mathrm{j}\omega\mu_0\boldsymbol{H}$，得

$$\boldsymbol{H}=\frac{1}{-\mathrm{j}\omega\mu_0}\nabla\times\boldsymbol{E}=-\frac{kE_0}{\omega\mu_0}\mathrm{e}^{-\mathrm{j}kz}\boldsymbol{e}_x\ (\mathrm{A/m})$$

(2) 电场强度和磁场强度的瞬时值为

$$\boldsymbol{E}(z,t)=\mathrm{Re}[\boldsymbol{E}\mathrm{e}^{\mathrm{j}\omega t}]=\boldsymbol{e}_yE_0\cos(\omega t-kz)$$

$$\boldsymbol{H}(z,t)=\mathrm{Re}[\boldsymbol{H}\mathrm{e}^{\mathrm{j}\omega t}]=-\boldsymbol{e}_x\frac{kE_0}{\omega\mu_0}\cos(\omega t-kz)$$

根据 $\boldsymbol{S}=\boldsymbol{E}(z,t)\times\boldsymbol{H}(z,t)$，坡印廷矢量为

$$\begin{aligned}\boldsymbol{S}&=[\boldsymbol{e}_yE_0\cos(\omega t-kz)]\times\left[-\boldsymbol{e}_x\frac{kE_0}{\omega\mu_0}\cos(\omega t-kz)\right]\\&=\boldsymbol{e}_z\frac{kE_0^2}{\omega\mu_0}\cos^2(\omega t-kz)\ (\mathrm{J/m^2})\end{aligned}$$

(3) 复坡印廷矢量为

$$\boldsymbol{S}=\frac{1}{2}\boldsymbol{E}\times\boldsymbol{H}^*=\frac{1}{2}(\boldsymbol{e}_yE_0\mathrm{e}^{-\mathrm{j}kz})\times\left(-\boldsymbol{e}_x\frac{kE_0}{\omega\mu_0}\mathrm{e}^{\mathrm{j}kz}\right)=\boldsymbol{e}_z\frac{kE_0^2}{2\omega\mu_0}$$

平均坡印廷矢量为

$$\boldsymbol{S}_{\mathrm{av}}=\mathrm{Re}[\boldsymbol{S}]=\boldsymbol{e}_z\frac{kE_0^2}{2\omega\mu_0}$$

本章小结

本章主要讲述时变电磁场的性质。

1. 法拉第电磁感应定律

$$\varepsilon_{\mathrm{in}}=-\frac{\mathrm{d}\psi}{\mathrm{d}t}=-\frac{\mathrm{d}}{\mathrm{d}t}\int_S\boldsymbol{B}\cdot\mathrm{d}\boldsymbol{S}$$

$$\oint_C\boldsymbol{E}\cdot\mathrm{d}\boldsymbol{l}=-\frac{\mathrm{d}}{\mathrm{d}t}\int_S\boldsymbol{B}\cdot\mathrm{d}\boldsymbol{S}$$

2. 位移电流密度

$$\boldsymbol{J}_\mathrm{d}=\frac{\partial\boldsymbol{D}}{\partial t}$$

全电流安培环路定律

$$\nabla\times\boldsymbol{H}=\boldsymbol{J}+\frac{\partial\boldsymbol{D}}{\partial t}$$

3. 麦克斯韦方程

积分形式

$$\oint_C\boldsymbol{H}\cdot\mathrm{d}\boldsymbol{l}=\int_S\left(\boldsymbol{J}+\frac{\partial\boldsymbol{D}}{\partial t}\right)\cdot\mathrm{d}\boldsymbol{S}$$

$$\oint_C\boldsymbol{E}\cdot\mathrm{d}\boldsymbol{l}=-\int_S\frac{\partial\boldsymbol{B}}{\partial t}\cdot\mathrm{d}\boldsymbol{S}$$

$$\oint_S \boldsymbol{B} \cdot \mathrm{d}\boldsymbol{S} = 0$$

$$\oint_S \boldsymbol{D} \cdot \mathrm{d}\boldsymbol{S} = \int_V \rho \mathrm{d}V$$

微分形式

$$\nabla \times \boldsymbol{H} = \boldsymbol{J} + \frac{\partial \boldsymbol{D}}{\partial t}$$

$$\nabla \times \boldsymbol{E} = -\frac{\partial \boldsymbol{B}}{\partial t}$$

$$\nabla \cdot \boldsymbol{B} = 0$$

$$\nabla \cdot \boldsymbol{D} = \rho$$

介质的本构关系

$$\boldsymbol{D} = \varepsilon \boldsymbol{E}$$

$$\boldsymbol{B} = \mu \boldsymbol{H}$$

$$\boldsymbol{J} = \sigma \boldsymbol{E}$$

4. 时变电磁场的边界条件

电场强度的切向分量是连续的，$E_{1t} = E_{2t}$。

在存在面电流的两种磁介质的分界面上，磁场强度的切向分量是不连续的，$H_{1t} - H_{2t} = J_S$。

在两种磁介质的分界面上，磁感应强度 $\boldsymbol{B}$ 的法向分量是连续的，$B_{1n} - B_{2n} = 0$。

在存在面电荷的两种介质的分界面上，电位移矢量 $\boldsymbol{D}$ 的法向分量是不连续的，$D_{1n} - D_{2n} = \rho_S$。

5. 电磁场的能量密度

能量密度：$\omega = \omega_e + \omega_m = \frac{1}{2}\boldsymbol{D} \cdot \boldsymbol{E} + \frac{1}{2}\boldsymbol{B} \cdot \boldsymbol{H}$

能流密度矢量：其方向表示能量的流动方向，其大小表示单位时间内穿过与能量流动方向相垂直的单位面积的能量。能流密度矢量又称为坡印廷矢量，用 $\boldsymbol{S}$ 表示，$\boldsymbol{S} = \boldsymbol{E} \times \boldsymbol{H}$。

6. 时变电磁场的矢量位 A 和标量位 φ

$$\boldsymbol{B} = \nabla \times \boldsymbol{A}$$

$$\boldsymbol{E} + \frac{\partial \boldsymbol{A}}{\partial t} = -\nabla \varphi$$

7. 时谐场的复矢量表示方法

8. 复数形式的麦克斯韦方程组

$$\nabla \times \boldsymbol{E} = -\mathrm{j}\omega \boldsymbol{B}$$

$$\nabla \times \boldsymbol{H} = \mathrm{j}\omega \boldsymbol{D} + \boldsymbol{J}$$

$$\nabla \cdot \boldsymbol{B} = 0$$

$$\nabla \cdot \boldsymbol{D} = \rho$$

9. 复能流密度

平均坡印廷矢量

$$\boldsymbol{S}_{\text{av}}=\frac{1}{2}\operatorname{Re}\left[\widetilde{\boldsymbol{E}}\times\widetilde{\boldsymbol{H}}^{*}\right]$$

习　题

5.1　当电场 $\boldsymbol{E}=\boldsymbol{e}_x E_0\cos\omega t$ (V/m)，$\omega=1000$ rad/s 时，计算下列介质中传导电流密度与位移电流密度的振幅之比：

(1) 铜 $\sigma=5.7\times10^{7}$ S/m，$\varepsilon_r=1$；

(2) 蒸馏水 $\sigma=2\times10^{-4}$ S/m，$\varepsilon_r=80$；

(3) 聚苯乙烯 $\sigma=2\times10^{-16}$ S/m，$\varepsilon_r=2.53$。

5.2　试由微分形式麦克斯韦方程组中的两个旋度方程及电流连续性方程推导出两个散度方程。

5.3　在由理想导电壁($\sigma=\infty$)限定的区域内($0\leqslant x\leqslant a$)存在一个如下的电磁场，验证它们是否满足边界条件，并写出导电壁上的面电流密度表达式。

$$E_y=H_0\mu\omega\left(\frac{a}{\pi}\right)\sin\frac{\pi x}{a}\sin(kz-\omega t)$$

$$H_x=-H_0k\left(\frac{a}{\pi}\right)\sin\frac{\pi x}{a}\sin(kz-\omega t)$$

$$H_z=H_0\cos\frac{\pi x}{a}\cos(kz-\omega t)$$

5.4　已知真空区域中时变电磁场磁场强度的瞬时值为 $\boldsymbol{H}(y,t)=\boldsymbol{e}_x\cos(20x)\cos(\omega t-k_y y)$，试求电场强度的复矢量、能量密度及能流密度矢量的平均值。

5.5　已知时变电磁场中矢量磁位 $\boldsymbol{A}=\boldsymbol{e}_x A_{\text{m}}\sin(\omega t-kz)$，其中 A_{m}、k 是常数。求电场强度、磁场强度和坡印廷矢量。

5.6　一圆柱形电容器，内导体半径为 a，外导体半径为 b，长度为 l，电极间介质的介电常数为 ε。当外加低频电压 $u=U_{\text{m}}\sin\omega t$ 时，求介质中的位移电流密度及穿过半径为 $r(a<r<b)$ 的圆柱面的位移电流，并证明此位移电流等于电容器引线中的传导电流。

5.7　已知在空气介质的无源区域中，电场强度 $\boldsymbol{E}=\boldsymbol{e}_x 100\mathrm{e}^{-\alpha z}\cos(\omega t-\beta z)$，其中，$\alpha$、$\beta$ 为常数，求磁场强度。

5.8　一根半径为 a 的长直圆柱导体上通过直流电流 I。假设导体的电导率 σ 为有限值，求导体表面附近的坡印廷矢量，并计算长度为 L 的导体所损耗的功率。

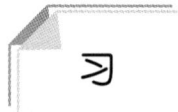

第6章

平面电磁波

由前一章我们知道，变化的电场产生磁场，变化的磁场产生电场，电场和磁场互为激发源相互激励，时变的电场和磁场不再相互独立，而是构成一个整体——电磁场。时变电磁场的能量以电磁波的形式进行传播，电磁波是电磁场运动的一种重要形式。时变电磁场的电场强度和磁场强度都是随空间和时间而变化的函数，这个函数就是电场和磁场的波动方程。

电磁波的传播理论研究电磁场在脱离场源后，电磁场的运动规律，进而求解出电磁场的波动方程的解。不同形状和尺寸的辐射源所辐射的电磁波具有不同的波阵面形状，电磁波分为平面波、柱面波、球面波。在离辐射源很远的较小的区域内，各种曲面波可以近似为平面波。平面波是一种最简单、最基本的电磁波，理想的平面波是不存在的，但通过分析平面波的传播规律可以掌握电磁波传播的一般规律，因而研究平面波的运动规律具有典型意义。

6.1 波动方程

1. 波动方程

电磁场的波动方程描述了电磁场的运动规律，由麦克斯韦方程组可以求出电磁场的波动方程。

在无源空间中，电流密度和电荷密度处处为零，即 $\rho=0$，$\boldsymbol{J}=0$。在线性和各向同性的介质中 $\boldsymbol{E}$ 和 $\boldsymbol{H}$ 满足麦克斯韦方程：

$$\nabla\times\boldsymbol{H}=\varepsilon\frac{\partial\boldsymbol{E}}{\partial t}\tag{6.1}$$

$$\nabla\times\boldsymbol{E}=-\mu\frac{\partial\boldsymbol{H}}{\partial t}\tag{6.2}$$

$$\nabla\cdot\boldsymbol{H}=0\tag{6.3}$$

$$\nabla\cdot\boldsymbol{E}=0\tag{6.4}$$

对式(6.2)两边取旋度，有

$$\nabla\times(\nabla\times\boldsymbol{E})=-\mu\nabla\times\frac{\partial\boldsymbol{H}}{\partial t}=-\mu\frac{\partial}{\partial t}(\nabla\times\boldsymbol{H})$$

将式(6.1)代入上式，得到

$$\nabla\times(\nabla\times\boldsymbol{E})=-\mu\varepsilon\frac{\partial^2\boldsymbol{E}}{\partial t^2}$$

利用矢量恒等式$\nabla\times(\nabla\times\boldsymbol{E})=\nabla(\nabla\cdot\boldsymbol{E})-\nabla^2\boldsymbol{E}$ 和式(6.4)，可得到

$$\nabla^2\boldsymbol{E}-\mu\varepsilon\frac{\partial^2\boldsymbol{E}}{\partial t^2}=0 \tag{6.5}$$

这就是无源区域电磁波中的电场强度 $\boldsymbol{E}$ 满足的波动方程。

同理，无源区域电磁波中磁场强度 $\boldsymbol{H}$ 满足的波动方程为

$$\nabla^2\boldsymbol{H}-\mu\varepsilon\frac{\partial^2\boldsymbol{H}}{\partial t^2}=0 \tag{6.6}$$

注意：这是矢量二阶微分方程。

在直角坐标系中，波动方程可以分解为三个标量方程，每个方程中只含有一个场分量。例如，式(6.5)可以分解为

$$\begin{aligned}
&\frac{\partial^2 E_x}{\partial x^2}+\frac{\partial^2 E_x}{\partial y^2}+\frac{\partial^2 E_x}{\partial z^2}-\mu\varepsilon\frac{\partial^2 E_x}{\partial t^2}=0\\
&\frac{\partial^2 E_y}{\partial x^2}+\frac{\partial^2 E_y}{\partial y^2}+\frac{\partial^2 E_y}{\partial z^2}-\mu\varepsilon\frac{\partial^2 E_y}{\partial t^2}=0\\
&\frac{\partial^2 E_z}{\partial x^2}+\frac{\partial^2 E_z}{\partial y^2}+\frac{\partial^2 E_z}{\partial z^2}-\mu\varepsilon\frac{\partial^2 E_z}{\partial t^2}=0
\end{aligned} \tag{6.7}$$

波动方程的解是场在空间中沿一个特定方向传播的电磁波，电磁波的传播问题都可归结为在给定的边界条件和初始条件下求波动方程解的问题。当然，除最简单的情况外，求解波动方程常常是很复杂的。

2. 复数形式的波动方程

对于时谐场，把波动方程式(6.5)和式(6.6)中的$\frac{\partial}{\partial t}$ 用 $\mathrm{j}\omega$ 代替，$\frac{\partial^2}{\partial t^2}$ 用$(\mathrm{j}\omega)^2=-\omega^2$ 代替，可以得到

$$\nabla^2\widetilde{\boldsymbol{E}}+\omega^2\mu\varepsilon\widetilde{\boldsymbol{E}}=0$$

$$\nabla^2\widetilde{\boldsymbol{H}}+\omega^2\mu\varepsilon\widetilde{\boldsymbol{H}}=0$$

注意，这里的$\widetilde{\boldsymbol{E}}$是复振幅，即

$$\widetilde{\boldsymbol{E}}=\boldsymbol{e}_x E_x\mathrm{e}^{\mathrm{j}\varphi_x}+\boldsymbol{e}_y E_y\mathrm{e}^{\mathrm{j}\varphi_y}+\boldsymbol{e}_z E_z\mathrm{e}^{\mathrm{j}\varphi_z}$$

$\widetilde{\boldsymbol{H}}$ 与之类似。

令 $k=\omega\sqrt{\mu\varepsilon}$，那么时谐场的波动方程为

$$\nabla^2\widetilde{\boldsymbol{E}}+k^2\widetilde{\boldsymbol{E}}=0$$

$$\nabla^2\widetilde{\boldsymbol{H}}+k^2\widetilde{\boldsymbol{H}}=0$$

这就是时谐场的复矢量的波动方程。

在直角坐标系里，$\boldsymbol{E}$ 的波动方程为

$$
\begin{cases}
\dfrac{\partial^2 \widetilde{E}_x}{\partial x^2}+\dfrac{\partial^2 \widetilde{E}_x}{\partial y^2}+\dfrac{\partial^2 \widetilde{E}_x}{\partial z^2}+k^2\widetilde{E}_x=0 \\
\dfrac{\partial^2 \widetilde{E}_y}{\partial x^2}+\dfrac{\partial^2 \widetilde{E}_y}{\partial y^2}+\dfrac{\partial^2 \widetilde{E}_y}{\partial z^2}+k^2\widetilde{E}_y=0 \\
\dfrac{\partial^2 \widetilde{E}_z}{\partial x^2}+\dfrac{\partial^2 \widetilde{E}_z}{\partial y^2}+\dfrac{\partial^2 \widetilde{E}_z}{\partial z^2}+k^2\widetilde{E}_z=0
\end{cases}
\tag{6.8}
$$

$\boldsymbol{H}$ 的 3 个标量波动方程与之类似。

6.2　理想介质中的均匀平面波

波在空间传播过程中，空间中的每一点都在作时谐振荡，在振荡过程中，每一点在不同时间有不同的相位。在某一时刻所有相位相同的点构成的曲面，称为等相位面或波阵面。波阵面为平面的电磁波叫平面波。所谓均匀平面波，是指电磁波的场矢量只沿着它的传播方向变化，而在与波传播方向垂直的无限大平面内，电场强度 $\boldsymbol{E}$ 和磁场强度 $\boldsymbol{H}$ 的方向、振幅和相位都保持不变。例如，沿直角坐标系的 z 方向传播的均匀平面波，在 x 和 y 所构成的平面上，$\boldsymbol{E}$、$\boldsymbol{H}$ 保持方向、幅度、相位恒定不变，如图 6.1 所示。

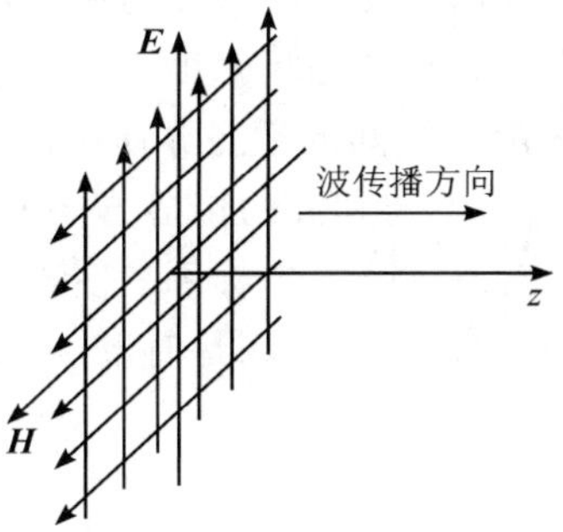

图 6.1　均匀平面波

均匀平面波是电磁波的一种理想情况，它的特性及讨论方法简单，但它能表征电磁波主要的性质。虽然这种均匀平面波实际上并不存在，但讨论这种均匀平面波是有实际意义的，因为在距离波源足够远的地方，呈球面的波阵面上的一小部分就可以近似看作一个均匀平面波。

6.2.1　理想介质中的均匀平面波的波函数

假设所讨论的区域为无源区域，即 $\rho=0$、$\boldsymbol{J}=0$，且充满线性、各向同性的均匀理想介质($\sigma=0$)。现在我们来讨论均匀平面波在这种理想介质中的传播特点。

首先考虑一种简单的情况，假设在我们选用的直角坐标系中均匀平面波沿 z 方向传播，则电场强度 $\boldsymbol{E}$ 和磁场强度 $\boldsymbol{H}$ 都不是 x 和 y 的函数($\boldsymbol{E}$、$\boldsymbol{H}$ 在 x、y 方向都是恒量)，下面以 $\boldsymbol{E}$ 为例说明。设

$$
\boldsymbol{E}(x,\ y,\ z,\ t)=\boldsymbol{E}(z,\ t)=\boldsymbol{e}_x E_x(z,\ t)+\boldsymbol{e}_y E_y(z,\ t)+\boldsymbol{e}_z E_z(z,\ t)
$$

又有

$$\nabla\cdot \boldsymbol{E}=\frac{\partial E_x}{\partial x}+\frac{\partial E_y}{\partial y}+\frac{\partial E_z}{\partial z}=\frac{\partial E_z}{\partial z}=0$$

由上式可得到

$$\frac{\partial^2 E_z}{\partial z^2}=0$$

由于 $\boldsymbol{E}$ 在 x、y 方向都是恒量，E_z 在 x、y 方向也都是恒量，于是有

$$\frac{\partial E_z}{\partial x}=0,\ \frac{\partial E_z}{\partial y}=0,\ \frac{\partial^2 E_z}{\partial x^2}=0,\ \frac{\partial^2 E_z}{\partial y^2}=0$$

由式(6.8)可知，E_z 的复波动方程为

$$\frac{\partial^2 \widetilde{E}_z}{\partial x^2}+\frac{\partial^2 \widetilde{E}_z}{\partial y^2}+\frac{\partial^2 \widetilde{E}_z}{\partial z^2}+k^2\widetilde{E}_z=k^2\widetilde{E}_z=0$$

得到

$$\widetilde{E}_z=0$$

于是得到 $E_z=0$。同理 $H_z=0$。

结论：若时变场的场量仅与一个坐标量(比如 z)有关，则场量不可能存在该坐标方向(比如 z)的分量，即 $E_z=0$，$H_z=0$。

沿 z 方向传播的均匀平面波的电场强度 $\boldsymbol{E}$ 和磁场强度 $\boldsymbol{H}$ 都没有沿传播方向的分量，即只有 E_x、E_y、H_x、H_y，即电场强度 $\boldsymbol{E}$ 和磁场强度 $\boldsymbol{H}$ 都与波的传播方向(z 方向)垂直，这种波称为横电磁波(TEM 波)。无限大空间的理想介质中的电磁波是横波，场的振动方向和传播方向垂直，水波也是横波。振动方向和波的传播方向平行的波叫纵波，比如声波。

对于沿 z 方向传播的均匀平面波，设置坐标系，使电场强度 $\boldsymbol{E}$ 只沿 x 轴方向有分量 E_x，即 $E_y=0$，E_x 满足波动方程式(6.8)。设场是时谐场，则波动方程式(6.8)为

$$\frac{\partial^2 \widetilde{E}_x}{\partial z^2}+k^2\widetilde{E}_x=0$$

其中 $k=\omega\sqrt{\mu\varepsilon}$。上式的解为

$$\widetilde{E}_x(z)=A_1\mathrm{e}^{-\mathrm{j}kz}+A_2\mathrm{e}^{\mathrm{j}kz}$$

其中，$A_1=E_{x1\mathrm{m}}\mathrm{e}^{\mathrm{j}\varphi_1}$，$A_2=E_{x2\mathrm{m}}\mathrm{e}^{\mathrm{j}\varphi_2}$，上式的第一项表示波沿 $+z$ 轴方向传播，第二项表示波沿 $-z$ 轴方向传播，因为只存在一个方向的波，所以我们略去第二项，得到

$$\widetilde{E}_x(z)=E_{xm}\mathrm{e}^{\mathrm{j}\varphi_x}\mathrm{e}^{-\mathrm{j}kz}$$

写成瞬时值形式为

$$E_x(z,t)=E_{xm}\cos(\omega t-kz+\varphi_x)$$

由麦克斯韦方程 $\nabla\times\widetilde{\boldsymbol{E}}=-\mathrm{j}\omega\mu\widetilde{\boldsymbol{H}}$ 可得

$$\begin{vmatrix}\boldsymbol{e}_x & \boldsymbol{e}_y & \boldsymbol{e}_z\\ \dfrac{\partial}{\partial x} & \dfrac{\partial}{\partial y} & \dfrac{\partial}{\partial z}\\ \widetilde{E}_x & 0 & 0\end{vmatrix}=-\mathrm{j}\omega\mu(\boldsymbol{e}_x\widetilde{H}_x+\boldsymbol{e}_y\widetilde{H}_y+\boldsymbol{e}_z\widetilde{H}_z)$$

根据上式左右两边 $\boldsymbol{e}_x$、$\boldsymbol{e}_y$、$\boldsymbol{e}_z$ 各坐标分量相等，可得下面式子(注意 $\tilde{E}_x$ 只是 z 的函数，$\tilde{E}_x$ 对 x 和 y 的偏导数为0)

$$\tilde{H}_x = 0$$

$$\tilde{H}_z = 0$$

$$-\mathrm{j}\omega\mu\tilde{H}_y = \frac{\partial \tilde{E}_x}{\partial z}$$

于是

$$\tilde{\boldsymbol{H}} = \boldsymbol{e}_y\tilde{H}_y = \boldsymbol{e}_y\frac{1}{-\mathrm{j}\omega\mu}\frac{\partial \tilde{E}_x}{\partial z} = \boldsymbol{e}_y\frac{1}{-\mathrm{j}\omega\mu}(-\mathrm{j}k)E_{xm}\mathrm{e}^{-\mathrm{j}(kz-\varphi_x)} = \boldsymbol{e}_y\frac{k}{\omega\mu}E_{xm}\mathrm{e}^{-\mathrm{j}(kz-\varphi_x)}$$

因为 $k=\omega\sqrt{\mu\varepsilon}$，所以

$$\frac{k}{\omega\mu} = \frac{\omega\sqrt{\mu\varepsilon}}{\omega\mu} = \sqrt{\frac{\varepsilon}{\mu}}$$

令 $\eta=\sqrt{\frac{\mu}{\varepsilon}}=\frac{\omega\mu}{k}$，得到

$$\tilde{\boldsymbol{H}} = \boldsymbol{e}_y\frac{1}{\eta}E_{xm}\mathrm{e}^{-\mathrm{j}(kz-\varphi_x)} = \boldsymbol{e}_y\frac{1}{\eta}\tilde{E}_x = \frac{1}{\eta}\boldsymbol{e}_z\times\boldsymbol{e}_x\tilde{E}_x$$

写成瞬时值矢量

$$\boldsymbol{H}(z,t) = \boldsymbol{e}_y\frac{1}{\eta}E_{xm}\cos(\omega t-kz+\varphi_x) = \boldsymbol{e}_yH_{ym}\cos(\omega t-kz+\varphi_x)$$

上式中，$\frac{1}{\eta}E_{xm}=H_{ym}$，所以

$$\eta = \frac{E_{xm}}{H_{ym}}$$

称 $\eta=\frac{E_{xm}}{H_{ym}}=\sqrt{\frac{\mu}{\varepsilon}}$ 为介质的本征阻抗，单位是欧姆。本征阻抗有时也用 Z 表示。于是

$$\boldsymbol{H} = \frac{1}{\eta}\boldsymbol{e}_z\times\boldsymbol{E} \tag{6.9}$$

或者已知 $\boldsymbol{H}$ 求 $\boldsymbol{E}$ 时写为

$$\boldsymbol{E} = \eta\boldsymbol{H}\times\boldsymbol{e}_z$$

图6.2是理想介质中的均匀平面波的示意图。

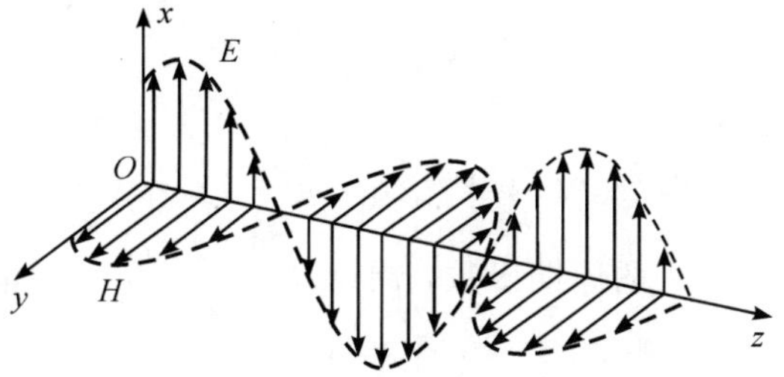

图6.2　理想介质中的均匀平面波

6.2.2 理想介质中的均匀平面波的传播参数

由前面的知识可知，在线性的各向同性的理想介质中，电场和磁场的能量密度分别为

$$\omega_e=\frac{1}{2}\boldsymbol{E}\cdot\boldsymbol{D}=\frac{1}{2}\varepsilon|\boldsymbol{E}|^2=\frac{1}{2}\varepsilon E_{xm}^2$$

$$\omega_m=\frac{1}{2}\boldsymbol{H}\cdot\boldsymbol{B}=\frac{1}{2}\mu|\boldsymbol{H}|^2=\frac{1}{2}\mu H_{ym}^2$$

因为 $\eta=\dfrac{E_{xm}}{H_{ym}}=\sqrt{\dfrac{\mu}{\varepsilon}}$，所以

$$\frac{1}{2}\varepsilon E_{xm}^2=\frac{1}{2}\varepsilon(\eta H_{ym}^2)=\frac{1}{2}\varepsilon\cdot\frac{\mu}{\varepsilon}H_{ym}^2=\frac{1}{2}\mu H_{ym}^2$$

所以 $\omega_e=\omega_m$。

由此可知，在理想介质中，均匀平面波的电场能量密度等于磁场能量密度。

电磁波的等相位面在空间中的移动速度称为相位速度，或简称为相速，以 v 表示，单位为 m/s。取波上相位值为固定值 C 的点，相位为

$$\omega t-kz+\varphi_x=C$$

因 t 和 z 是变量，上式两边取微分，得到

$$\omega\mathrm{d}t-k\mathrm{d}z=0$$

由上式可以得到相位为 C 的点在 z 轴上的运动速度，即相速为

$$v=\frac{\mathrm{d}z}{\mathrm{d}t}=\frac{\omega}{k}\tag{6.10}$$

将 $k=\omega\sqrt{\mu\varepsilon}$ 代入式(6.10)，得到

$$v=\frac{1}{\sqrt{\mu\varepsilon}}$$

从上式可以看出，在理想介质中，均匀平面波的相速与频率无关，但与介质参数有关。在自由空间中，$\varepsilon=\varepsilon_0=\dfrac{1}{36\pi}\times10^{-9}$ F/m，$\mu=\mu_0=4\pi\times10^{-7}$ H/m，这时

$$v=\frac{1}{\sqrt{\mu_0\varepsilon_0}}=3\times10^8\ \text{m/s}$$

刚好等于真空中的光速 c。麦克斯韦根据这点，预测光是一种电磁波。

空气的波阻抗为

$$\eta_0=\sqrt{\frac{\mu_0}{\varepsilon_0}}=120\ \pi$$

前面得出 $\boldsymbol{E}$ 的波函数为

$$E_x(z,\ t)=E_{xm}\cos(\omega t-kz+\varphi_x)$$

当 z 固定，$E_x(z_0,\ t)$是 t 的周期函数，周期 $T=\dfrac{2\pi}{\omega}$，ω 是时谐场源的角频率，电磁波频率 $f=\dfrac{\omega}{2\pi}=\dfrac{1}{T}$。

当 t 固定，令 $t=0$，$\varphi_x=0$，$E_x(z,\ 0)=E_{xm}\cos(kz)$，$kz$ 为空间相位，波的等相位面

是 z 为常数的平面，所以是平面波。k 表示波传播单位距离的相位变化，称为相位常数，单位为 rad/m。在任意固定时刻，空间相位差为 2π 的两个波阵面之间的距离称为电磁波的波长，用 λ 表示，单位为 m。由 $k\lambda=2\pi$ 可得到

$$\lambda=\frac{2\pi}{k} \tag{6.11}$$

于是有

$$k=\frac{2\pi}{\lambda} \tag{6.12}$$

所以 k 也表示在 2π 的空间距离内所包含的波的个数，所以又将 k 称为波数。

综上所述，理想介质中均匀平面波的传播特点如下：

① 电场 $\boldsymbol{E}$、磁场 $\boldsymbol{H}$ 与传播方向 $\boldsymbol{e}_z$ 之间两两相互垂直；

② $\boldsymbol{E}$ 和 $\boldsymbol{H}$ 沿传播方向的分量 E_z、H_z 为零，是横电磁波(TEM 波)；

③ 电场与磁场的振幅不变；

④ 电场与磁场的振幅之比为常数，所以波阻抗为实数，电场与磁场同相位；

⑤ 电磁波的相速仅取决于介质本身，与频率无关；理想介质是无损介质，是无色散介质。

例 6-1 设自由空间中均匀平面波的电场强度为 $\boldsymbol{E}(z,t)=\boldsymbol{e}_x 60\pi\cos(\omega t-6\pi z)$，求：(1) 波的传播速度；(2) 波长；(3) 波的频率；(4) 磁场强度的瞬时表达式。

解 (1) 自由空间中，波以光速传播，所以

$$v=3\times10^8\ \text{m/s}$$

(2) 由题目 $\boldsymbol{E}$ 的表达式知，$k=6\pi$，所以波长为

$$\lambda=\frac{2\pi}{k}=\frac{2\pi}{6\pi}=\frac{1}{3}\ \text{m}$$

(3) 波的频率为

$$f=\frac{c}{\lambda}=\frac{3\times10^3}{1/3}=9\times10^8=900\ \text{MHz}$$

(4) 电场的复矢量表达式为

$$\widetilde{\boldsymbol{E}}=\boldsymbol{e}_x 60\pi \mathrm{e}^{-\mathrm{j}6\pi z}\ \text{V/m}$$

根据式(6.9)得

$$\widetilde{\boldsymbol{H}}=\frac{1}{\eta_0}\boldsymbol{e}_z\times\widetilde{\boldsymbol{E}}=\boldsymbol{e}_z\frac{1}{120\pi}\times\boldsymbol{e}_x 60\pi \mathrm{e}^{-\mathrm{j}6\pi z}=\boldsymbol{e}_y 0.5\mathrm{e}^{-\mathrm{j}6\pi z}\ \text{A/m}$$

因此，磁场强度的瞬时表达式为

$$\boldsymbol{H}(z,t)=\boldsymbol{e}_y 0.5\cos(18\pi\times10^8 t-6\pi z)\ \text{A/m}$$

例 6-2 已知频率为 3 GHz 的均匀平面波在理想介质中传播时，电场强度和磁场强度的有效值分别为 20 V/m 和 0.1 A/m，波长为 3 cm。试求该理想介质的相对介电常数和相对磁导率。

解 根据给定的电场强度和磁场强度的有效值，求得该平面波的波阻抗为

$$\eta=\frac{E}{H}=200\ \Omega$$

又由 $\eta=\sqrt{\dfrac{\mu}{\varepsilon}}$，得到

$$\sqrt{\frac{\mu_r 4\pi\times10^{-7}}{\varepsilon_r\dfrac{1}{36\pi}\times10^{-9}}}=200$$

所以

$$\sqrt{\frac{\mu_r}{\varepsilon_r}}=\frac{200}{377}$$

根据给定的频率和波长，求得该平面波的相速为

$$v=f\lambda=(3\times10^9)\times(3\times10^{-2})=9\times10^7\ \text{m/s}$$

又因 $v=\dfrac{1}{\sqrt{\mu\varepsilon}}$，得

$$\frac{1}{\sqrt{\mu\varepsilon}}=\frac{1}{\sqrt{\mu_0\varepsilon_0\mu_r\varepsilon_r}}=9\times10^7$$

因为$\dfrac{1}{\sqrt{\mu_0\varepsilon_0}}=3\times10^8$，所以

$$\frac{3\times10^8}{\sqrt{\mu_r\varepsilon_r}}=9\times10^7$$

得到

$$\frac{1}{\sqrt{\mu_r\varepsilon_r}}=0.3$$

联解上述两式，求得该介质的相对介电常数和相对磁导率分别为

$$\varepsilon_r=6.28;\ \mu_r=1.77$$

6.3 有损介质中的均匀平面波

上节我们讨论了均匀平面电磁波在理想介质($\sigma=0$)中的传播特性，本节我们讨论均匀平面电磁波在 $\sigma\neq0$ 的有损介质中的传播特性。

6.3.1 电磁波中介质的分类

理想介质的电导率 $\sigma=0$，实际介质的电导率一般是 $\sigma\neq0$，电导率不为零，这意味着电磁波在介质中有欧姆损耗。欧姆损耗的大小除与介质的材料有关外，也与场随时间变化的快慢有关。低频电磁场在一些介质中的欧姆损耗可以忽略，而高频电磁场在同样介质中的欧姆损耗往往就不能忽略了。

在时谐场中，在电导率为 σ、介电常数为 ε 的介质中，复数形式的安培全电流定律为

$$\nabla\times\widetilde{\boldsymbol{H}}=\mathrm{j}\omega\varepsilon\widetilde{\boldsymbol{E}}+\sigma\widetilde{\boldsymbol{E}}=\mathrm{j}\omega\left(\varepsilon-\mathrm{j}\frac{\sigma}{\omega}\right)\widetilde{\boldsymbol{E}}=\mathrm{j}\omega\varepsilon_c\widetilde{\boldsymbol{E}}$$

上式中 $\varepsilon_c=\varepsilon-\mathrm{j}\dfrac{\sigma}{\varepsilon}$，$\varepsilon_c$ 称为介质中等效复介电常数。

$$\varepsilon_c=\varepsilon-\mathrm{j}\frac{\sigma}{\omega}=\varepsilon\left(1-\mathrm{j}\frac{\sigma}{\omega\varepsilon}\right)=\varepsilon(1-\mathrm{j}\tan\delta_c) \tag{6.13}$$

上式中 $\tan\delta_c=\dfrac{\sigma}{\omega\varepsilon}$，定义 δ_c 为有损介质的损耗角。

上面我们只考虑了介质的欧姆损耗(绝缘体漏电)，介质被极化和被磁化时，还存在极化损耗和磁化损耗。因为一般情况导电介质的欧姆损耗比极化损耗和磁化损耗大，所以本节我们只考虑介质的欧姆损耗。

$$\tan\delta_c=\frac{\sigma}{\omega\varepsilon}=\frac{\sigma\boldsymbol{E}}{\omega\varepsilon\boldsymbol{E}}=\frac{\tilde{\boldsymbol{J}}}{\tilde{\boldsymbol{D}}} \tag{6.14}$$

上式中，$\tilde{\boldsymbol{J}}$ 是复传导电流密度(介质中的电流)，$\tilde{\boldsymbol{D}}$ 是复电位移矢量。$\dfrac{\sigma}{\omega\varepsilon}$ 描述了传导电流与位移电流的振幅之比，反映了在介质中传导电流与位移电流的比值。

当 $\sigma\gg\omega\varepsilon$ 时，$\dfrac{\sigma}{\omega\varepsilon}\gg1$(通常取 $\dfrac{\sigma}{\omega\varepsilon}>100$)，介质的传导电流振幅远大于位移电流振幅，此时称介质为良导体。

当 $\sigma\ll\omega\varepsilon$ 时，$\dfrac{\sigma}{\omega\varepsilon}\ll1$(通常取 $\dfrac{\sigma}{\omega\varepsilon}<\dfrac{1}{100}$)，介质的传导电流振幅远小于位移电流振幅，此时称介质为弱导电介质或良绝缘体。

当 $\sigma=\infty$，介质称为理想导体。

当 $\sigma=0$，介质称为理想介质。

注意，介质的划分还与频率有关。同一介质，当频率低时可能是良导体，当频率高时可能是良绝缘体。另外介质的参数 ε、σ 也可能随频率而变化。

6.3.2　导电介质中的均匀平面波

导电介质电导率 $\sigma\neq0$，当电磁波在导电介质中传播时，必然有传导电流，$\boldsymbol{J}=\sigma\boldsymbol{E}$，这将导致电磁能量的损耗，故导电介质是有损介质。

在均匀的导电介质中，

$$\nabla\times\tilde{\boldsymbol{H}}=\mathrm{j}\omega\varepsilon_c\tilde{\boldsymbol{E}}$$

可以得到

$$\nabla\cdot\tilde{\boldsymbol{E}}=\frac{1}{\mathrm{j}\omega\varepsilon_c}\nabla\cdot(\nabla\times\tilde{\boldsymbol{H}})=0$$

因为

$$\nabla\cdot\tilde{\boldsymbol{E}}=\frac{\rho}{\varepsilon_c}$$

所以

$$\rho=0$$

可见，在均匀导电介质里，传导电流密度 $\boldsymbol{J}$ 不为零，但电荷密度 ρ 为 0，所以不存在自由电荷。

在导电介质中，时谐场的波动方程为

$$\nabla^2 \tilde{\boldsymbol{E}} + k_c^2 \tilde{\boldsymbol{E}} = 0$$

$$\nabla^2 \tilde{\boldsymbol{H}} + k_c^2 \tilde{\boldsymbol{H}} = 0$$

这里 $k_c = \omega\sqrt{\mu\varepsilon_c}$，$\varepsilon_c = \varepsilon - \mathrm{j}\dfrac{\sigma}{\omega}$。

为讨论方便，令 $\gamma = \mathrm{j}k_c = \alpha + \mathrm{j}\beta$，$\gamma$ 称为传播常数，上述波动方程变为

$$\nabla^2 \tilde{\boldsymbol{E}} - \gamma^2 \tilde{\boldsymbol{E}} = 0$$

$$\nabla^2 \tilde{\boldsymbol{H}} - \gamma^2 \tilde{\boldsymbol{H}} = 0$$

仍假定电磁波沿 $+z$ 轴方向传播，电场只有 E_x 分量，则导电介质中波动方程的解为

$$\tilde{\boldsymbol{E}} = \boldsymbol{e}_x \tilde{E}_x = \boldsymbol{e}_x E_{xm} \mathrm{e}^{-\gamma z} = \boldsymbol{e}_x E_{xm} \mathrm{e}^{-\alpha z} \mathrm{e}^{-\mathrm{j}\beta z}$$

上式中第一项 $\mathrm{e}^{-\alpha z}$ 表示电场的振幅随传播距离 z 呈指数衰减，称为衰减因子，α 称为衰减常数，单位是 Np/m。第二项 $\mathrm{e}^{-\mathrm{j}\beta z}$ 是相位因子，β 称为相位常数，单位是 rad/m。

注意，在理想介质中相位常数为 $k = \omega\sqrt{\mu\varepsilon}$。

在介质中，$\varepsilon_c = \varepsilon - \mathrm{j}\dfrac{\sigma}{\varepsilon}$，$k_c = \omega\sqrt{\mu\varepsilon_c}$。

$$\alpha + \mathrm{j}\beta = \mathrm{j}k_c = \mathrm{j}\omega\sqrt{\mu\varepsilon\left(1 - \mathrm{j}\frac{\sigma}{\omega\varepsilon}\right)}$$

对上式两边平方，实部和虚部分别相等，可以得到

$$\alpha = \omega\sqrt{\frac{\mu\varepsilon}{2}\left(\sqrt{1 + \frac{\sigma^2}{\omega^2\varepsilon^2}} - 1\right)} \tag{6.15}$$

$$\beta = \omega\sqrt{\frac{\mu\varepsilon}{2}\left(\sqrt{1 + \frac{\sigma^2}{\omega^2\varepsilon^2}} + 1\right)} \tag{6.16}$$

比较：在理想介质中，相位常数为 $k = \omega\sqrt{\mu\varepsilon}$；在导电介质中，相位常数为 $\beta = k_0\omega\sqrt{\mu\varepsilon}$，其中 $k_0 = \sqrt{\dfrac{\sqrt{1+\dfrac{\sigma^2}{\omega^2\varepsilon^2}} + 1}{2}}$。

由 $\tilde{\boldsymbol{E}} = \boldsymbol{e}_x E_{xm} \mathrm{e}^{-\alpha z} \mathrm{e}^{-\mathrm{j}\beta z}$ 可以写出时谐场的瞬时表达式为

$$\boldsymbol{E}(\boldsymbol{r}, t) = \boldsymbol{e}_x E_{xm} \mathrm{e}^{-\alpha z} \cos(\omega t - \beta z)$$

由 $\nabla \times \tilde{\boldsymbol{E}} = -\mathrm{j}\omega\mu \tilde{\boldsymbol{H}}$ 可以得到

$$\tilde{\boldsymbol{H}} = \boldsymbol{e}_y \frac{1}{\eta_c} E_{xm} \mathrm{e}^{-\mathrm{j}kz}$$

上式中 $\eta_c = \sqrt{\dfrac{\mu}{\varepsilon_c}} = \sqrt{\dfrac{\mu}{\varepsilon - \mathrm{j}\dfrac{\sigma}{\omega}}}$，为导电介质的本征阻抗，是复数。$\eta_c = |\eta_c|\,\mathrm{e}^{\mathrm{j}\varphi} = \dfrac{E_x}{H_y}$，说明在导电介质中，电场和磁场的相位不同。

$$H = \frac{1}{\eta_c} e_z \times E$$

电磁波的相速度为

$$v = \frac{\omega}{\beta} = \frac{1}{\sqrt{\frac{\mu\varepsilon}{2}\left(\sqrt{1+\frac{\sigma^2}{\omega^2\varepsilon^2}}+1\right)}}$$

上式说明：在同一介质中，不同频率的相速度不一样，这种现象称为色散，这种介质称为色散介质，导电介质就是色散介质。

由于色散的存在，带宽为 $\Delta\omega$ 的模拟信号在导电介质中传输时，由于不同频率信号速率不同，所以时延不同，到达目的地时，信号会发生畸变，引起失真。

导电介质中电磁波的波长为

$$\lambda = \frac{2\pi}{\beta} = \frac{2\pi}{\omega\sqrt{\frac{\mu\varepsilon}{2}\left(\sqrt{1+\frac{\sigma^2}{\omega^2\varepsilon^2}}+1\right)}}$$

小结：导电介质中的均匀平面波的传播特点如下：

(1) 电场 $\boldsymbol{E}$、磁场 $\boldsymbol{H}$ 与传播方向 $\boldsymbol{e}_z$ 之间相互垂直，仍然是横电磁波(TEM 波)；

(2) 电场与磁场的振幅呈指数衰减；

(3) 波阻抗为复数，电场与磁场相位不同；

(4) 电磁波的相速与频率有关，是色散介质。

6.3.3　弱导电介质中的均匀平面波

弱导电介质指$\frac{\sigma}{\omega\varepsilon} \ll 1$(通常$\frac{\sigma}{\omega\varepsilon} < \frac{1}{100}$)的介质，在这种介质中，位移电流起主要作用，传导电流可忽略不计，是低损耗介质。因此，弱导电介质是一种电导率不为零的非理想绝缘材料。

因为$\frac{\sigma}{\omega\varepsilon} \ll 1$，所以传播常数 γ 为

$$\gamma = j\omega\sqrt{\mu\varepsilon\left(1-j\frac{\sigma}{\omega\varepsilon}\right)} \approx j\omega\sqrt{\mu\varepsilon}\left(1-j\frac{\sigma}{2\omega\varepsilon}\right)$$

由 $\gamma = \alpha + j\beta$，得到

$$\alpha \approx \frac{\sigma}{2}\sqrt{\frac{\mu}{\varepsilon}} \tag{6.17}$$

$$\beta \approx \omega\sqrt{\varepsilon\mu} = k \tag{6.18}$$

弱导电介质的衰减常数 α 与频率无关，只取决于介质。

本征阻抗为

$$\eta_c = \sqrt{\frac{\mu}{\varepsilon_c}} = \sqrt{\frac{\mu}{\varepsilon - j\frac{\sigma}{\omega}}} = \sqrt{\frac{\mu}{\varepsilon}}\sqrt{\frac{1}{1-j\frac{\sigma}{\omega\varepsilon}}} \approx \sqrt{\frac{\mu}{\varepsilon}} \tag{6.19}$$

所以，均匀平面电磁波在弱导电介质中，除了有一定损耗所引起的衰减外，它的传播特性与理想介质中平面波的传播特性基本相同。

6.3.4 良导体中的均匀平面波

良导体指$\frac{\sigma}{\omega\varepsilon}\gg 1$(通常$\frac{\sigma}{\omega\varepsilon}>100$) 的介质，在这种介质中，传导电流起主要作用，位移电流可忽略不计，是损耗介质。在电磁波频率不太高的情况下，一般金属导体都可看作良导体。

因为$\frac{\sigma}{\omega\varepsilon}\gg 1$，所以传播常数$\gamma$为

$$\gamma = \mathrm{j}\omega\sqrt{\mu\varepsilon\left(1-\mathrm{j}\frac{\sigma}{\omega\varepsilon}\right)} \approx \mathrm{j}\omega\sqrt{\mu\varepsilon\left(-\mathrm{j}\frac{\sigma}{\omega\varepsilon}\right)}$$

$$= \mathrm{j}\omega\sqrt{\frac{\mu\sigma}{\mathrm{j}\omega}} = \frac{1+\mathrm{j}}{\sqrt{2}}\sqrt{\mu\omega\sigma}$$

所以

$$\alpha = \beta \approx \sqrt{\pi f\mu\sigma}$$

$$\eta_c = \sqrt{\frac{\mu}{\varepsilon\left(1-\mathrm{j}\frac{\sigma}{\omega\varepsilon}\right)}} \approx \sqrt{\frac{\omega\mu}{-\mathrm{j}\sigma}} = \sqrt{\frac{\mathrm{j}\omega\mu}{\sigma}}$$

$$= \frac{1+\mathrm{j}}{\sqrt{2}}\sqrt{\frac{\omega\mu}{\sigma}} = (1+\mathrm{j})\sqrt{\frac{\pi f\mu}{\sigma}} = \sqrt{\frac{2\pi f\mu}{\sigma}}\ \mathrm{e}^{\mathrm{j}\frac{\pi}{4}}$$

所以，在良导体中，磁场的相位滞后于电场 45°。

在良导体中，电磁波的相速为

$$v = \frac{\omega}{\beta} = \sqrt{\frac{2\omega}{\mu\sigma}}$$

波长为

$$\lambda = \frac{2\pi}{\beta} = \frac{2\pi}{\sqrt{\pi f\mu\sigma}}$$

良导体的衰减常数为

$$\alpha = \sqrt{\pi f\mu\sigma}$$

电磁波在良导体中的衰减常数与频率有关，衰减常数随波的频率、介质的磁导率和电导率的增加而增大。因此，高频电磁波在良导体中的衰减常数非常大。

由于电磁波在良导体中的衰减很快，所以电磁波在传播很短的一段距离后就几乎衰减完了。因此，良导体中的电磁波局限于导体表面附近的区域，这种现象称为趋肤效应。工程上常用趋肤深度δ(或穿透深度)来表征电磁波的趋肤程度，其定义为电磁波的幅值衰减为表面值的 1/e(或 0.368)时电磁波所传播的距离。按此定义，有

$$\mathrm{e}^{-\delta\alpha} = \frac{1}{\mathrm{e}}$$

$$\delta = \frac{1}{\alpha} = \frac{1}{\sqrt{\pi f\mu\sigma}}$$

在良导体中，电磁波的趋肤深度随着波频率、介质的磁导率和电导率的增加而减小。因

此，高频电磁波在良导体中的趋肤深度非常小，所以良导体内部不可能有电磁波。对于铜导体，$\mu_r=1$，$\sigma=5.8\times10^7$ m/s，当 $f=50$ Hz，$\delta=0.9$ cm；当 $f=100$ MHz，$\delta=0.7\times10^{-3}$ cm。

对于高频电磁波，电磁场以及和它相互作用的高频电流仅存在于良导体表面很薄的一层内，这种趋肤效应也可用高频交流电来说明。高频交流电流 i 流过导体，在与 i 垂直的平面形成交变磁场，交变磁场在导线的中心区域产生感应电动势，感应电动势在导体内形成涡旋电流。涡旋电流的方向总是与 i 的变化趋势相反，阻止 i 的变化，导致导体内部的电流被抵消，导体表面的电流被加强，产生交流电流的趋肤效应。

高频电流的趋肤效应本质是高频电磁波的趋肤效应，电流只是磁场的宏观表象，场是本质。交流电流的趋肤效应本质上是因为电磁波不能存在于导体内部。

高频电流趋肤效应使电流仅存在于导体表面很薄的一层内，这与恒定电流或低频电流均匀分布于导体的横截面上的情况不同。在通高频电流时，导体的实际载流截面减小了，因而趋肤效应使导体的高频电阻大于直流或低频电阻。

一个半径为 a 的圆截面的导体中通高频电流，由于趋肤效应导体等效面积为 $2\pi a\delta$，高频电阻为

$$R=\frac{L}{\sigma S}=\frac{L}{\sigma 2\pi a\delta}$$

例如半径 1 mm，长 1 km 的圆铜导线，直流电阻 $R_d=5.48\ \Omega$，$f=100$ MHz 时，$\delta=0.066$ mm，$R=41.5\ \Omega$。

例 6-3 海水的电导率 $\sigma=4$ S/m，$\varepsilon_r=81$，$\mu_r=1$。试判断：对于频率分别为 10 kHz、1 MHz、10 MHz、1 GHz 的四种电磁波，海水分别属于哪类导电介质。

解 对于四种频率电磁波计算对应的耗损角正切值，分别为

$f=10$ kHz 时，$\dfrac{\sigma}{\omega\varepsilon}=\dfrac{4}{2\pi f\varepsilon_0\times81}=8.9\times10^4>100$，属良导体

$f=1$ MHz 时，$\dfrac{\sigma}{\omega\varepsilon}=\dfrac{4}{2\pi f\varepsilon_0\times81}=8.9\times10^2>100$，属良导体

$f=10$ MHz 时，$\dfrac{\sigma}{\omega\varepsilon}=\dfrac{4}{2\pi f\varepsilon_0\times81}=89$，属不良导体

$f=1$ GHz 时，$\dfrac{\sigma}{\omega\varepsilon}=\dfrac{4}{2\pi f\varepsilon_0\times81}=0.89$，属不良导体

由结果可知，同一种介质，对于不同频率的电磁波，其表现的传播特性不同。对于频率低的电磁波，海水属于良导体，电磁波在其内传播时能量损耗明显，衰减快，因而电磁波传播的距离有限；而对于频率大于 10 MHz 的电磁波，海水属于不良导体，电磁波在其内传播时能量损耗相对不明显，电磁波传播的距离相对更远一些。

例 6-4 海水的电参数为 $\mu=\mu_0$，$\varepsilon=81\varepsilon_0$，$\sigma=4$ S/m。(1) 求频率 $f=1$ MHz 和 $f=100$ MHz 的均匀平面波在海水中传播时的衰减常数、相位常数、波阻抗、波长和相速；(2) 已知 $f=1$ MHz 的均匀平面波在海水中沿 z 轴正方向传播，设 $\boldsymbol{E}=\boldsymbol{e}_x E_x$，振幅为 1 V/m，试写出电场和磁场的瞬时表达式 $\boldsymbol{E}(z,t)$ 和 $\boldsymbol{H}(z,t)$；(3) 已知 $f=1$ MHz 的均匀平面波在海水中趋肤深度 δ，求均匀平面波电场振幅衰减到初值的 1/1000 时所传播的距离 L。

解 (1) $f=1$ MHz 时，$\dfrac{\sigma}{\omega\varepsilon}=\dfrac{\sigma}{2\pi f\varepsilon_0\varepsilon_r}=\dfrac{0.89\times10^9}{f}\gg1$，海水是良导体，所以

$$\alpha=\sqrt{\frac{\omega\mu\sigma}{2}}=4\pi\times10^{-3}\sqrt{\frac{f}{10}}=1.26\pi\ \text{Np/m}$$

$$\beta=\sqrt{\frac{\omega\mu\sigma}{2}}=1.26\pi\ \text{rad/m}$$

$$\eta_c=(1+\text{j})\sqrt{\frac{\omega\mu}{2\sigma}}=\pi\times10^{-3}\sqrt{\frac{f}{10}}(1+\text{j})$$
$$=0.316\pi(1+\text{j})\approx1.4\text{e}^{\text{j}\pi/4}\ \Omega$$

$$\lambda=\frac{2\pi}{\beta}=1.59\ \text{m}$$

$$v=\frac{\omega}{\beta}=1.59\times10^6\ \text{m/s}$$

$f=100$ MHz 时，$\dfrac{\sigma}{\omega\varepsilon}=\dfrac{0.89\times10^9}{f}=8.9$，海水是一般导体，所以

$$\alpha=\omega\sqrt{\frac{\varepsilon\mu}{2}\left(\sqrt{1+\frac{\sigma^2}{\omega^2\varepsilon^2}}-1\right)}=11.97\pi\ \text{Np/m}$$

$$\beta=\omega\sqrt{\frac{\varepsilon\mu}{2}\left(\sqrt{1+\frac{\sigma^2}{\omega^2\varepsilon^2}}+1\right)}=42.1\ \text{rad/m}$$

$$\eta_c=\sqrt{\frac{\mu}{\varepsilon\left(1-\dfrac{\text{j}\sigma}{\omega\varepsilon}\right)}}=\frac{41.89}{\sqrt{1-\text{j}8.9}}$$

$$\lambda=\frac{2\pi}{\beta}=0.149\ \text{m}$$

$$v=\frac{\omega}{\beta}=1.49\times10^7\ \text{m/s}$$

(2) 设电场的初相位为 0，$f=1$ MHz 时电场强度和磁场强度的表达式分别为

$$\boldsymbol{E}(z,t)=\boldsymbol{e}_xE_\text{m}\text{e}^{-\alpha z}\cos(\omega t-\beta z)=\boldsymbol{e}_x1\times\text{e}^{-1.26\pi z}\cos(2\pi\times10^6t-1.26\pi z)\ \text{V/m}$$

$$\boldsymbol{H}(z,t)=\boldsymbol{e}_y\frac{E}{\eta_c}=\boldsymbol{e}_y\frac{E_\text{m}}{|\eta_c|}\text{e}^{-\alpha z}\cos(\omega t-\beta z-\varphi)$$
$$=\boldsymbol{e}_y0.71\text{e}^{-1.26\pi z}\cos\left(2\pi\times10^6t-1.26\pi z-\frac{\pi}{4}\right)\ \text{A/m}$$

(3) $f=1$ MHz 时趋肤深度为

$$\delta=\frac{1}{\alpha}=\frac{1}{1.26\pi}\approx0.25\ \text{m}$$

由题意，得

$$\text{e}^{-\alpha L}=\frac{1}{1000}$$

故

$$L=\ln\frac{1000}{\alpha}\approx\frac{6.908}{4}\approx1.73\ \text{m}$$

由此可见，频率为 1 MHz 的电磁波在海水中衰减得非常快，位于海水中的潜艇之间不

可能通过海水中的电磁波进行无线通信。

6.4　电磁波的极化

在通信工程中，我们会观察到这样的现象，当接收天线在某方向时，接收到的声音最大，在与此方向垂直的方向时，接收的声音最小。理论解释是，当天线与电磁波的电场方向平行时，感应电流(或电动势)最大，当天线与电磁波的电场方向垂直时，感应电流(或电动势)最小。这种现象就是电磁波的极化现象，电磁波的极化就是电磁波的电场在空间的方向化。

前面在讨论沿 z 轴方向传播的均匀平面波时，假设在任何时刻，此波的电场强度矢量 $\boldsymbol{E}$ 的方向始终都保持在 x 方向，但这只是特例，选取坐标系，使 $\boldsymbol{E}$ 沿 x 轴方向。真实的电磁波，$\boldsymbol{E}$ 沿 z 方向传播的均匀平面波在 x 轴和 y 轴方向均有分量，分别为 E_x、E_y。E_x、E_y 的合成电场强度矢量 $\boldsymbol{E}$ 的大小和方向都可能会随时间变化，这就是电磁波的极化。

电磁波的极化是电磁理论中的一个重要概念，它表征在给定空间内电场强度矢量随时间变化的特性，并用电场强度矢量的端点随时间变化的轨迹来描述。若该轨迹是直线，则称为直线极化；若轨迹是圆，则称为圆极化；若轨迹是椭圆，则称为椭圆极化。前面讨论的均匀平面波就是沿 x 方向极化的线极化波。

研究电磁波极化的方法，是先选定一个和传播方向垂直的平面，根据电场 x 和 y 方向的分量 E_x、E_y，求出合成场强，根据合成场强的大小和方向判断电磁波极化的类型。判断电磁波的极化状态在工程上非常重要。

为简单起见，下面取 $z=0$ 的平面来讨论，E_x 和 E_y 分别为

$$E_x = E_{xm}\cos(\omega t + \varphi_x) \tag{6.20}$$

$$E_y = E_{ym}\cos(\omega t + \varphi_y) \tag{6.21}$$

合成波的极化形式取决于 E_x 和 E_y 的振幅之间和相位之间的关系。

6.4.1　电磁波的直线极化

如果式(6.20)和(6.21)中 E_x 和 E_y 的相位相同或相差 π，即 $\varphi_x-\varphi_y=0$ 或 $\pm\pi$，则合成波为直线极化波。

当 $\varphi_x-\varphi_y=0$ 时，合成波的场强大小为

$$\begin{aligned} E &= \sqrt{E_x^2+E_y^2} \\ &= \sqrt{E_{xm}^2+E_{ym}^2}\ \cos(\omega t+\varphi_x) \end{aligned}$$

合成场与 x 轴的夹角为

$$\alpha = \arctan\frac{E_y}{E_x} = \arctan\frac{E_{ym}}{E_{xm}}$$

因为 E_{xm}、E_{ym} 是固定值，所以 α 是固定值。所以，合成波电场的大小随时间在 $\left[-\sqrt{E_x^2+E_y^2},\ \sqrt{E_x^2+E_y^2}\right]$ 之间变化，但其矢量端点随时间变化的轨迹与 x 轴夹角始终不变，且在一、三象限内，因此称为直线极化，如图 6.3 所示。

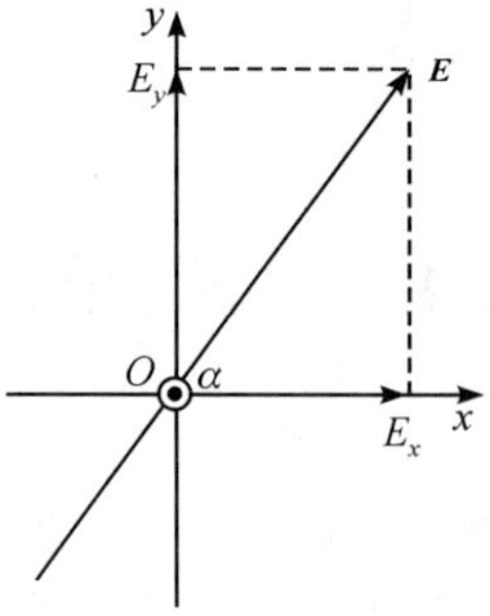

图 6.3 直线极化

对 $\varphi_x-\varphi_y=\pm\pi$，情况类似。矢量端点轨迹的直线在二、四象限。

在工程上将垂直于大地的直线极化波叫垂直极化波，将与大地平行的直线极化波叫水平极化波。例如，中波广播天线架设与地面垂直，发射垂直极化波，收听者要得到最佳的收听效果，就应将收音机的天线调整到与电场 **E** 平行的位置，即与大地垂直；电视发射天线与大地平行，发射平行极化波，这时电视接收天线需要调整到与大地平行的位置，我们所见到的电视共用天线都是按照这个原理架设的。

6.4.2 电磁波的圆极化

如果式(6.20)和式(6.21)中 E_x 和 E_y 的振幅相等，但相位差为$\frac{\pi}{2}$，则 $E_{xm}=E_{ym}=E_m$，$\varphi_y-\varphi_x=\pm\frac{\pi}{2}$。当 $\varphi_y-\varphi_x=\frac{\pi}{2}$ 时

$$E_x=E_{xm}\cos(\omega t+\varphi_x)$$

$$E_y=E_{xm}\cos\left(\omega t+\varphi_x+\frac{\pi}{2}\right)=-E_{xm}\sin(\omega t+\varphi_x)$$

合成波的场强大小为

$$E=\sqrt{E_x^2+E_y^2}=E_m$$

合成场与 x 轴的夹角为

$$\alpha=\arctan\frac{E_y}{E_x}=-(\omega t+\varphi_x)$$

可以看出，合成波电场的大小不随时间改变，方向随时间而变化，其端点轨迹在一个圆上并以角速度 ω 旋转，故称为圆极化波，如图 6.4 所示。

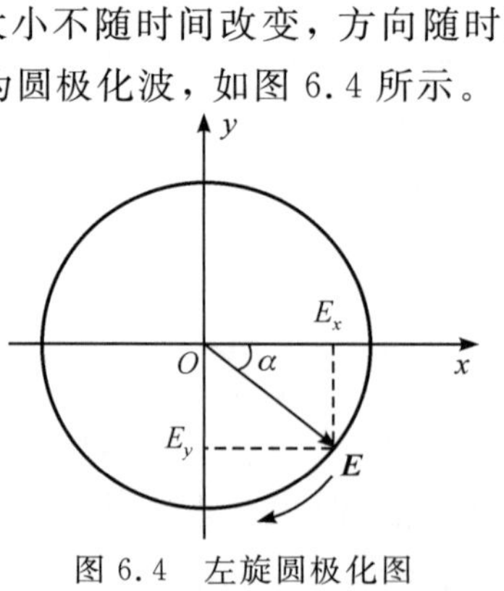

图 6.4 左旋圆极化图

当时间 t 的值逐渐增加时，电场 $\boldsymbol{E}$ 的端点沿顺时针方向旋转。若左手大拇指朝向波的传播方向(z 方向)，则其余四指的转向与电场 $\boldsymbol{E}$ 的端点运动方向一致，这时的圆极化波称为左旋圆极化波。因此，当 E_y 相位超前 E_x 相位 $\frac{\pi}{2}$ 时，圆极化波是左旋圆极化波。

当 $\varphi_y-\varphi_x=-\frac{\pi}{2}$ 时，分析类似，E_y 相位滞后 E_x 相位 $\frac{\pi}{2}$ 时，圆极化波是右旋圆极化波。

注意，图 6.4 只是 $\boldsymbol{E}$ 矢量运动轨迹在 xOy 平面的投影轨迹，$\boldsymbol{E}$ 矢量端点真实的运动轨迹如图 6.5 所示。

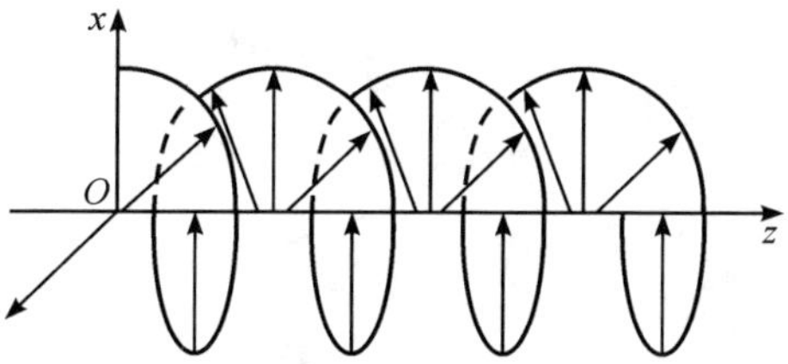

图 6.5　圆极化波的传播

结论：对于任何两个同频率、同传播方向且极化方向互相垂直的线极化波，当它们的振幅相等且相位差为 $\pm\frac{\pi}{2}$ 时，其合成波为圆极化波。

圆极化波有很多实际应用，例如火箭等飞行器在飞行过程中，其状态和位置在不断地改变，因此火箭上的天线方位也在不断地改变，此时如果用线极化的信号来遥控，在某些情况下则会出现火箭上的天线收不到地面控制信号的情况而造成失控。在卫星通信系统中，卫星上的天线和地面站的天线均采用了圆极化天线，能保证无论天线在什么方位，接收的信号都相同，信号平稳，则能保证对飞行器的有效控制。在电子对抗领域，大多也采用圆极化天线进行工作。

6.4.3　电磁波的椭圆极化

如果式(6.20)和式(6.21)中 E_x 和 E_y 的振幅不相等、相位不相同，令 $\varphi_x=0$，则

$$\begin{cases} E_x=E_{xm}\cos\omega t \\ E_y=E_{ym}\cos(\omega t+\varphi) \end{cases}$$

这两式消去 t，得到合成波的场强大小为

$$\frac{E_x^2}{E_{xm}^2}+\frac{E_y^2}{E_{ym}^2}-\frac{E_xE_y}{E_{xm}E_{ym}}\cos\varphi=\sin^2\varphi$$

这是一个椭圆方程，合成场强的端点轨迹按时间以椭圆轨迹在 xOy 平面运行，如图 6.6 所示，故称为椭圆极化。

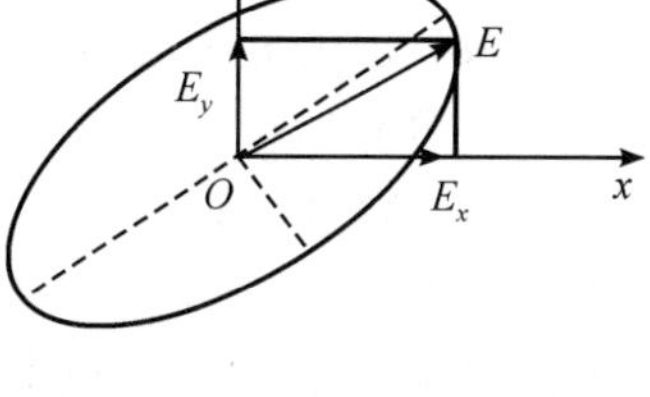

图 6.6　椭圆极化

当 $\pi>\varphi>0$ 时，为左椭圆极化；当 $-\pi<\varphi<0$ 时，为右椭圆极化。

线极化、圆极化、椭圆极化的立体示意图如图 6.7 所示。

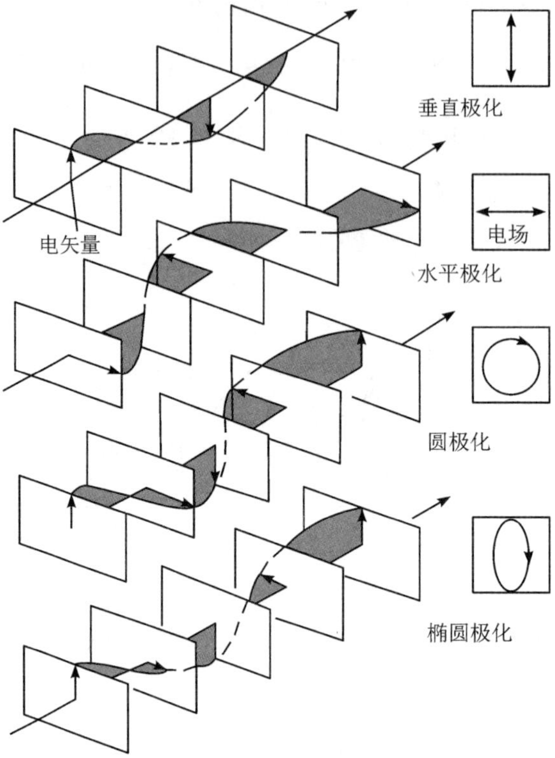

图 6.7 线极化、圆极化、椭圆极化图

6.5 电磁波的群速度

由前面讲的内容可知，电磁波在理想介质中的相速度(为区别起见，我们这里记为 v_p)为

$$v_p = \frac{\omega}{k} = \frac{1}{\sqrt{\sigma\mu}}$$

理想介质的相速度与频率无关，即不同频率的电磁波相速度是相同的。

电磁波在导电介质中的相速度为

$$v_p = \frac{\omega}{\beta} = \frac{1}{\sqrt{\frac{\mu\varepsilon}{2}\left(\sqrt{1+\frac{\sigma^2}{\omega^2\varepsilon^2}}+1\right)}}$$

导电介质中电磁波的相速度与频率有关，即不同频率的电磁波相速度是不同的。

在同一导电介质中，不同频率的电磁波相速度不一样，这种现象称为色散，这种介质称为色散介质。导电介质是色散介质，理想介质是非色散介质。

一个信号总是由许多频率成分组成，这样导电介质中传播的信号有很多不同的速率，用相速无法描述一个信号在色散介质中的传播速度，因此引入“群速”的概念。我们知道，稳态单一频率的正弦波是不能携带任何信息的，电磁波之所以能传递信息，是因为基带信号对单一频率的正弦波进行调制，信号传输都是调制传输。下面对窄带调制信号在色散介质中传播的情况做一说明。

设有两个传播方向一致，振幅均为 E_m，角频率分别为 $\omega+\Delta\omega$，$\omega-\Delta\omega$，相位常数分别为 $\beta+\Delta\beta$，$\beta-\Delta\beta$ 的电磁波，则

$$E_1=E_m\cos[(\omega+\Delta\omega)t+(\beta+\Delta\beta)z]$$

$$E_2=E_m\cos[(\omega-\Delta\omega)t+(\beta-\Delta\beta)z]$$

E_1 和 E_2 的合成波可利用三角公式得到：

$$E=E_1+E_2=2E_m\cos(\Delta\omega t-\Delta\beta z)\cos(\omega t-\beta z)$$

可见，合成波的振幅是受调制的，称为包络波，群速则定义为包络波上任一恒定相位（$\Delta\omega t-\Delta\beta z$ 为常数）点的移动速度。此时有

$$\Delta\omega t-\Delta\beta z=C$$

群速度为

$$v_g=\frac{\Delta\omega}{\Delta\beta}$$

由于 $\Delta\omega\leqslant\omega$，$\omega=v_p\beta$

$$v_g=\frac{d\omega}{d\beta}=\frac{d(v_p\beta)}{d\beta}=v_p+\beta\frac{dv_p}{d\beta}=v_p+\frac{\omega}{v_p}\frac{dv_p}{d\omega}\frac{d\omega}{d\beta}=v_p+\frac{\omega}{v_p}\frac{dv_p}{d\omega}v_g$$

由此可得

$$v_g=\frac{v_p}{1-\dfrac{\omega}{v_p}\dfrac{dv_p}{d\omega}}$$

由上式可知，群速度与相速度不相等，二者之间的关系如下：

当 $\frac{dv_p}{d\omega}=0$，相速度与频率无关，$v_g=v_p$，无色散；

当 $\frac{dv_p}{d\omega}<0$，相速度随频率增加而减少，$v_g<v_p$，正常色散；

当 $\frac{dv_p}{d\omega}>0$，相速度随频率增加而增加，$v_g>v_p$，反常色散。

总结：由于色散的存在，带宽为 $\Delta\omega$ 的模拟信号在导电介质中传输时，由于不同频率信号速率不同，所以时延不同，到达目的地时，信号会发生畸变，引起失真。

6.6　均匀平面波在两种不同介质分界面上的反射和透射

前面几节我们讨论的是均匀平面波在无限大空间中的一种介质中的传播规律，下面我们讨论当空间有两种不同介质时，电磁波传播到两种介质的分界面上后发生的反射和透射的情况。本节我们只讨论简单的垂直入射，斜入射不作讨论。

说明一下，为表述简洁，本节我们用 $\boldsymbol{E}$ 代表复矢量 $\tilde{\boldsymbol{E}}$，用 $\boldsymbol{H}$ 代表复矢量 $\tilde{\boldsymbol{H}}$，请读者阅读时注意。

如图 6.8 所示，$z<0$ 的半空间充满参数为 ε_1、μ_1、σ_1 的导电介质 1，$z>0$ 的半空间充满参数为 ε_2、μ_2、σ_2 的导电介质 2。均匀平面波从介质 1 垂直入射到 $z=0$ 的分界面上。

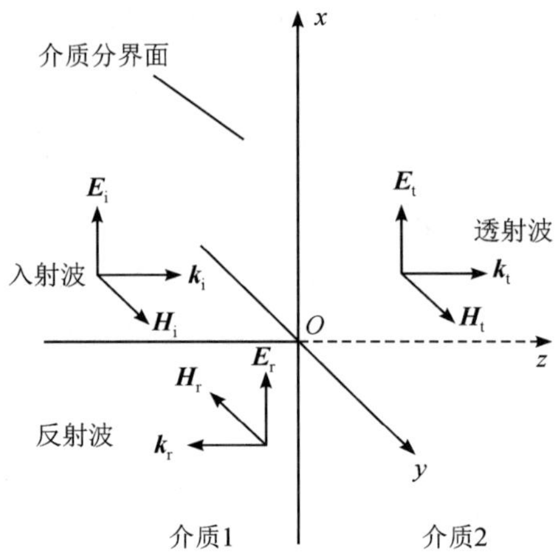

图 6.8 均匀平面波垂直入射到不同介质的分界面

假设入射波的 $\boldsymbol{E}$ 沿 x 方向，这时，介质 1 中的入射波电场和磁场分别为

$$\boldsymbol{E}_{\mathrm{i}}(z)=\boldsymbol{e}_x E_{\mathrm{im}}\,\mathrm{e}^{-\gamma_1 z}$$

$$\boldsymbol{H}_{\mathrm{i}}(z)=\boldsymbol{e}_y\,\frac{1}{\eta_{1\mathrm{c}}}E_{\mathrm{im}}\mathrm{e}^{-\gamma_1 z}$$

$\eta_{1\mathrm{c}}$ 为介质 1 的波阻抗，$\eta_{1\mathrm{c}}=\sqrt{\dfrac{\mu_1}{\varepsilon_{1\mathrm{c}}}}=\sqrt{\dfrac{\mu_1}{\varepsilon_1}}\left(1-\mathrm{j}\,\dfrac{\sigma_1}{\omega\varepsilon_1}\right)^{-\frac{1}{2}}$

介质 1 中的反射波电场和磁场分别为

$$\boldsymbol{E}_{\mathrm{r}}(z)=\boldsymbol{e}_x E_{\mathrm{rm}}\mathrm{e}^{\gamma_1 z} \tag{6.22}$$

$$\boldsymbol{H}_{\mathrm{r}}(z)=-\boldsymbol{e}_y\,\frac{1}{\eta_{1\mathrm{c}}}E_{\mathrm{rm}}\mathrm{e}^{\gamma_1 z} \tag{6.23}$$

介质 1 中的合成波电场和磁场为

$$\boldsymbol{E}_1(z)=\boldsymbol{E}_{\mathrm{i}}(z)+\boldsymbol{E}_{\mathrm{r}}(z)=\boldsymbol{e}_x\left(E_{\mathrm{im}}\mathrm{e}^{-\gamma_1 z}+E_{\mathrm{rm}}\mathrm{e}^{\gamma_1 z}\right) \tag{6.24}$$

$$\boldsymbol{H}_1(z)=\boldsymbol{H}_{\mathrm{i}}(z)+\boldsymbol{H}_{\mathrm{r}}(z)=\boldsymbol{e}_y\left(\frac{1}{\eta_{1\mathrm{c}}}E_{\mathrm{im}}\mathrm{e}^{-\gamma_1 z}-\frac{1}{\eta_{1\mathrm{c}}}E_{\mathrm{rm}}\mathrm{e}^{\gamma_1 z}\right) \tag{6.25}$$

介质 2 中只有透射波，介质 2 中的电场和磁场分别为

$$\boldsymbol{E}_{\mathrm{t}}(z)=\boldsymbol{e}_x E_{\mathrm{tm}}\mathrm{e}^{-\gamma_2 z} \tag{6.26}$$

$$\boldsymbol{H}_{\mathrm{t}}(z)=\boldsymbol{e}_y\,\frac{1}{\eta_{2\mathrm{c}}}E_{\mathrm{tm}}\mathrm{e}^{-\gamma_2 z} \tag{6.27}$$

$\eta_{2\mathrm{c}}$ 为介质 2 的波阻抗，$\eta_{2\mathrm{c}}=\sqrt{\dfrac{\mu_2}{\varepsilon_{2\mathrm{c}}}}=\sqrt{\dfrac{\mu_2}{\varepsilon_2}}\left(1-\mathrm{j}\,\dfrac{\sigma_2}{\omega\varepsilon_2}\right)^{-\frac{1}{2}}$

根据电磁波在分界面处的边界条件：$z=0$ 处 $E_{1x}=E_{2x}$，$H_{1y}=H_{2y}$，得到

$$E_{\mathrm{im}}+E_{\mathrm{rm}}=E_{\mathrm{tm}}$$

$$\frac{E_{\mathrm{im}}}{\eta_{1\mathrm{c}}}-\frac{E_{\mathrm{rm}}}{\eta_{1\mathrm{c}}}=\frac{E_{\mathrm{tm}}}{\eta_{2\mathrm{c}}}$$

可解出

$$E_{\rm rm}=\frac{\eta_{2c}-\eta_{1c}}{\eta_{2c}+\eta_{1c}}E_{\rm im}$$

$$E_{\rm tm}=\frac{2\eta_{2c}}{\eta_{2c}+\eta_{1c}}E_{\rm im}$$

定义反射波电场振幅 $E_{\rm rm}$ 与入射波电场振幅 $E_{\rm im}$ 的比值为分界面上的反射系数，并用 Γ 表示，则

$$\Gamma=\frac{\eta_{2c}-\eta_{1c}}{\eta_{2c}+\eta_{1c}} \tag{6.28}$$

定义透射波电场振幅 $E_{\rm tm}$ 与入射波电场振幅 $E_{\rm im}$ 的比值为分界面上的透射系数，并用 τ 表示，则

$$\tau=\frac{2\eta_{2c}}{\eta_{2c}+\eta_{1c}} \tag{6.29}$$

反射系数 Γ 和透射系数 τ 的关系为

$$1+\Gamma=\tau$$

一般情况下，Γ 和 τ 均为复数，这表明在分界面上，反射波、透射波与入射波之间存在相位差。

6.6.1　理想介质对理想导体的垂直入射

当介质 1 为理想介质，其电导率 $\sigma_1=0$；当介质 2 为理想导体，其电导率 $\sigma_2=\infty$，如图 6.9 所示。

$$\eta_{2c}=\sqrt{\frac{\mu_2}{\varepsilon_2-{\rm j}\dfrac{\sigma_2}{\omega}}}=\rightarrow 0$$

代入式(6.28)和(6.29)得到

$$\Gamma=-1,\ \tau=0$$

因为 $\tau=0$，所以

$$E_{\rm tm}=0$$

再次说明：电磁波进入不了理想导体。

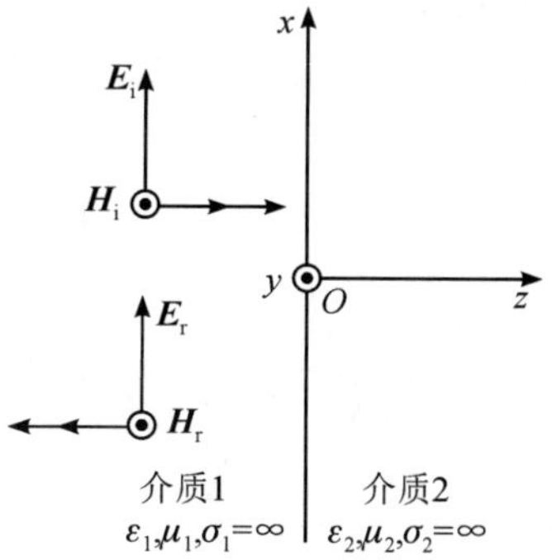

图 6.9　理想介质对理想导体的垂直入射

由于介质 1 是理想介质，可得到

$$\sigma_1=0,\ \gamma_1=\mathrm{j}\omega\sqrt{\varepsilon_1\mu_1}=\mathrm{j}\beta_1,\ \eta_{1c}=\sqrt{\frac{\mu_1}{\varepsilon_1}}=\eta_1$$

介质 1 中的入射波电场和磁场分别为

$$\boldsymbol{E}_{\mathrm{i}}(z)=\boldsymbol{e}_x E_{\mathrm{im}}\,\mathrm{e}^{-\mathrm{j}\beta_1 z}$$

$$\boldsymbol{H}_{\mathrm{i}}(z)=\boldsymbol{e}_y\frac{1}{\eta_1}E_{\mathrm{im}}\,\mathrm{e}^{-\mathrm{j}\beta_1 z}$$

在介质 1 中，将 $\Gamma=-1$ 代入式(6.22)和式(6.23)，得到反射波电场和磁场为

$$\boldsymbol{E}_{\mathrm{r}}(z)=-\boldsymbol{e}_x E_{\mathrm{rm}}\,\mathrm{e}^{\mathrm{j}\beta_1 z}$$

$$\boldsymbol{H}_{\mathrm{r}}(z)=\boldsymbol{e}_y\frac{1}{\eta_1}E_{\mathrm{rm}}\,\mathrm{e}^{\mathrm{j}\beta_1 z}$$

介质 1 中的合成波电场和磁场为

$$\boldsymbol{E}_1(z)=\boldsymbol{E}_{\mathrm{i}}(z)+\boldsymbol{E}_{\mathrm{r}}(z)=\boldsymbol{e}_x E_{\mathrm{im}}(\mathrm{e}^{-\mathrm{j}\beta_1 z}-\mathrm{e}^{\mathrm{j}\beta_1 z})=-\boldsymbol{e}_x\mathrm{j}2E_{\mathrm{im}}\sin(\beta_1 z)$$

$$\boldsymbol{H}_1(z)=\boldsymbol{H}_{\mathrm{i}}(z)+\boldsymbol{H}_{\mathrm{r}}(z)=\boldsymbol{e}_y\frac{1}{\eta_1}E_{\mathrm{im}}(\mathrm{e}^{-\mathrm{j}\beta_1 z}+\mathrm{e}^{\mathrm{j}\beta_1 z})=\boldsymbol{e}_y\frac{2}{\eta_1}E_{\mathrm{im}}\cos(\beta_1 z)$$

合成波的电场和磁场的瞬时值表示式分别为

$$\boldsymbol{E}_1(z,\ t)=\mathrm{Re}\left[\boldsymbol{E}_1(z)\ \mathrm{e}^{\mathrm{j}\omega t}\right]=\boldsymbol{e}_x 2E_{\mathrm{im}}\sin(\beta_1 z)\sin(\omega t)$$

$$\boldsymbol{H}_1(z,\ t)=\mathrm{Re}\left[\boldsymbol{H}_1(z)\ \mathrm{e}^{\mathrm{j}\omega t}\right]=\boldsymbol{e}_y\frac{2}{\eta_1}E_{\mathrm{im}}\cos(\beta_1 z)\cos(\omega t)$$

由此可见，介质 1 中的合成波的相位仅与时间有关，这就意味着空间各点合成波的相位相同。空间各点的电场强度的振幅随 z 按正弦函数变化，即合成波在空间没移动，只是在原位置振动，这种波叫驻波。

当 $\beta_1 z=-n\pi$ 时，即

$$z=-\frac{\lambda_1}{2}n\quad(n=0,\ 1,\ 2,\cdots)$$

此处电场振幅始终为零，叫电场波节点。

当 $\beta_1 z=-(2n+1)\pi/2$ 时，即

$$z=-\frac{\lambda_1}{4}(2n+1)\quad(n=0,\ 1,\ 2,\ \cdots)$$

此处电场振幅始终为最大，叫电场波腹点。

合成波的平均坡印廷矢量为磁场的波节点，恰好是电场的波腹点，磁场的波腹点恰好是电场的波节点，如图 6.10 所示。

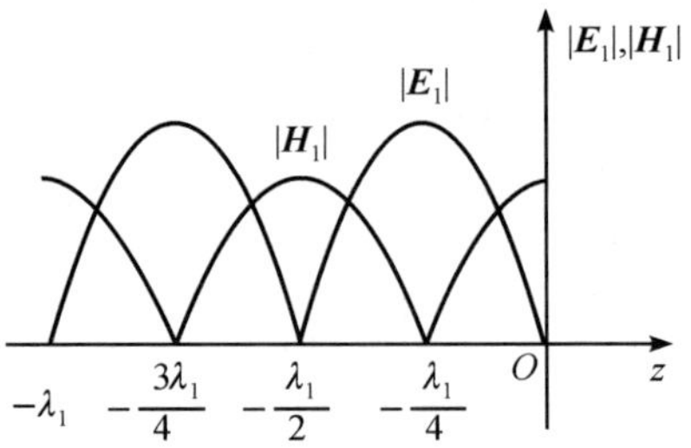

图 6.10　理想导体垂直入射时电场与磁场的波腹点和波节点

$$\boldsymbol{S}_{1av}=\frac{1}{2}\mathrm{Re}\left[\boldsymbol{E}_1(z)*\boldsymbol{H}_1^*(z)\right]=\frac{1}{2}\mathrm{Re}\left[\boldsymbol{e}_z\mathrm{j}\frac{4E_{im}^2}{\eta_1}\sin(\beta_1 z)\cos(\beta_1 z)\right]=0$$

驻波不发生电磁能量传播，只在两波节点之间进行电场能量和磁场能量交换。

6.6.2 理想介质对理想介质的垂直入射

设介质 1 和介质 2 均为理想介质，即 $\sigma_1=\sigma_2=0$，如图 6.11 所示。则

$$\eta_{1c}=\sqrt{\frac{\mu_1}{\varepsilon_1-\mathrm{j}\dfrac{\sigma_1}{\omega}}}=\sqrt{\frac{\mu_1}{\varepsilon_1}}=\eta_1$$

同样 $\eta_{2c}=\eta_2$。

$$\Gamma=\frac{\eta_2-\eta_1}{\eta_2+\eta_1}$$

$$\tau=\frac{2\eta_2}{\eta_2+\eta_1}$$

因为 η_1 和 η_2 为实数，$\eta_1<\eta_2$ 时，反射系数 $\Gamma>0$，这意味着在分界面上反射波电场与入射波电场同相位；$\eta_1>\eta_2$ 时，反射系数 $\Gamma<0$，这意味着在分界面上反射波电场与入射波电场相位差为 π。

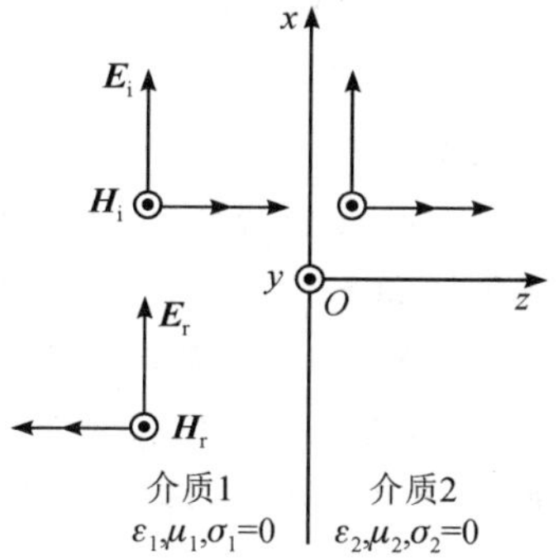

图 6.11　理想介质对理想介质的垂直入射

介质 1 中的入射波电场和磁场分别为

$$\boldsymbol{E}_i(z)=\boldsymbol{e}_x E_{im}\,\mathrm{e}^{-\mathrm{j}\beta_1 z}$$

$$\boldsymbol{H}_i(z)=\boldsymbol{e}_y\frac{1}{\eta_1}E_{im}\,\mathrm{e}^{-\mathrm{j}\beta_1 z}$$

介质 1 中的反射波电场和磁场为

$$\boldsymbol{E}_r(z)=\boldsymbol{e}_x\Gamma E_{im}\mathrm{e}^{\mathrm{j}\beta_1 z}$$

$$\boldsymbol{H}_r(z)=-\boldsymbol{e}_y\frac{1}{\eta_1}\Gamma E_{im}\,\mathrm{e}^{\mathrm{j}\beta_1 z}$$

介质 1 中的合成波电场和磁场为

$$\begin{aligned}\boldsymbol{E}_1(z)&=\boldsymbol{E}_i(z)+\boldsymbol{E}_r(z)=\boldsymbol{e}_x E_{im}(\mathrm{e}^{-\mathrm{j}\beta_1 z}+\Gamma\mathrm{e}^{\mathrm{j}\beta_1 z})\\&=\boldsymbol{e}_x E_{im}\left[\mathrm{e}^{-\mathrm{j}\beta_1 z}(1+\Gamma)+\mathrm{j}2\Gamma\sin(\beta_1 z)\right]\end{aligned}$$

$$\boldsymbol{H}_1(z)=\boldsymbol{H}_i(z)+\boldsymbol{H}_r(z)=\boldsymbol{e}_y\frac{1}{\eta_1}E_{im}(e^{-j\beta_1 z}-\Gamma e^{j\beta_1 z})$$
$$=\boldsymbol{e}_y\frac{1}{\eta_1}E_{im}[e^{-j\beta_1 z}(1+\Gamma)-2\Gamma\cos(\beta_1 z)]$$

从上式可以看出，介质1中的合成波电场包含两部分：第一部分包含传播因子 $e^{-j\beta_1 z}$，是振幅为$(1+\Gamma)E_{im}$沿$+z$方向传播的行波，第二部分是振幅为$2\Gamma E_{im}$的驻波。

$$|\boldsymbol{E}_1(z)|_{max}=E_{im}(1+|\Gamma|)$$
$$|\boldsymbol{E}_1(z)|_{min}=E_{im}(1-|\Gamma|)$$

定义合成波中电场强度的最大值和最小值的比值为驻波比，记为 S。

$$S=\frac{1+|\Gamma|}{1-|\Gamma|}$$

介质2中的透射波电场和磁场分别为

$$\boldsymbol{E}_t(z)=\boldsymbol{e}_x\tau E_{im}e^{-j\beta_2 z}$$
$$\boldsymbol{H}_t(z)=\boldsymbol{e}_y\frac{1}{\eta_2}\tau E_{im}e^{-j\beta_2 z}$$

思政小课堂

太赫兹技术

太赫兹(THz)波是指频率在0.1～10 THz(波长为3000～30 μm)范围内的电磁波，在长波段与毫米波相重合，在短波段与红外光相重合，是宏观经典理论向微观量子理论的过渡区，也是电子学向光子学的过渡区，称为电磁波谱的“太赫兹空隙(THz gap)”。

太赫兹的独特性能给通信(宽带通信)、雷达、电子对抗、电磁武器、天文学、医学成像(无标记的基因检查、细胞水平的成像)、无损检测、安全检查(生化物的检查)等领域带来了深远的影响。由于太赫兹的频率很高，所以其空间分辨率也很高；又由于它的脉冲很短(皮秒量级)，所以其具有很高的时间分辨率。因此，THz研究对国民经济和国家安全有重大的应用价值。

THz用于通信可以获得10 GB/s的无线传输速度，特别是卫星通信，由于在外太空，在近似真空的状态下，不用考虑水分的影响，这比当前的超宽带技术快几百至一千多倍，这就使得THz通信可以以极高的带宽进行高保密卫星通信。虽然由于缺乏高效的THz发射天线和源，其还无法在通信领域商业化，但这必将为新型的发射装置和发射源所解决。

2024年10月，中国科学院紫金山天文台牵头的联合实验团队在青藏高原成功实现了基于超导接收的高清视频信号公里级太赫兹无线通信传输，这是目前国际上首次将高灵敏度太赫兹超导接收机技术成功应用于远距离无线通信系统。

2024年9月27日至10月1日，中国科学院紫金山天文台牵头的联合实验团队，在青海省海西州雪山牧场成功实现基于超导接收的高清视频信号公里级太赫兹/亚毫米波无线通信传输。这是国际首次将高灵敏度超导接收机技术成功应用于远距离太赫兹无线通信系统，也是0.5THz(太赫兹)频段以上迄今最远距离的太赫兹无线通信传输实验。

2025年1月22日，中国科学院空天信息创新研究院(空天院)向媒体发布消息说，该院科研团队通过创新技术，已成功实现超宽带太赫兹偏振态的高精度动态调控。这项关键技术的突破，将助力推动太赫兹在新一代无线通信、文物无损检测、生物微量传感等方向的发展和应用，推动其在电子信息、文化遗产、生命健康等领域发挥独特作用。

这些都是我国科技工作者在党的领导下、在二十大精神鼓舞下在微波领域取得的巨大成就。

本章小结

本章主要讲述了由麦克斯韦方程推导出的波动方程，以平面波为例讲述其在理想介质里的传输特性，平面波在有损介质里的传输特性，电磁波的极化，以及电磁波在两种不同介质的分界面处的反射和透射问题。

1. 电磁波电场和磁场的波动方程

$$\nabla^2 \boldsymbol{E} - \mu\varepsilon \frac{\partial^2 E}{\partial t^2} = 0$$

$$\nabla^2 \boldsymbol{H} - \mu\varepsilon \frac{\partial^2 H}{\partial t^2} = 0$$

复数形式的波动方程

$$\nabla^2 \widetilde{\boldsymbol{E}} + k^2 \widetilde{\boldsymbol{E}} = 0$$

$$\nabla^2 \widetilde{\boldsymbol{H}} + k^2 \widetilde{\boldsymbol{H}} = 0$$

其中 $k = \omega\sqrt{\mu\varepsilon}$。

2. 理想介质中的均匀平面波

(1) 场的波动方程。

$$\boldsymbol{E}(z, t) = \boldsymbol{E}_x(z, t) = \boldsymbol{e}_x E_{xm} \cos(\omega t - kz + \varphi_x)$$

$$\boldsymbol{H}(z, t) = \boldsymbol{H}_y(z, t) = \boldsymbol{e}_y \frac{1}{\eta} E_{xm} \cos(\omega t - kz + \varphi_x)$$

其中，$\eta = \dfrac{E_{xm}}{H_{ym}}$，称 η 为介质的本征阻抗。

$$\boldsymbol{H} = \frac{1}{\eta} \boldsymbol{e}_z \times \boldsymbol{E}$$

$$\boldsymbol{E} = \eta \boldsymbol{H} \times \boldsymbol{e}_z$$

(2) 传播参数。

相速度

$$v = \frac{\mathrm{d}z}{\mathrm{d}t} = \frac{\omega}{k}$$

波数

$$k = \frac{2\pi}{\lambda}$$

(3) 理想介质中电磁波 TEM 波的特点。

① 电场 $\boldsymbol{E}$、磁场 $\boldsymbol{H}$ 与传播方向 $\boldsymbol{e}_z$ 之间相互垂直，即 $\boldsymbol{E}$ 和 $\boldsymbol{H}$ 沿传播方向的分量 E_z、

H_z 为零，是横电磁波(TEM 波)；

② 电场与磁场的振幅不变；

③ 电场与磁场的振幅之比为常数，所以波阻抗为实数，电场与磁场同相位；

④ 电磁波的相速仅取决于介质本身，与频率无关；理想介质是无损介质，是无色散介质。

3. 有损介质中的电磁波

(1) 介质的分类：良导体和良绝缘体。

当 $\sigma \gg \omega\varepsilon$ 时，$\frac{\sigma}{\omega\varepsilon} \gg 1$(通常取 $\frac{\sigma}{\omega\varepsilon} > 100$)，介质此时称为良导体；

当 $\sigma \ll \omega\varepsilon$ 时，$\frac{\sigma}{\omega\varepsilon} \ll 1$(通常取 $\frac{\sigma}{\omega\varepsilon} < \frac{1}{100}$)，介质此时称为弱导电介质或良绝缘体；

当 $\sigma = \infty$ 时，介质此时称为理想导体；

当 $\sigma = 0$ 时，介质此时称为理想介质。

(2) 导电介质中的均匀平面波的传播特点。

① 电场 $\boldsymbol{E}$、磁场 $\boldsymbol{H}$ 与传播方向 $\boldsymbol{e}_z$ 之间相互垂直，仍然是横电磁波(TEM 波)；

② 电场与磁场的振幅呈指数衰减；

③ 波阻抗为复数，电场与磁场相位不同；

④ 电磁波的相速与频率有关，是色散介质。

(3) 弱导电介质中的均匀平面波。

$$\alpha \approx \frac{\sigma}{2}\sqrt{\frac{\mu}{\varepsilon}}$$

$$\beta \approx \omega\sqrt{\varepsilon\mu} = k$$

除了有一定损耗所引起的衰减外，与理想介质中平面波的传播特性基本相同。

(4) 良导体中的均匀平面波。

$$\alpha = \beta \approx \sqrt{\pi f \mu \varepsilon}$$

趋肤深度

$$\delta = \frac{1}{\sqrt{\pi f \mu \varepsilon}} = \frac{\lambda}{2\pi}$$

趋肤效应使导体的高频电阻大于直流或低频电阻。

4. 电磁波的极化

在空间任意给定点上，合成波电场强度矢量 $\boldsymbol{E}$ 的大小和方向都可能会随时间变化，这种现象称为电磁波的极化。它表征在空间给定点上电场强度矢量的取向随时间变化的特性，并用电场强度矢量的端点随时间变化的轨迹来描述。

(1) 线极化。

如果 E_x 和 E_y 的相位相同或相差 π，合成波是线极化。

(2) 圆极化。

如果 E_x 和 E_y 的振幅相等、相位差为 $\frac{\pi}{2}$，合成波是圆极化。

$\varphi_y-\varphi_x=\frac{\pi}{2}$，则是左圆极化；$\varphi_y-\varphi_x=-\frac{\pi}{2}$，则是右圆极化。

(3) 椭圆极化。

如果 E_x 和 E_y 的振幅不相等、相位不相同，则产生椭圆极化。

5. 色散

在同一导电介质中，不同频率电磁波的相速度不一样，这种现象称为色散，这种介质称为色散介质，导电介质是色散介质。

6. 均匀平面波在两种不同介质分界面上的反射和透射

均匀平面波在两种不同介质分界面会发生反射和透射，反射系数为 Γ，透射系数为 τ，那么 $\Gamma=\frac{\eta_{2c}-\eta_{1c}}{\eta_{2c}+\eta_{1c}}$，$\tau=\frac{2\eta_{2c}}{\eta_{2c}+\eta_{1c}}$，$\eta_{1c}$、$\eta_{2c}$ 是两种介质里的波阻抗，Γ、τ 都是复数。

当电磁波从理想介质垂直入射理想导体时，只发生全反射，不发生透射，理想介质里入射波和反射波合成的波形成驻波。

当电磁波从理想介质垂直入射另一理想介质时，会同时发生反射和透射，理想介质里入射波和反射波合成的波既有行波也有驻波。

习　题

6.1　已知在空气中 $\boldsymbol{E}=\boldsymbol{e}_y 0.1\sin 10\pi x\cos(6\pi\times10^9 t-\beta z)$，求 $\boldsymbol{H}$ 和 β。提示：将 $\boldsymbol{E}$ 代入直角坐标中的波动方程，可求得 β。

6.2　在自由空间中，已知电场 $\boldsymbol{E}(z,t)=\boldsymbol{e}_y 10^3\sin(\omega t-\beta z)$ V/m，试求磁场强度 $\boldsymbol{H}(z,t)$。

6.3　均匀平面波的磁场强度 $\boldsymbol{H}$ 的振幅为 $\frac{1}{3\pi}$ A/m，以相位常数 30 rad/m 在空气中沿 $-\boldsymbol{e}_z$ 方向传播。当 $t=0$ 和 $z=0$ 时，若 $\boldsymbol{H}$ 的取向为 $-\boldsymbol{e}_y$，试写出 $\boldsymbol{E}$ 和 $\boldsymbol{H}$ 的表示式，并求出波的频率和波长。

6.4　一个在空气中沿 $+\boldsymbol{e}_y$ 方向传播的均匀平面波，其磁场强度的瞬时值表示式为 $\boldsymbol{H}=\boldsymbol{e}_z 4\times10^{-6}\cos\left(10^7\pi t-\beta y+\frac{\pi}{4}\right)$ A/m。(1) 求 β 和在 $t=3$ ms 时 $H_z=0$ 的位置；(2) 写出 $\boldsymbol{E}$ 的瞬时表示式。

6.5　在自由空间中，某一电磁波的波长为 0.2 m。当该电磁波进入某理想介质后，波长变为 0.09 m。设 $\mu_r=1$，试求理想介质的相对介电常数 ε_r 以及在该介质中的波速。

6.6　一个频率为 $f=3$ GHz，$\boldsymbol{e}_y$ 方向极化的均匀平面波在 $\varepsilon_r=2.5$，损耗正切 $\tan\delta=\frac{\gamma}{\omega\varepsilon}=10^{-2}$ 的非磁性介质中沿 $+\boldsymbol{e}_x$ 方向传播。求：(1) 波的振幅衰减一半时，传播的距离；(2) 介质的本征阻抗，波的波长和相速；(3) 设在 $x=0$ 处 $\boldsymbol{E}=\boldsymbol{e}_y 50\sin\left(6\pi\times10^9 t+\frac{\pi}{3}\right)$ V/m，写出 $\boldsymbol{H}(x,t)$ 的表示式。

6.7 已知正弦电磁场的电场瞬时值为

$$\boldsymbol{E}(z,t)=\left[\boldsymbol{e}_x 0.03\sin(10^8\pi t-kz)+\boldsymbol{e}_y 0.04\cos\left(10^8\pi t-kz-\frac{\pi}{3}\right)\right]\ \mathrm{V/m}$$

试求：(1) 电场的复矢量；(2) 磁场的复矢量和瞬时值。

6.8 已知真空传播的平面电磁波电场为 $E_x=100\cos(\omega t-2\pi z)$ V/m，试求此波的波长、频率、相速度、磁场强度、波阻抗以及平均能量密度矢量。

6.9 说明下列各式表示的均匀平面波的极化形式和传播方向。

(1) $\boldsymbol{E}=\boldsymbol{e}_x E_1 \mathrm{j}\mathrm{e}^{\mathrm{j}kz}+\boldsymbol{e}_y \mathrm{j}E_1\mathrm{e}^{\mathrm{j}kz}$

(2) $\boldsymbol{E}=\boldsymbol{e}_x E_\mathrm{m}\sin(\omega t-kz)+\boldsymbol{e}_y E_\mathrm{m}\cos(\omega t-kz)$

(3) $\boldsymbol{E}=\boldsymbol{e}_x E_0\mathrm{e}^{-\mathrm{j}kz}-\boldsymbol{e}_y \mathrm{j}E_0\mathrm{e}^{-\mathrm{j}kz}$

(4) $\boldsymbol{E}=\boldsymbol{e}_x E_\mathrm{m}\sin\left(\omega t-kz+\frac{\pi}{4}\right)+\boldsymbol{e}_y E_\mathrm{m}\cos\left(\omega t-kz-\frac{\pi}{4}\right)$

6.10 电磁波在真空中传播，其电场强度矢量的复数表达式为 $\boldsymbol{E}=(\boldsymbol{e}_x-\mathrm{j}\boldsymbol{e}_y)10^{-4}\mathrm{e}^{-\mathrm{j}20\pi z}$ V/m。

(1) 求工作频率 f；

(2) 写出磁场强度矢量的复数表达式；

(3) 求坡印廷矢量的瞬时值和时间平均值；

(4) 此电磁波是何种极化，旋转方向如何？

6.11 均匀平面波在无损耗介质中传播，频率为 500 kHz，复数振幅：$E_\mathrm{m}=\boldsymbol{e}_x 4-\boldsymbol{e}_y+\boldsymbol{e}_z 2$ kV/m；$\boldsymbol{H}_\mathrm{m}=\boldsymbol{e}_x 6+\boldsymbol{e}_y 18-\boldsymbol{e}_z 3$ A/m。求：

(1) 波传播方向的单位矢量；

(2) 波的平均功率密度；

(3) 设 $\mu_\mathrm{r}=1$，ε_r 等于多少？

第 7 章

导行电磁波

上一章，我们讲述的是电磁波在无穷大空间理想介质和有损介质中传播的性质，这一章中我们将讨论电磁波在有界空间中的传播，即导波系统中的电磁波的性质。所谓导波系统，是指引导电磁波沿一定方向传播的装置，被引导的电磁波称为导行电磁波。

7.1 时变电磁场的唯一性定理

麦克斯韦方程组描述了时变电磁场随空间及时间的变化规律。在实际中，常常需要在给定初始条件和边界条件下，求解麦克斯韦方程组，那么在什么条件下，有界区域中的麦克斯韦方程组的解唯一呢？时变电磁场的唯一性定理回答了该问题。

在以闭合曲面 S 为边界的有界区域 V 内，如果给定 $t=0$ 时的 $\boldsymbol{E}$ 和 $\boldsymbol{H}$ 的初始值，并且已知在 $t\geqslant 0$ 时边界 S 上 $\boldsymbol{E}$ 或 $\boldsymbol{H}$ 的切向分量，那么在 $t>0$ 内的所有时间，V 内的电磁场由麦克斯韦方程组唯一地确定。证明略。

唯一性定理确定了本章后面求出的波导中场的解是唯一的。

7.2 导行电磁波概论

要利用电磁波传输能量和信息，必须解决电磁波的产生与定向传输的问题。将导体和介质加工成各种结构，可以实现不同类型的电磁波的定向传输，这就是导波系统，这种介质叫波导。电磁波的传播有两种类型，一是利用天线将电磁波辐射到空中传播，二是利用导波系统进行传播，本章我们讲导波系统，下一章讲天线辐射。

7.2.1 传输线概论

传输线是传输高频或微波能量从一处到另一处的装置，传输线一般由两个或两个以上导体组成，用来传输 TEM 波(横电磁波)，最简单的传输线是平行双线、同轴线等，如图 7.1 所示。

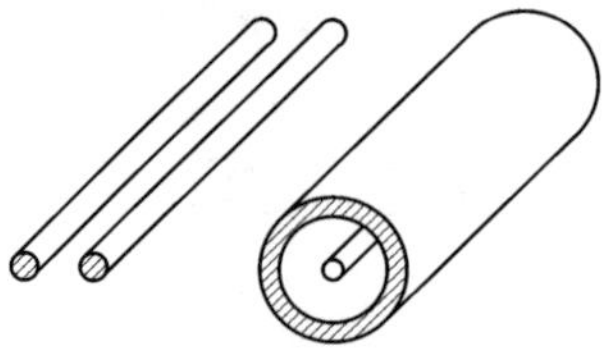

图 7.1 传输线

平行双线是最简单的传输线，但工作频率的升高将导致出现趋肤效应，热损耗增加；同时随着频率升高，当波长与线的横向尺寸差不多时，平行双线基本就变成了辐射器，下一章讲天线时再讨论，因此平行双线只能工作在米波或米波以上的低频段。为避免辐射损耗，人们用同轴线取代平行双线。

同轴线可以视为将平行双线其中的一根线压平，围成圆柱筒做外导线，将另一根导线包在内(内导线)，金属圆柱筒对电磁波的屏蔽和约束作用解决了平行双线的辐射损耗问题。但随着工作频率继续升高，将会发生如下情形：(1) 趋肤效应产生的电阻损耗无法忽视；(2) 支撑内导体的绝缘介质产生的损耗无法忽视；(3) 为保证只传输 TEM 波，同轴线横截面尺寸必须相应减少，这又加剧导体损耗(尤其是细的内导体)而降低功率容量。因此同轴线只适合传输波长大于等于厘米波段的波。

同轴线损耗主要集中在内导体上，如果去掉同轴线的内导体，既可减少电流的热损耗，又可避免使用介质支撑固定，将会大大降低传输损耗，提高功率容量，问题是这种空芯的金属能传输电磁波吗？理论和实验证明，只要金属管的尺寸足够大，就可以传输电磁波，这种金属管叫波导。波导的横截面有各种形状，主要使用的有矩形和圆，分别叫矩形波导和圆波导。

导波系统中电磁波的传输问题属于电磁场边值问题，即在给定边界条件下求解电磁波动方程，求出电磁波的场矢量的解析式，得到导波系统中的电磁场分布和电磁波的传播特性。在这一章中，将用该方法讨论矩形波导、圆波导和同轴线中的电磁波传播的场分布及相关参数。然而，当边界比较复杂时，用这种方法得到解析式的解很困难。如果是双导体(或多导体)导波系统且传播的电磁波频率不太高，可以引入分布参数，用“电路”中的电压和电流等效波导中的电场和磁场，这种方法称为“等效传输线”法。

7.2.2 导行电磁波概论

对横截面是任意形状的均匀导波系统，假设：

① 波导的横截面沿 z 方向是均匀的，即波导内的电场和磁场分布只与坐标 x、y 有关，与坐标 z 无关；

② 构成波导壁的导体是理想导体，即 $\sigma=\infty$；

③ 波导内填充的介质为理想介质，即 $\sigma=0$，且各向同性；

④ 所讨论的区域内没有源分布，即 $\rho=0$，$J=0$；

⑤ 波导内传输的电磁场是时谐场，角频率为 ω。

设波导中电磁波沿 $+z$ 方向传播，由上面的假设①可知，波导内时谐电磁场的复数形

式为(为表述简洁，时谐场的复矢量我们略去矢量上面的符号～，请读者注意)

$$\boldsymbol{E}(x, y, z)=\boldsymbol{E}(x, y)\mathrm{e}^{-\gamma z}$$

$$\boldsymbol{H}(x, y, z)=\boldsymbol{H}(x, y)\mathrm{e}^{-\gamma z}$$

γ 为传播常数，我们的目标是要利用波导的边界条件和麦克斯韦方程组求解出 $\boldsymbol{E}(x, y, z)$ 和 $\boldsymbol{H}(x, y, z)$。

因为波导内无源，麦克斯韦方程组为

$$\nabla\times\boldsymbol{E}=-\mathrm{j}\omega\mu\boldsymbol{H}$$

$$\nabla\times\boldsymbol{H}=\mathrm{j}\omega\varepsilon\boldsymbol{E}$$

我们展开上面第一个等式得到

$$\begin{vmatrix} \boldsymbol{e}_x & \boldsymbol{e}_y & \boldsymbol{e}_z \\ \dfrac{\partial}{\partial x} & \dfrac{\partial}{\partial x} & \dfrac{\partial}{\partial z} \\ E_x\mathrm{e}^{-\gamma z} & E_y\mathrm{e}^{-\gamma z} & E_z\mathrm{e}^{-\gamma z} \end{vmatrix}=-\mathrm{j}\omega\mu(\boldsymbol{e}_xH_x+\boldsymbol{e}_yH_y+\boldsymbol{e}_zH_z)\mathrm{e}^{-\gamma z}$$

展开 $\boldsymbol{H}$ 的旋度方程类似，使等号两边 $\boldsymbol{e}_x$、$\boldsymbol{e}_y$、$\boldsymbol{e}_z$ 的分量对应相等，得到 6 个等式，从 6 个等式中可以把 4 个横向分量 E_x、E_y、H_x、H_y 用纵向分量 E_z、H_z 表示

$$H_x=-\frac{1}{\gamma^2+k^2}\left(\gamma\frac{\partial H_z}{\partial x}-\mathrm{j}\omega\varepsilon\frac{\partial E_z}{\partial y}\right)\tag{7.1}$$

$$H_y=-\frac{1}{\gamma^2+k^2}\left(\gamma\frac{\partial H_z}{\partial y}+\mathrm{j}\omega\varepsilon\frac{\partial E_z}{\partial x}\right)\tag{7.2}$$

$$E_x=-\frac{1}{\gamma^2+k^2}\left(\gamma\frac{\partial E_z}{\partial x}+\mathrm{j}\omega\mu\frac{\partial H_z}{\partial y}\right)\tag{7.3}$$

$$E_y=-\frac{1}{\gamma^2+k^2}\left(\gamma\frac{\partial E_z}{\partial y}-\mathrm{j}\omega\mu\frac{\partial H_z}{\partial x}\right)\tag{7.4}$$

上述式子中，γ 为传播常数，$k=\omega\sqrt{\varepsilon\mu}$ 是波数(在理想介质中波数等于传播常数，在导波系统中不是)。

根据 E_z、H_z 是否存在，电磁波可分为以下三类：

(1) $E_z=0$、$H_z\neq0$，电磁波叫 TE 波(横电波)或 H 波；

(2) $E_z\neq0$、$H_z=0$，电磁波叫 TM 波(横磁波)或 E 波；

(3) $E_z=0$、$H_z=0$，电磁波叫 TEM 波(横电磁波)，此时，除非 $k_c^2=\gamma^2+k^2=0$，否则所有场量为 0。TEM 波的场方程不能用上面 4 个方程求解，上一章的无界空间中的平面电磁波就是 TEM 波。

7.2.3　导行波的传输特性

1. TEM 波

对于 TEM 波，因为 $E_z=0$ 和 $H_z=0$，所以，除非 $k_c^2=\gamma^2+k^2=0$，否则由式(7.1)～式(7.4)只能得到零解。因此，对于 TEM 波有

$$\gamma_{\mathrm{TEM}}^2+k^2=0$$

从而可得到波导中的 TEM 波的传播特性：

传播常数

$$\gamma=\gamma_{\text{TEM}}=\text{j}k=\text{j}\omega\sqrt{\varepsilon\mu}$$

相速度

$$v_{\text{p}}=\frac{1}{\sqrt{\varepsilon\mu}}$$

波阻抗

$$Z_{\text{TEM}}=\frac{E_x}{H_y}=\sqrt{\frac{\mu}{\varepsilon}}=\eta$$

电场与磁场的关系

$$\boldsymbol{H}=\frac{1}{Z_{\text{TEM}}}\boldsymbol{e}_z\times\boldsymbol{E}$$

从以上内容可知，导波系统中的 TEM 波的传播特性与无界空间中的均匀平面波的传播特性相同。

另外，单导体波导不能支持 TEM 波。这是因为假如在波导内存在 TEM 波，由于磁场只有横向分量，则磁力线应在横向平面内闭合，这时就要求在波导内存在纵向的传导电流或位移电流。但是，因为是单导体波导，其内没有纵向传导电流。又因为 TEM 波的纵向电场 $E_z=0$，所以也没有纵向的位移电流。

2. TM 波

TM 波也叫 E 波，在传播方向上没有磁场分量，即 $H_z=0$。故由式(7.1)～式(7.4)得到 TM 波的纵向场分量与横向场分量关系为

$$H_x=\frac{\text{j}\omega\varepsilon}{k_{\text{c}}^2}\frac{\partial E_z}{\partial y}$$

$$H_y=-\frac{\text{j}\omega\varepsilon}{k_{\text{c}}^2}\frac{\partial E_z}{\partial x}$$

$$E_x=-\frac{\gamma}{k_{\text{c}}^2}\frac{\partial E_z}{\partial x}$$

$$E_y=-\frac{\gamma}{k_{\text{c}}^2}\frac{\partial E_z}{\partial y}$$

可以定义 TM 波的波阻抗为

$$Z_{\text{TM}}=\frac{E_x}{H_y}=\frac{\gamma}{\text{j}\omega\varepsilon}$$

TM 波电场和磁场的关系为

$$\boldsymbol{H}=\frac{1}{Z_{\text{TM}}}\boldsymbol{e}_z\times\boldsymbol{E}$$

3. TE 波

TE 波也叫 H 波，在传播方向上没有电场分量，即 $E_z=0$。故由式(7.1)～式(7.4)得 TE 波的纵向场分量与横向场分量关系为

$$H_x=-\frac{\gamma}{k_{\text{c}}^2}\frac{\partial H_z}{\partial x}$$

$$H_y=-\frac{\gamma}{k_c^2}\frac{\partial H_z}{\partial y}$$

$$E_x=-\frac{j\omega\mu}{k_c^2}\frac{\partial H_z}{\partial y}$$

$$E_y=\frac{j\omega\mu}{k_c^2}\frac{\partial H_z}{\partial x}$$

TE 波的波阻抗

$$Z_{TE}=\frac{E_x}{H_y}=\frac{j\omega\mu}{\gamma}$$

TE 波电场和磁场的关系为

$$\boldsymbol{E}=-Z_{TE}(\boldsymbol{e}_z\times\boldsymbol{H})$$

对于 TM 波和 TE 波，因为 $E_z\neq0$ 或 $H_z\neq0$，所以 $k_c^2=\gamma^2+k^2\neq0$，因此 TM 波和 TE 的传播常数

$$\gamma=\sqrt{k_c^2-k^2}$$

式中 k_c 称为截止波数，其值由波导的形状、大小和传播的波型决定。而传播常数 γ 的值决定了 TM 波和 TE 波的传播特性。

金属空芯波导内可以存在 TM 波和 TE 波，它们的传播特性由传播常数 γ 的取值范围确定，γ 的取值范围由截止波数 k_c 决定。不同形状、不同大小的波导其截止波数 k_c 不同，而同一个波导中，如果传播的波的类型不同，其截止波数 k_c 也不同，我们将在下面的具体波导分析中进一步讨论。

7.3　矩形波导

横截面为矩形的波导叫矩形波导。由于矩形波导是单导体波导，故不能传输 TEM 波。设矩形波导宽边尺寸为 a，窄边尺寸为 b，波导内填充介质参数为 ε、μ 的理想介质，波导壁为理想导体，如图 7.2 所示。

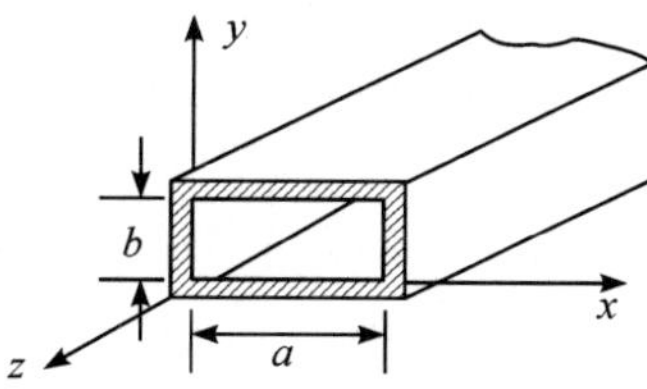

图 7.2　矩形波导

7.3.1　矩形波导中的场分布

由于波导由金属构成，所以其内部的电场磁场都为零。求解导行波系统传输的电磁波，属于电磁场的边界值问题，即在给定边界(理想导体和理想介质的边界)的条件下，求解介质内的场量 $\boldsymbol{E}$ 和 $\boldsymbol{H}$。

1. 矩形波导中 TM 波的场分布

对于 TM 波，$H_z=0$，波导内的电磁场量由 E_z 确定，所以我们要先求出 E_z，然后用 E_z 计算 E_x、E_y、H_x、H_y。在给定的矩形波导中，E_z 满足下面的波动方程和边界条件：

$$\begin{cases}\dfrac{\partial^2 E_z}{\partial x^2}+\dfrac{\partial^2 E_z}{\partial y^2}+\dfrac{\partial^2 E_z}{\partial z^2}+k^2 E_z=0\\ E_z\mid_{x=0}=0,\ E_z\mid_{x=a}=0\\ E_z\mid_{y=0}=0,\ E_z\mid_{y=a}=0\end{cases}$$

在上面的边界条件中，因为金属内 $\boldsymbol{E}=0$，$\boldsymbol{E}$ 的切向分量连续，所以各 $E_z=0$。

将 $E_z(x, y, z)=E_z(x, y)\mathrm{e}^{-\gamma z}$ 带入到上述方程得到

$$\frac{\partial^2 E_z}{\partial x^2}+\frac{\partial^2 E_z}{\partial y^2}+(\gamma^2+k^2)E_z=0$$

即

$$\frac{\partial^2 E_z}{\partial x^2}+\frac{\partial^2 E_z}{\partial y^2}+k_c^2 E_z=0$$

其中 $k_c^2=\gamma^2+k^2$。

用分离变量法，令 $E_z(x, y)=f(x)g(y)$，带入上式，然后两边同除以 $f(x)g(y)$ 得到

$$-\frac{1}{f(x)}\frac{\mathrm{d}^2 f(x)}{\mathrm{d}x^2}-\frac{1}{g(y)}\frac{\mathrm{d}^2 g(y)}{\mathrm{d}y^2}=k_c^2$$

要使上式对每个 x 和 y 都成立，每一项都必须为常数，设上式左边两项分别为常数 k_x^2 和 k_y^2，可得到

$$\begin{cases}\dfrac{\mathrm{d}f^2(x)}{\mathrm{d}x^2}+k_x^2 f(x)=0\\ \dfrac{\mathrm{d}g^2(y)}{\mathrm{d}x^2}+k_y^2 g(y)=0\\ k_x^2+k_y^2=k_c^2\end{cases}$$

上述方程的解为

$$f(x)=A\sin(k_x x)+B\cos(k_x x)$$
$$g(y)=C\sin(k_y y)+D\cos(k_y y)$$

所以

$$E_z(x, y)=[A\sin(k_x x)+B\cos(k_x x)][C\sin(k_y y)+D\cos(k_y y)]$$

由初始条件 $E_z|_{x=0}=0$，$E_z|_{x=a}=0$ 得到

$$k_x=\frac{m\pi}{a}\quad (m=1, 2, 3, \cdots),\ B=0$$

由初始条件 $E_z|_{y=0}=0$，$E_z|_{y=a}=0$ 得到

$$k_y=\frac{n\pi}{b}\quad (n=1, 2, 3, \cdots),\ D=0$$

所以

$$E_z(x, y)=AC\sin\left(\frac{m\pi}{a}x\right)\sin\left(\frac{n\pi}{b}y\right)=E_m\sin\left(\frac{m\pi}{a}x\right)\sin\left(\frac{n\pi}{b}y\right)$$

$$E_z(x,y,z)=E_z(x,y)\mathrm{e}^{-\gamma z}=E_{\mathrm{m}}\sin\left(\frac{m\pi}{a}x\right)\sin\left(\frac{n\pi}{b}y\right)\mathrm{e}^{-\gamma z}\quad (m, n=1, 2, 3, \cdots)$$

求得 E_z 后利用前面式(7.3)得到

$$E_x=-\frac{1}{\gamma^2+k^2}\left(\gamma\frac{\partial E_z}{\partial x}+\mathrm{j}\omega\mu\frac{\partial H_z}{\partial y}\right)$$

TM 波的 $H_z=0$，可求得

$$E_x(x,y,z)=-\frac{\gamma}{k_{\mathrm{c}}^2}\frac{m\pi}{a}E_{\mathrm{m}}\cos\left(\frac{m\pi}{a}x\right)\sin\left(\frac{n\pi}{b}y\right)\mathrm{e}^{-\gamma z}\tag{7.5}$$

同理，可以求出

$$E_y(x,y,z)=-\frac{\gamma}{k_{\mathrm{c}}^2}\frac{n\pi}{b}E_{\mathrm{m}}\sin\left(\frac{m\pi}{a}x\right)\cos\left(\frac{n\pi}{b}y\right)\mathrm{e}^{-\gamma z}\tag{7.6}$$

利用前面式(7.1)得到的 $H_x=-\frac{1}{\gamma^2+k^2}\left(\gamma\frac{\partial H_z}{\partial x}-\mathrm{j}\omega\varepsilon\frac{\partial E_z}{\partial y}\right)$ 和 $H_z=0$ 可求出

$$H_x(x,y,z)=\frac{\mathrm{j}\omega\varepsilon}{k_{\mathrm{c}}^2}\frac{n\pi}{b}E_{\mathrm{m}}\sin\left(\frac{m\pi}{a}x\right)\cos\left(\frac{n\pi}{b}y\right)\mathrm{e}^{-\gamma z}\tag{7.7}$$

同样可以求出

$$H_y(x,y,z)=-\frac{\mathrm{j}\omega\varepsilon}{k_{\mathrm{c}}^2}\frac{m\pi}{a}E_{\mathrm{m}}\cos\left(\frac{m\pi}{a}x\right)\sin\left(\frac{n\pi}{b}y\right)\mathrm{e}^{-\gamma z}\tag{7.8}$$

对于上面的 E_x、E_y、H_x、H_y 都有 $m, n=1, 2, 3, \cdots$。于是得到

$$k_{\mathrm{c}}^2=k_x^2+k_y^2=\left(\frac{m\pi}{a}\right)^2+\left(\frac{n\pi}{b}\right)^2$$

$$k_{\mathrm{c}}=\sqrt{\left(\frac{m\pi}{a}\right)^2+\left(\frac{n\pi}{b}\right)^2}\tag{7.9}$$

这就是矩形波导的截止波数，其与波导的尺寸，即长短边的长度有关。不同的 m、n 代表不同的电磁波波形，或叫模。m 的物理意义是长边 a 上包含的半波个数，n 的物理意义是短边 b 上包含的半波个数。不同的(m, n)组合，代表不同模式的电磁波。

总结一下，TM 波具有下列传播特性：

(1) 沿 z 轴传播，沿 x 轴和 y 轴为驻波。

(2) 等相位面为 $z=C$(C 为常数)的平面，振幅与 x、y 有关，为非均匀平面波。

(3) m、n 可取多个值，电磁波的场结构有多个模式，称为多模传输，记为 TM_{mn}。

(4) m 和 n 都不能为零，否则所有场量都为零，电磁波不存在，即不存在 TM_{m0}、TM_{0n}、TM_{00} 模的 TM 波。

(5) $m=1$，$n=1$ 时，k_{c} 最小，截止频率最小，称 TM_{11} 为 TM 主模。

2. 矩形波导中 TE 波的场分布

对于 TE 波，$E_z=0$，波导内的电磁场量由 H_z 确定，所以我们要先求出 H_z，然后用 H_z 计算 E_x、E_y、H_x、H_y。在给定的矩形波导中，H_z 满足下面的波动方程和边界条件：

$$\frac{\partial^2 H_z}{\partial x^2}+\frac{\partial^2 H_z}{\partial y^2}+\frac{\partial^2 H_z}{\partial z^2}+k^2H_z=0$$

因为 $\boldsymbol{H}$ 垂直于金属面，所以垂直于 x 轴和 y 轴，于是有 4 个边界条件：

$$\left.\frac{\partial H_z}{\partial x}\right|_{x=0}=0,\ \left.\frac{\partial H_z}{\partial x}\right|_{x=a}=0$$

$$\left.\frac{\partial H_z}{\partial y}\right|_{y=0}=0,\ \left.\frac{\partial H_z}{\partial y}\right|_{y=b}=0$$

H_z 为波导壁的切向磁场分量，由波在理想导体表面的反射规律知道，在波导内壁上应是 H_z 驻波波腹点，所以满足$\frac{\partial H_z}{\partial x}=0$，$\frac{\partial H_z}{\partial y}=0$。

利用和上面 TM 波同样的求解过程，可求出 $H_z(x, y)$。

$$H_z(x, y)=H_m\cos\left(\frac{m\pi}{a}x\right)\cos\left(\frac{n\pi}{b}y\right)$$

$$H_z(x, y, z)=H_z(x, y)e^{-\gamma z}=H_m\cos\left(\frac{m\pi}{a}x\right)\ \cos\left(\frac{n\pi}{b}y\right)e^{-\gamma z}$$

$$E_x(x, y, z)=\frac{j\omega\mu}{k_c^2}\frac{n\pi}{b}H_m\cos\left(\frac{m\pi}{a}x\right)\sin\left(\frac{n\pi}{b}y\right)e^{-\gamma z} \tag{7.10}$$

$$E_y(x, y, z)=-\frac{j\omega\mu}{k_c^2}\frac{m\pi}{a}H_m\sin\left(\frac{m\pi}{a}x\right)\cos\left(\frac{n\pi}{b}y\right)e^{-\gamma z} \tag{7.11}$$

$$H_x(x, y, z)=\frac{\gamma}{k_c^2}\frac{m\pi}{a}H_m\sin\left(\frac{m\pi}{a}x\right)\cos\left(\frac{n\pi}{b}y\right)e^{-\gamma z} \tag{7.12}$$

$$H_y(x, y, z)=\frac{\gamma}{k_c^2}\frac{n\pi}{b}H_m\cos\left(\frac{m\pi}{a}x\right)\sin\left(\frac{n\pi}{b}y\right)e^{-\gamma z} \tag{7.13}$$

对于上面的 E_x、E_y、H_x、H_y 都有 m，$n=1, 2, 3, \cdots$。k_c 的求法，m 和 n 的物理意义，均和 TM 波一样。

图 7.3 是矩形波导 TE_{11} 模的场结构示意图。

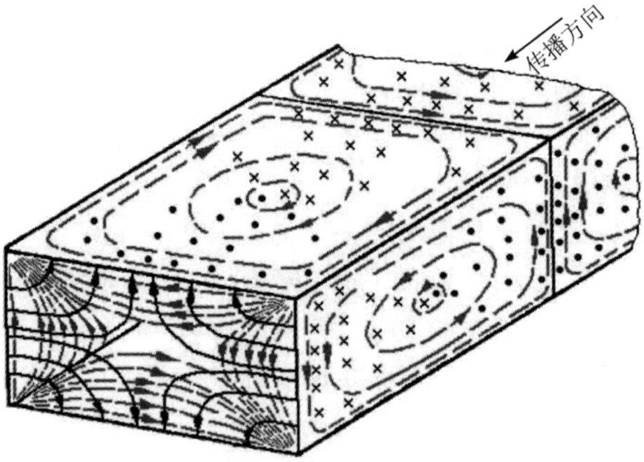

图 7.3　矩形波导 TE_{11} 模的场结构图

总结一下，TE 波具有下列传播特性：

(1) 沿 z 轴传播，沿 x 轴方向和 y 轴方向为驻波。

(2) 等相位面为 $z=C$(C 为常数)的平面，振幅与 x、y 有关，为非均匀平面波。

(3) m、n 可取多个值，电磁波的场结构有多个模式，称为多模传输，记为 TE_{mn}。

(4) m 和 n 不能同时为零，否则所有场量都为零，电磁波不存在，即不存在 TE_{00} 波。但其中一个可以为零，即存在 TE_{0n}、TE_{m0} 模的 TE 波。

(5) $m=1$, $n=0$ 时，k_c 最小，截止频率最小，称 TE_{10} 为 TE 主模。

7.3.2　矩形波导中的传播参数

矩形波导中，场方程分别为

$$\boldsymbol{E}(x, y, z)=\boldsymbol{E}(x, y)e^{-\gamma z}$$
$$\boldsymbol{H}(x, y, z)=\boldsymbol{H}(x, y)e^{-\gamma z}$$

其中传播常数 $\gamma=\sqrt{k_c^2-k^2}$，波数 $k=\omega\sqrt{\varepsilon\mu}$ 随角频率变化而变化，截止波数 k_c 只与波导的形状和尺寸有关，当波导形状尺寸确定，k_c 也确定了。

(1) 当 $k<k_c$ 时，γ 是实数，$e^{-\gamma z}$ 只起衰减作用，此时电磁波不能传输。

(2) 当 $k>k_c$时，γ 是纯虚数，$e^{-\gamma z}$ 是周期震荡函数，此时电磁波可以在波导中传输。

(3) 当 $k=k_c$时，$\gamma=0$，处于临界状态，此时电磁波也不能传输，但是 k_c 是决定电磁波能否在波导中传输的分界线，k_c 取决于波导的形状和尺寸。处于临界状态时的工作频率和工作波长为截止频率和截止波长，都可用 k_c 表示出来。

对矩形波导，不管 TE 波还是 TM 波，都有

$$k_c=\sqrt{\left(\frac{m\pi}{a}\right)^2+\left(\frac{n\pi}{b}\right)^2} \tag{7.14}$$

相同的 m 和 n 组合的 TM_{mn} 模和 TE_{mn} 模电磁波具有相同的 k_c，这叫**模式简并**。

通过矩形波导的尺寸 a、b 算出 k_c 后，根据下式求电磁波传播的各截止参数：

截止波长 λ_c 为

$$\lambda_c=\frac{2\pi}{k_c}=\frac{2\pi}{\sqrt{\left(\frac{m\pi}{a}\right)^2+\left(\frac{n\pi}{b}\right)^2}} \tag{7.15}$$

截止角频率 ω_c 为

$$\omega_c=\frac{k_c}{\sqrt{\varepsilon\mu}} \tag{7.16}$$

截止频率 f_c 为

$$f_c=\frac{\omega_c}{2\pi}=\frac{k_c}{2\pi\sqrt{\varepsilon\mu}} \tag{7.17}$$

传播常数 $\gamma=\sqrt{k_c^2-k^2}$，当 $k>k_c$时，γ 为虚数，波导内能传输电磁波，令 $\gamma=j\beta$，β 被称为相位常数，相位常数 β 为

$$\beta=\sqrt{k^2-k_c^2} \tag{7.18}$$

波导能传输 TE 波和 TM 波的条件是：β 是实数，上式根号里面是正数，即波数 $k>k_c$ 或者工作频率 $f>f_c$ 或者工作波长 $\lambda<\lambda_c$。

当 $k>k_c$时，TE 波和 TM 的各传播参数如下：

相位常数 β 为

$$\beta=k\sqrt{1-\left(\frac{k_c}{k}\right)^2}=k\sqrt{1-\left(\frac{f_c}{f}\right)^2}=k\sqrt{1-\left(\frac{\lambda}{\lambda_c}\right)^2} \tag{7.19}$$

波导内传输的电磁波相位移动 2π 的传播距离称为波导波长 λ_g，波导波长 λ_g 为

$$\lambda_g = \frac{2\pi}{\beta} = \frac{2\pi}{k\sqrt{1-\left(\frac{k_c}{k}\right)^2}} = \frac{\lambda}{\sqrt{1-\left(\frac{k_c}{k}\right)^2}} = \frac{\lambda}{\sqrt{1-\left(\frac{\lambda}{\lambda_c}\right)^2}} \tag{7.20}$$

其中 λ 是真空中的波长，即工作波长。

波导内传输的电磁波的相位传播速度称为相速度 v_p，相速度 v_p 为

$$v_p = \frac{\omega}{\beta} = \frac{\omega}{k\sqrt{1-\left(\frac{k_c}{k}\right)^2}} = \frac{v}{\sqrt{1-\left(\frac{k_c}{k}\right)^2}} = \frac{v}{\sqrt{1-\left(\frac{\lambda}{\lambda_c}\right)^2}} \tag{7.21}$$

上式中 v 是电磁波在真空中的速度。v_p 与频率有关，所以波导里传输的 TE、TM 波是色散的，不同频率波传输的速率不一样。

波阻抗为

$$Z_{TM} = \frac{E_x}{H_y} = \frac{\beta}{\omega\varepsilon} = \frac{k\sqrt{1-\left(\frac{k_c}{k}\right)^2}}{\omega\varepsilon} = \eta\sqrt{1-\left(\frac{\lambda}{\lambda_c}\right)^2} \tag{7.22}$$

$$Z_{TE} = \frac{E_x}{H_y} = \frac{\omega\mu}{\beta} = \frac{\eta}{\sqrt{1-\left(\frac{\lambda}{\lambda_c}\right)^2}} \tag{7.23}$$

η 是真空中的波阻抗，为 120π。

例 7-1 一矩形波导的尺寸为 $a=2$ cm，$b=1$ cm，内部充满空气，试分析该波导能否传输波长为 3 cm 的 TE_{10} 信号。求其在波导中的相移常数、波导波长、相速度和波阻抗。

解 先由式(7.9)计算主模 TE_{10} 模的截止波数 k_c，为

$$k_c = \sqrt{\left(\frac{m\pi}{a}\right)^2 + \left(\frac{n\pi}{b}\right)^2} = \frac{\pi}{a}$$

再由式(7.15)计算截止波长：

$$\lambda_c = \frac{2\pi}{k_c} = 2a = 4\text{ cm}$$

因为 $\lambda<\lambda_c$，所以可以传输波长为 3 cm 的 TE_{10} 信号。该信号的角频率为

$$\omega = 2\pi f = 2\pi\frac{c}{\lambda} = 2\pi\times10^{10}\text{ rad/s}$$

截止波数 $k_c=\frac{\pi}{a}$，所以相移常数为

$$\beta = \sqrt{k^2-k_c^2} = \sqrt{\omega^2\mu_0\varepsilon_0 - \left(\frac{\pi}{a}\right)^2} \approx 138.5$$

波导波长为

$$\lambda_g = \frac{\lambda}{\sqrt{1-\left(\frac{\lambda}{2a}\right)^2}} \approx 4.54\text{ cm}$$

相速度为

$$v_p = \frac{c}{\sqrt{1-\left(\frac{\lambda}{2a}\right)^2}} = 4.54\times10^8\text{ m/s}$$

波阻抗为

$$Z=\frac{120\pi}{\sqrt{1-\left(\frac{\lambda}{2a}\right)^2}}\approx 181.4\pi\ \Omega$$

7.3.3　矩形波导中的主模

1. 矩形波导中的主模

当电磁波的工作频率和波导尺寸给定后，矩形波导中可以同时传输多种 m、n 组合的 TE_{mn}、TM_{mn} 模式的电磁波，只要满足 $f>f_c=\frac{k_c}{2\pi\sqrt{\varepsilon\mu}}=\frac{\sqrt{\left(\frac{m\pi}{a}\right)^2+\left(\frac{n\pi}{b}\right)^2}}{2\pi\sqrt{\varepsilon\mu}}$。

在矩形波导的众多传播模式当中，有一个截止频率最低的模式。$m=1$，$n=0$ 的 TE_{10} 的截止频率 f_c 最小，称为矩形波导的主模 TE_{10}。TE_{10} 模传输参数如下：

$$k_c=\frac{\pi}{a}$$

$$\lambda_c=\frac{2\pi}{k_c}=2a$$

$$f_c=\frac{\omega_c}{2\pi}=\frac{k_c}{2\pi\sqrt{\varepsilon\mu}}$$

$$\beta=\sqrt{k^2-k_c^2}=\sqrt{\omega^2\mu\varepsilon-\left(\frac{\pi}{a}\right)^2}$$

$$E_x(x,y,z)=0$$

$$E_y(x,y,z)=-\frac{j\omega\mu a}{\pi}H_m\sin\left(\frac{\pi}{a}x\right)e^{-\gamma z}$$

$$H_x(x,y,z)=\frac{\gamma a}{\pi}H_m\sin\left(\frac{\pi}{a}x\right)e^{-\gamma z}$$

$$H_y(x,y,z)=0$$

$$H_z(x,y,z)=H_m\cos\left(\frac{m\pi}{a}x\right)e^{-\gamma z}$$

$$E_z(x,y,z)=0$$

图 7.4 为 TE_{10} 模的场结构示意图。

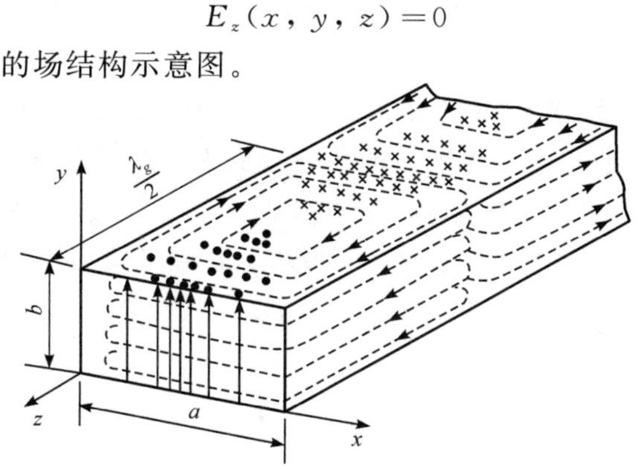

图 7.4　矩形波导 TE_{10} 模的场结构图

2. 单模传输

前面我们说过相同的 m 和 n 的 TE_{mn} 和 TM_{mn} 波，具有相同的 k_c，这叫模式简并。他们具有相同的截止波长。

$$\lambda_{cmn}=\frac{2\pi}{k_c}=\frac{2\pi}{\sqrt{\left(\frac{m\pi}{a}\right)^2+\left(\frac{n\pi}{b}\right)^2}}=\frac{2}{\sqrt{\left(\frac{m}{a}\right)^2+\left(\frac{n}{b}\right)^2}} \tag{7.24}$$

我们利用式(7.24)，可以算出不同的 m 和 n 的截止波长，将它们画在一张图上，如图 7.5 所示。

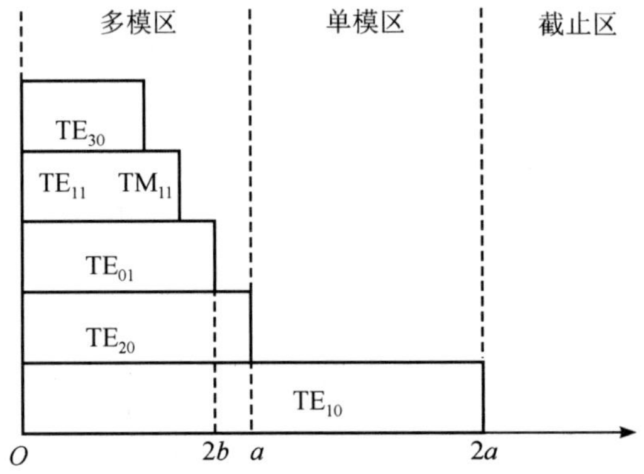

图 7.5 矩形波导的模式分布

截止波长最长的模式是 TE_{10} 模，是主模，其余模式称为高次模。在图 7.5 中有三个区：

(1) 截止区：$\lambda=2a\sim\infty$。由于矩形波导中能出现的最长截止波长 $\lambda_{c|TE_{10}}$ 为 $2a$，因此，当工作波长 $\lambda\geqslant 2a$ 时，电磁波就不能在波导中传播，所以该区称为截止区。

(2) 单模区：$\lambda=a\sim 2a$。在这一区域只有一个 TE_{10} 模出现。如果工作波长在 $a<\lambda<2a$ 的范围内，就只能传输 TE_{10} 模，其它模式都处于截止状态，这种情况称为单模传输，因此该区称为单模区。在使用波导传输能量时，通常要求其工作在单模状态。

(3) 多模区：$\lambda=0\sim a$。如果工作波长 $\lambda<a$，则波导中至少出现两种以上的波型，故该区称为多模区。

因此，为保证在矩形波导中只有 TE_{10} 模单模传输，在波导尺寸给定的情况下，电磁波的工作波长 λ 应满足 $\max(a, 2b)<\lambda<2a$。

例 7-2 矩形波导的横截面尺寸为 23 mm×10 mm，内填充空气，设信号频率 $f=10$ GHz。试求：(1) 波导中可传输波的传输模式及最低传输模式的截止频率、波导波长、相位常数、相速、波阻抗；(2) 若填充 $\varepsilon_r=4$ 的无耗电介质，$f=10$ GHz 波导中可能存在哪些传输模式。(3) 对于 $\varepsilon_r=4$ 的波导，若要求只传输 TE_{10} 波，波导尺寸及单模工作的频率如何选择。

解 (1) 工作波长

$$\lambda_0=\frac{c}{f}=0.03\ \text{m}$$

截止波长

$$\lambda_c(TE_{10}) = 2a = 0.046\ \text{m}$$

$$\lambda_c(TE_{20}) = a = 0.023\ \text{m}$$

根据传输条件，只有 $\lambda<\lambda_c$ 的波型才能在波导中传输，故该波导只能传输 TE_{10} 波，其传输参数为

$$f_c = \frac{c}{\lambda_c} = 6.52\ \text{GHz}$$

$$\lambda_g = \frac{v_p}{f} = \frac{\lambda_0}{\sqrt{1-\left(\frac{f_c}{f}\right)^2}} = \frac{\lambda_0}{\sqrt{1-\left(\frac{\lambda_0}{\lambda_c}\right)^2}} = 0.0395\ \text{m}$$

$$\beta = \frac{2\pi}{\lambda_g} = 159\ \text{rad/s}$$

$$v_p = \frac{\omega}{\beta} = f\lambda_g = 3.95\times 10^8\ \text{m/s}$$

$$Z_{TE_{10}} = \frac{\eta_0}{\sqrt{1-\left(\frac{\lambda_0}{2a}\right)^2}} = 1.32\eta_0 = 497\ \Omega$$

(2) 若 $\varepsilon_r=4$，则 $\lambda=\dfrac{\lambda_0}{\sqrt{\varepsilon_r}}=0.015$ m，由 $\lambda_c>\lambda$，可以得到

$$\lambda_c = \frac{2}{\sqrt{\left(\frac{m}{a}\right)^2+\left(\frac{n}{b}\right)^2}} > 0.015$$

即

$$m^2+(2.3n)^2<9.4$$

解该不等式，注意 m、n 均为正整数，得 $m\leqslant 3$，$n\leqslant 1$。

无论 TE_{31} 还是 TM_{31} 波，$m=3$，$n=1$，都有

$$\lambda_c = \frac{2ab}{\sqrt{a^2+9b^2}} = 0.0122\ \text{m}$$

对于 $m=2$，$n=1$，都有

$$\lambda_c = \frac{2ab}{\sqrt{a^2+4b^2}} = 0.01509\ \text{m}$$

所以，可传输的模式为 TE_{10}、TE_{20}、TE_{01}、TE_{11}、TE_{20}、TE_{21}、TM_{21}。

(3) 对于填充 $\varepsilon_r=4$ 介质的波导，若 $f=10$ GHz，当只传输 TE_{10} 波时，其单模工作的条件为

$$\lambda_{c(TE_{20})} < \lambda < \lambda_{c(TE_{10})} \text{ 及 } \lambda > \lambda_{c(TE_{01})}$$

即

$$a<\lambda<2a,\ \lambda>2b$$

解得

$$\lambda/2<a<\lambda,\ b<\lambda/2$$

当 $\lambda=1.5$ cm 时，有

$$0.75\ \text{cm}<a<1.5\ \text{cm},\ b<0.75\ \text{cm}$$

故可以取 $a=1.2$ cm，$b=0.5$ cm。

若 $a\times b=23$ mm×10 mm 的值一定，则其单模工作的条件为

$$f_{c(TE_{10})}<f<f_{c(TE_{20})}$$

$$f_{c(TE_{10})}=\frac{\frac{c}{\sqrt{\varepsilon_r}}}{\lambda(TE_{10})}=\frac{c}{2a\sqrt{\varepsilon_r}}=\frac{3\times10^8}{4\times2.3\times10^{-2}}=3.26\ \text{GHz}$$

$$f_{c(TE_{20})}=\frac{c}{a\sqrt{\varepsilon_r}}=\frac{3\times10^8}{2\times2.3\times10^{-2}}=6.52\ \text{GHz}$$

所以其单模工作的频段为

$$3.26\ \text{GHz}<f<6.52\ \text{GHz}$$

从这个例题可以看出，填充 $\varepsilon_r>1$ 的介质的波导与空气波导相比，若波导尺寸相同，电磁波的频率一定，则填充 $\varepsilon_r>1$ 介质的波导中可能存在的传输模较多。若要求单模工作，f 一定时，则相应的波导尺寸要变小；波导尺寸一定时，则相应的工作频率要变低。

7.4 圆 波 导

规则金属波导，除上一节介绍的矩形波导外，常用的波导还有圆波导，其横截面是圆。圆波导损耗较小，常作为天线馈线。圆波导的具体分析过程和矩形波导相同，本节只简要介绍圆波导的主要结果和参数。

设圆波导的半径为 a，波导内填充电参数为 μ 和 ε 的介质，波导管壁由理想导体构成。设电磁波沿 $+z$ 方向传播，如图 7.6 所示。波导内的电磁场为时谐场，其角频率为 ω，用圆柱坐标系表示，波导内电磁场的复数形式为(我们略去复矢量上面的～符号)

$$\boldsymbol{E}(\rho,\varphi,z)=\boldsymbol{E}(\rho,\varphi)e^{-\gamma z}$$
$$\boldsymbol{H}(\rho,\varphi,z)=\boldsymbol{H}(\rho,\varphi)e^{-\gamma z}$$

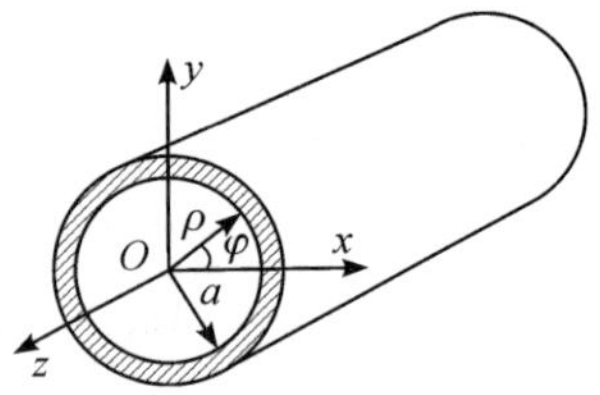

图 7.6 圆波导

7.4.1 圆波导的场分布

圆波导是单导体，不能传 TEM 波，只能传 TE 波和 TM 波，用与矩形波导同样的方法可以求得圆波导的场分布。

1. 圆波导中 TM 波的场分布

对于 TM 波，$H_z=0$。先求纵向分量 E_z，然后用 E_z 求 E_ρ，E_φ，H_ρ，H_φ，求解过程类似矩形波导，过程略，这里只说结论。

将 $E_z(\rho, \varphi, z)=E_m(\rho, \varphi)e^{-\gamma z}$ 带入麦克斯韦方程，用分离变量法可以求出

$$E_z(\rho, \varphi, z)=E_m J_m(k_c\rho)\begin{Bmatrix}\cos(m\varphi)\\ \sin(m\varphi)\end{Bmatrix}e^{-\gamma z}$$

$$H_z(\rho, \varphi, z)=0$$

上式中 $J_m()$ 是 m 阶第一类贝塞尔函数，圆波导 E 轴向对称，$\begin{Bmatrix}\cos(m\varphi)\\ \sin(m\varphi)\end{Bmatrix}$ 表示场沿 φ 方向存在两种可能的分布，相互独立相互正交。

和矩形波导求解过程类似，用上面的两横向分量 E_z、H_z，可求出 E_ρ，E_φ，H_ρ，H_φ。

$$E_\rho(\rho, \varphi, z)=-\frac{j\rho}{k_c}E_m J'_m(k_c\rho)\begin{Bmatrix}\cos(m\varphi)\\ \sin(m\varphi)\end{Bmatrix}e^{-\gamma z}$$

$$E_\varphi(\rho, \varphi, z)=\frac{jm\beta}{k_c^2\rho}E_m J_m(k_c\rho)\begin{Bmatrix}\sin(m\varphi)\\ -\cos(m\varphi)\end{Bmatrix}e^{-\gamma z}$$

$$H_\rho(\rho, \varphi, z)=\frac{jm\omega\varepsilon}{k_c^2\rho}E_m J_m(k_c\rho)\begin{Bmatrix}\sin(m\varphi)\\ -\cos(m\varphi)\end{Bmatrix}e^{-\gamma z}$$

$$H_\varphi(\rho, \varphi, z)=-\frac{j\omega\varepsilon\rho}{k_c\beta}E_m J'_m(k_c\rho)\begin{Bmatrix}\cos(m\varphi)\\ \sin(m\varphi)\end{Bmatrix}e^{-\gamma z}$$

设 k_c 为圆波导截止波数，可以求出(过程略)

$$k_c=\frac{p_{mn}}{a}$$

p_{mn} 是 m 阶第一类贝塞尔函数的第 n 个零点，a 是圆波导的半径，m 的物理意义是圆周上的整波个数，n 的物理意义是圆半径上的半波个数(过零点个数)。表 7.1 所示为 p_{mn} 的前几个值。

表 7.1　p_{mn} 的前几个值

m	$n=1$	$n=2$	$n=3$	$n=4$
0	2.405	5.520	8.654	11.792
1	3.832	7.016	10.173	13.324
2	5.136	8.417	11.620	14.796

2. 圆波导中 TE 波的场分布

圆波导中 TE 波的场分布和 TM 波类似(当然有差别)，其波动方程的解在此处省略。

对 TE 波有

$$k_c=\frac{p'_{mn}}{a}$$

p'_{mn} 是 m 阶第一类贝塞尔函数的导数的第 n 个根。表 7.2 所示为 p'_{mn} 的前几个值。

表 7.2　p'_{mn} 的前几个值

m	$n=1$	$n=2$	$n=3$	$n=4$
0	3.832	7.016	10.174	13.324
1	1.841	2.332	8.536	11.706
2	3.054	6.705	9.965	13.107

7.4.2 圆波导的传播参数

圆波导截止波数如下：

对 TM 波为

$$k_c = \frac{p_{mn}}{a}$$

对 TE 波为

$$k_c = \frac{p'_{mn}}{a}$$

圆波导传播参数(TE 波和 TM 波相同)如下：

截止波长为

$$\lambda_c = \frac{2\pi}{k_c}$$

截止角频率为

$$\omega_c = \frac{k_c}{\sqrt{\varepsilon\mu}}$$

截止频率为

$$f_c = \frac{\omega_c}{2\pi} = \frac{k_c}{2\pi\sqrt{\varepsilon\mu}}$$

其他传播参数同矩形波导。

圆波导截止波长最大的模是 TE_{11} 模，截止波长是 $3.41a$，是圆波导中的主模。

圆波导存在双重简并：(1) 不同的模式波，比如 TE_{0n} 和 TM_{1n}，有相同的截止波长，TE_{0n}模和 TM_{1n} 模存在模式简并。(2) 对 TE 波和 TM 波，当 $m \neq 0$ 时，都有 $\cos(m\varphi)$ 和 $\sin(m\varphi)$两种场结构，称为极化简并。这是圆波导特有的简并。

7.5 同轴波导

同轴波导是一种由内、外导体构成的双导体导波系统，也称为同轴线，其形状如图 7.7 所示。内导体半径为 a，外导体的内半径为 b，内外导体之间填充电参数为 ε、μ 的理想介质，内外导体为理想导体。由于同轴线是双导体波导，因此它既可以传播 TEM 波，也可以

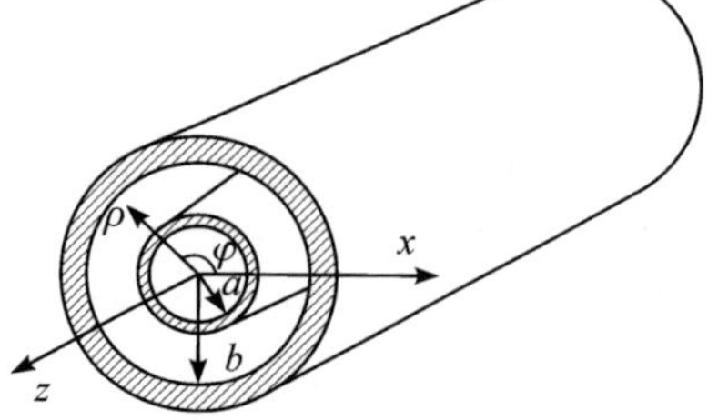

图 7.7 同轴波导

传播 TE 波、TM 波。设电磁波沿 $+z$ 方向传播，相应的场为时谐场，波导内电磁场的复数形式(略去复矢量上面的～符号)为

$$\boldsymbol{E}(\rho,\ \varphi,\ z)=\boldsymbol{E}(\rho,\ \varphi)\mathrm{e}^{-\gamma z}$$
$$\boldsymbol{H}(\rho,\ \varphi,\ z)=\boldsymbol{H}(\rho,\ \varphi)\mathrm{e}^{-\gamma z}$$

7.5.1　同轴波导中的 TEM 波

同轴线是双导体，其内可以传播 TEM 波。对于 TEM 波，$E_z=0$，$H_z=0$，而磁力线是闭合曲线，电场和磁场都在横截面内，即 $\boldsymbol{H}=\boldsymbol{e}_\varphi H_\varphi$，$\boldsymbol{E}=\boldsymbol{e}_\rho E_\rho$，代入麦克斯韦方程

$$\nabla\times\boldsymbol{H}=\mathrm{j}\omega\varepsilon\boldsymbol{E}$$
$$\nabla\times\boldsymbol{E}=-\mathrm{j}\omega\mu\boldsymbol{H}$$

用圆柱坐标系的旋度公式

$$\nabla\times\boldsymbol{H}=\frac{1}{\rho}\begin{vmatrix}\boldsymbol{e}_\rho & \rho\boldsymbol{e}_\varphi & \boldsymbol{e}_z\\ \dfrac{\partial}{\partial\rho} & \dfrac{\partial}{\partial\varphi} & \dfrac{\partial}{\partial z}\\ 0 & \rho H_\varphi\mathrm{e}^{-\gamma z} & 0\end{vmatrix}=\mathrm{j}\omega\varepsilon\boldsymbol{e}_\rho E_\rho$$

$$\nabla\times\boldsymbol{E}=\frac{1}{\rho}\begin{vmatrix}\boldsymbol{e}_\rho & \rho\boldsymbol{e}_\varphi & \boldsymbol{e}_z\\ \dfrac{\partial}{\partial\rho} & \dfrac{\partial}{\partial\varphi} & \dfrac{\partial}{\partial z}\\ E_\rho\mathrm{e}^{-\gamma z} & 0 & 0\end{vmatrix}=\mathrm{j}\omega\mu\boldsymbol{e}_\varphi H_\varphi$$

得到

$$\gamma H_\varphi=\mathrm{j}\omega\varepsilon E_\rho$$
$$\frac{1}{\rho}\frac{\partial}{\partial\rho}(\rho H_\varphi)=0 \tag{7.25}$$
$$\gamma E_\rho=\mathrm{j}\omega\mu H_\varphi$$

式(7.25)的解 ρH_φ 为与 ρ 无关的函数，所以

$$H_\varphi=\frac{H_\mathrm{m}}{\rho}$$

考虑沿 z 传播的传播因子 $\mathrm{e}^{-\gamma z}$，得到

$$H_\varphi=\frac{H_\mathrm{m}}{\rho}\mathrm{e}^{-\gamma z}$$

$$E_\rho=\frac{\gamma}{\mathrm{j}\omega\varepsilon}H_\varphi=\frac{\gamma H_\mathrm{m}}{\mathrm{j}\omega\varepsilon}\mathrm{e}^{-\gamma z}=\eta H_\mathrm{m}\mathrm{e}^{-\gamma z}=E_\mathrm{m}\mathrm{e}^{-\gamma z}$$

求出的同轴线 TEM 模的场分布如图 7.8 所示。

上述过程是用“场”的方法求解同轴线中的电场和磁场，TEM 波既可用“场”的方法求解，也可用“电路”的方法求解，结果是一致的，但电路的方法比场的方法简单，不需要麦克斯韦方程。

对传输 TEM 波的同轴线、双平行线，其电场和磁场只有横向分布。例如，$\boldsymbol{E}=\boldsymbol{e}_\rho E_\rho$，$\boldsymbol{H}=\boldsymbol{e}_\varphi H_\varphi$，这时在 $z=C$(常数) 平面内，内外导体间的电压 $U(z)=\int_a^b\boldsymbol{E}\cdot\mathrm{d}\boldsymbol{\rho}=\int_a^b E_\rho\mathrm{d}\rho$，该

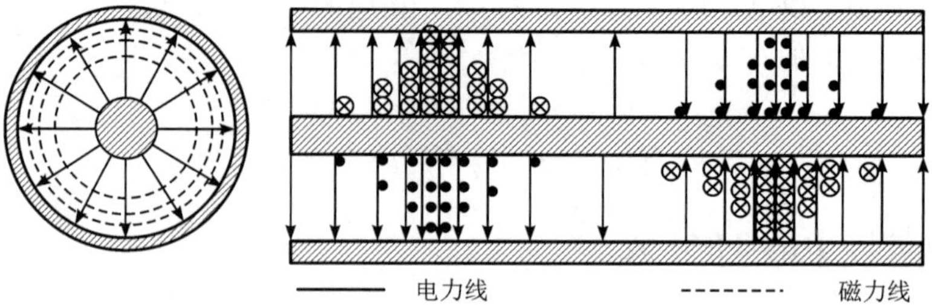

图 7.8 同轴线 TEM 模的场分布

点的电流 $I(z)=\oint \boldsymbol{H}\cdot \mathrm{d}\boldsymbol{l}=\int_0^{2\pi} H_{\varphi}\rho\,\mathrm{d}\varphi$，都具有实际意义。因此，可用“电路”中的电压和电流等效传输线中的电场和磁场，即可以用 U 和 I 等效 $\boldsymbol{E}$ 和 $\boldsymbol{H}$ 来分析传输线。这种方法称为“等效电路”法，即将传输线作为分布参数电路处理，得到由传输线的单位长度电阻、电感、电容和电导制成的等效电路，然后根据基尔霍夫定律导出传输线上电压、电流满足的方程，进而讨论波的传输特性。

在模拟电子线路和高频电路中，当处理电信号的波长远大于传输线长度时，有限长的传输线上各点的电流(或电压)的大小和相位可近似认为相同，这时分布参数效应可以不考虑，传输线作为集总参数电路处理。

但当传输信号的波长与传输线长度可比拟时，传输线上各点的电流(或电压)的大小和相位各不相同，显现出分布效应，此时传输线就必须作为分布参数电路处理。

下面说一下同轴线中 TEM 波的传播参数。

TEM 波的传播常数为

$$\gamma=\mathrm{j}\beta=\mathrm{j}\omega\sqrt{\varepsilon\mu}$$

相速度为

$$v_{\mathrm{p}}=\frac{\omega}{\beta}=\frac{1}{\sqrt{\varepsilon\mu}}$$

波阻抗为

$$\eta_{\mathrm{TEM}}=\frac{E_{\rho}}{H_{\varphi}}=\frac{\gamma}{\mathrm{j}\omega\varepsilon}=\sqrt{\frac{\mu}{\varepsilon}}$$

对 TEM 波，$k_{\mathrm{c}}=0$，$f_{\mathrm{c}}=0$，$\lambda_{\mathrm{c}}=\infty$。任何频率都满足 $f>f_{\mathrm{c}}$，TEM 波的所有频率都可传播，所以 TEM 波是同轴线的主模。

7.5.2 同轴波导中的 TM 波和 TE 波

同轴线除了可以传输 TEM 波外，当电磁波频率过高时，还可以传输 TE 波和 TM 波。

TM 波、TE 波的传播参数为如下：

对 TM 波，截止波数为

$$k_{\mathrm{c}}\approx\frac{n\pi}{b-a}\quad (n=1,\ 2,\ 3,\ \cdots)$$

截止波长为

$$\lambda_{\mathrm{c}}\approx\frac{2}{n}(b-a)\quad (n=1,\ 2,\ 3,\ \cdots)$$

以上两式与 m 无关。

截止波长最大的TM模是 TM_{01} 模，截止波长 $\lambda_c=2(b-a)$。

对TE波，截止波数为

$$k_c\approx\frac{2m}{b+a}\quad(n=1,\ m=1,\ 2,\ 3,\ \cdots)$$

截止波长为

$$\lambda_c\approx\frac{\pi}{m}(b+a)\quad(n=1,\ m=1,\ 2,\ 3,\ \cdots)$$

TE波第一高次模是 TE_{11} 模，截止波长 $\lambda_c=\pi(b+a)$。同轴波导几个低阶的模的截止波长分布如图7.9所示。

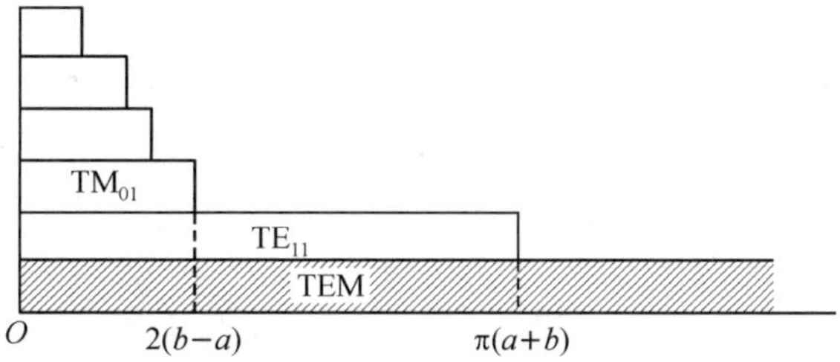

图7.9 同轴波导几个低阶的模的截止波长分布

为保证同轴波导在给定工作频带内只传输TEM模，就必须使工作波长大于第一个高次模 TE_{11} 模的截止波长，即

$$\lambda>\pi(b+a)$$

要得到最终 a、b 值，还必须根据功率容量最大时得到的 a/b 的值，一起确定 a、b 的值。

思政小课堂

我国电磁波奠基人：林为干

电磁炉、微波炉、手机、电视、医用B超、磁悬浮列车，这些人们司空见惯的东西，无一不跟电磁场理论和微波技术有关。林为干是我国电磁场与微波技术学科的主要奠基人。

林为干(1919—2015)，中国科学院院士、微波理论学家，长期从事电磁理论、微波理论、光波导理论以及电磁波传播、辐射理论和应用的教学与研究工作，由他提出的“一腔多模”理论，推动了卫星通信、移动通信等领域的发展。

在林为干的少年时期，中国正处于被列强瓜分的困境中，军阀混战，民不聊生。林为干从小就目睹了外国侵略者蹂躏中国的国土，聆听父辈们讲述虎门销烟的故事，积弱积贫的中国让林为干痛心疾首，他从此发奋读书，立志报效祖国，为中国的强盛努力奋斗。

林为干16岁考上清华大学，从小好奇心强的林为干对电机方面兴趣浓厚，于是选择了电机专业。他以优异的成绩完成大学学业并攻读清华大学硕士学位，然而卢沟桥事变后的战争加上窘迫的生活，让林为干无力再继续完成研究生学业，于是他成为昆明电政局的一名技术员。

在云南保山前线，林为干无视日本侵略军的炮火，穿梭于密林之间，翻越峻岭，飞渡大江，冒着生命危险分别将保山至昆明、腾冲、缅甸等地被日军轰炸切断的通信重新恢复畅通，为中国远征军打开南下通道做出了重要贡献。林为干因出色完成保山前线架设电话线的艰巨任务受到嘉奖，并获得去美国留学的机会。

在美国，林为干接触到了当时国际最先进的电磁场理论方面的最新理论和研究成果，而这方面当时在国内是一片空白。林为干认识到电磁场理论，尤其是其中的微波技术，对国防建设和改变人们生活具有很重要的推动作用。于是，他毅然选择微波技术这个有点枯燥和艰难的高尖科技领域作为自己的研究方向。不久，他开始了“一腔多模”理论与技术的研究。之前国际微波界认为一个圆柱谐振腔有两个简并模可以利用，但林为干通过实验和研究发现，竟有5个谐振频率的简并模可以应用，从而极大地减少了设备的体积和重量。这个重大发现，成为林为干开创微波世界科学事业的第一个高峰。现代卫星通信技术之所以获得快速发展，跟林为干的这项重大发现不无关系。

中华人民共和国成立后，林为干谢绝了美方的高薪聘请，回来报效祖国。林为干回国后，在电磁理论、微波技术、光纤技术、电磁辐射与散射等领域深耕，他的研究始终处于世界科学前沿。20世纪70年代，林为干整理了300多万字的学术手稿，出版了《微波网络》等几部专著，这些著作成为中国微波理论技术专业教学的主要教材，奠定了他在中国微波界无可替代的地位。

林为干说，要做一辈子研究生。90岁高龄时，他每天还拿着放大镜，仔细研究最新的外国文献，写研究心得，推算公式。数十年的研究中，林为干在微波方面的闭合场理论、开放场理论和镜像理论方面的研究，位居世界前沿。他发现了有介质平面的双镜现象，解决了电磁场理论中半个世纪无人破解的一个经典问题。

本章小结

本章主要讲述了电磁波沿介质传播的电磁波的性质。

1. TEM波、TE波、TM波的概念

2. 导行波的参数

$$\lambda_c=\frac{2\pi}{k_c}=\frac{2\pi}{\omega_c\sqrt{\varepsilon\mu}}$$

$$\omega_c=\frac{k_c}{\sqrt{\varepsilon\mu}}$$

$$f_c=\frac{\omega_c}{2\pi}=\frac{k_c}{2\pi\sqrt{\varepsilon\mu}}$$

$$\beta=\sqrt{\omega^2\varepsilon\mu-k_c^2}=k\sqrt{1-\left(\frac{k_c}{k}\right)^2}$$

$$\lambda_g=\frac{2\pi}{\beta}=\frac{2\pi}{k\sqrt{1-\left(\frac{k_c}{k}\right)^2}}=\frac{\lambda}{\sqrt{1-\left(\frac{k_c}{k}\right)^2}}$$

$$v_p=\frac{\beta}{\omega}=v\left(\sqrt{1-\left(\frac{k_c}{k}\right)^2}\right)$$

$$Z_{\mathrm{TM}}=\frac{E_x}{H_y}=\frac{\beta}{\omega\varepsilon}=\frac{k\sqrt{1-\left(\frac{k_{\mathrm{c}}}{k}\right)^2}}{\omega\varepsilon}=\eta\sqrt{1-\left(\frac{k_{\mathrm{c}}}{k}\right)^2}$$

$$Z_{\mathrm{TE}}=\frac{E_x}{H_y}=\frac{\omega\mu}{\beta}=\frac{\eta}{\sqrt{1-\left(\frac{k_{\mathrm{c}}}{k}\right)^2}}$$

3. 矩形波导中 TE 波、TM 波的传播参数

截止波数

$$k_{\mathrm{c}}=\sqrt{\left(\frac{m\pi}{a}\right)^2+\left(\frac{n\pi}{b}\right)^2}$$

矩形波导单模传输的工作条件：工作波长 λ 应满足 $\max(a, 2b)<\lambda<2a$。

矩形波导的性质如下：

(1) 沿 z 轴传播，沿 x 和 y 为驻波；

(2) 等相位面为 $z=C$(C 为常数)的平面，振幅与 x、y 有关，为非均匀平面波；

(3) m 和 n 可取多个值，电磁波的场结构有多个模式，称为多模传输。多模场表示为 TE_{mn}，TM_{mn}；

(4) $m=1$，$n=0$ 时，k_{c} 最小，截止频率最小，称 TE_{10} 为主模。

4. 圆波导

TE 波和 TM 波的截止波数分别为

对 TM 波：$k_{\mathrm{c}}=\dfrac{p_{mn}}{a}$

对 TE 波：$k_{\mathrm{c}}=\dfrac{p'_{mn}}{a}$

圆波导的主模为 TE_{11}；圆波导也存在模式简并现象；圆波导也能单模传输。

5. 同轴线传输

同轴线能同时传输 TEM 波、TE 波和 TM 波。TEM 波可以用场的方法分析，也可用“电路”的方法分析，TEM 波是同轴线的主模。

同轴线单模传输的条件是 $\lambda>\pi(b+a)$。

习　题

7.1 下列两矩形波导具有相同的工作波长，试比较它们工作在 TM_{11} 模式时的截止频率。

(1) $a\times b=23\times10\ \mathrm{mm}^2$；

(2) $a\times b=16.5\times16.5\ \mathrm{mm}^2$。

7.2 已知矩形波导的横截面尺寸为 $a\times b=23\times10\ \mathrm{mm}^2$，试求当工作波长 $\lambda=10\ \mathrm{mm}$ 时，波导中能传输哪些波型？当工作波长 $\lambda=30\ \mathrm{mm}$ 时呢？

7.3 求内外导体直径分别为 0.25 cm 和 0.75 cm 时同轴空气线的特性阻抗；在此同轴线内外导体之间填充聚四氟乙烯($\varepsilon_r=2.1$)，求其特性阻抗与 300 MHz 时的波长。

7.4 用 BJ-100(22.86 mm×10.16 mm)矩形波导以主模传输 10 GHz 的微波信号，试求：

(1) 波导的截止波长 λ_c，波导波长 λ_g，相移常数 β 和波阻抗。

(2) 如果宽边尺寸增加一倍，上述参量如何变化？

7.5 假设矩形波导管的截面尺寸为 $a\times b=31.75\times15.875\ \text{mm}^2$，内部填充 $\varepsilon_r=4$ 的电介质，问什么频率下波导管只能通过 TE_{10} 波形而不能通过其他波形？

7.6 设计一特性阻抗为 75 Ω 的同轴线，要求它的最高工作频率为 4.2 GHz，求当分别以空气和 $\varepsilon_r=2.25$ 的介质填充时同轴线的尺寸。

7.7 何谓场结构？了解 TE_{10} 模的场结构有何实际意义？了解矩形波导中高次模的场结构又有何实际意义？

7.8 什么是波导内的波型(模式)？它们是怎样分类和表示的？各符号代表什么物理意义？

7.9 何谓工作波长、截止波长和波导波长？它们之间的关系是什么？

7.10 为什么只有 $\lambda<\lambda_c$ 的波长能在波导中传输？

7.11 什么是波导的色散特性？波导为什么存在色散特性？

第 8 章

电磁波的辐射

前面几章我们讨论了电磁波的传播问题，本章讨论电磁波的辐射问题。

时变的电荷和电流能激发电磁场，电磁场可以脱离场源以电磁波的形式向远处传播出去，这种现象叫电磁辐射，天线就是设计成按规定的方式有效地辐射和接收电磁波能量的装置。天线按结构形式大致分为线天线和面天线。

对于天线辐射求解问题，可利用实际不同结构的天线上的电流分布，用麦克斯韦方程求解空间场。但这种方法比较复杂，一般是先求出元天线的空间场分布函数，再把实际天线分割成元天线的组合，再对实际天线空间进行积分。

另外如果时谐场源点处的波函数为 $f(t)$，那么远方场点的波函数是 $f(t-\Delta t)$，$\Delta t=d/c$，d 是源和场点的距离，c 是光速。这使得远处空间的时谐场的相位与源点处时谐电流的相位相比，产生相位滞后现象。

8.1　电偶极子辐射

天线上高频交流电流在空间产生的电磁场的求解过程是：先根据天线的电流密度 $\boldsymbol{J}$，求出空间的矢量磁位 $\boldsymbol{A}$，再利用公式 $\boldsymbol{B}=\nabla\times\boldsymbol{A}$ 和 $\mathrm{j}\omega\varepsilon\boldsymbol{E}=\nabla\times\boldsymbol{B}$，求出 $\boldsymbol{E}$。因为天线上电流是时谐电流，辐射的场是时谐场，我们还是用不带～符号的矢量表示复矢量，请读者注意。

现在我们来求解电偶极子天线在空间产生的电磁场。电偶极子天线，也叫元天线，是指长度为 l 的导线，中心馈电，电偶极子天线满足下列条件：

(1) 电偶极子的长度 l 远小于工作波长 λ，所以 l 上各点的电流(包括相位)可以看作是相等的。

(2) 电偶极子的长度 l 远小于天线中心到待求场点 P 的距离 r，所以天线各点到 P 的距离近似相等，如图 8.1 所示。

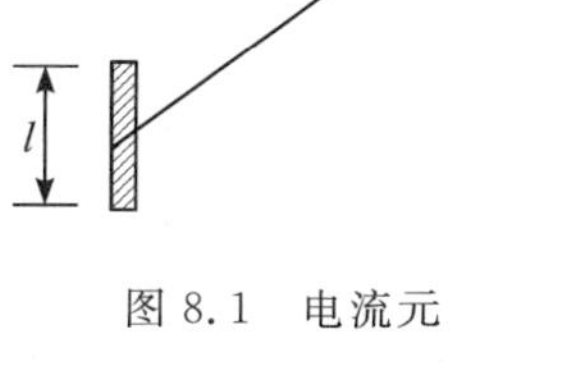

图 8.1　电流元

设天线电流 $i(t)=I\cos\omega t=\mathrm{Re}[I\mathrm{e}^{\mathrm{j}\omega t}]$，电偶极子天线沿 z 轴放置，中心在坐标原点，长度为 l，横截面面积为 ΔS，如图 8.2 所示。故有

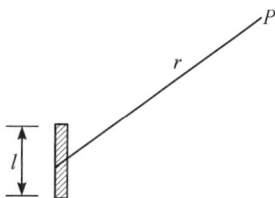

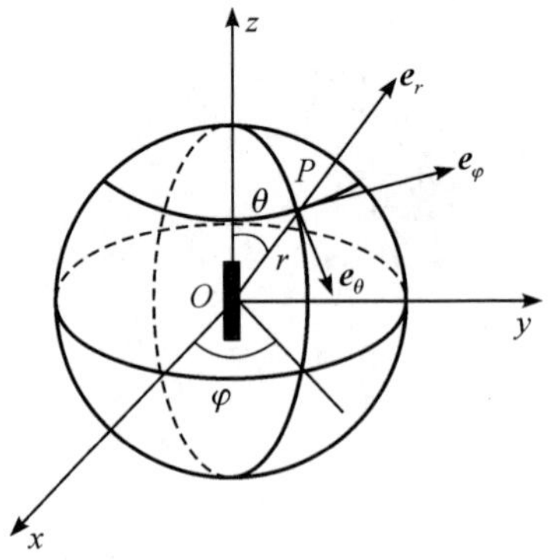

图 8.2 电偶极子天线的辐射场

$$\boldsymbol{J}\mathrm{d}V' = \boldsymbol{e}_z \frac{I}{\Delta S}\Delta S\ \mathrm{d}z' = \boldsymbol{e}_z I\mathrm{d}z'$$

$$\boldsymbol{A} = \boldsymbol{e}_z \frac{\mu_0}{4\pi}\int_l \frac{I\mathrm{e}^{-\mathrm{j}kr}}{r}\mathrm{d}z'$$

$l \ll r$，$\boldsymbol{A}$ 近似为

$$\boldsymbol{A} = \boldsymbol{e}_z \frac{\mu_0 Il}{4\pi r}\mathrm{e}^{-\mathrm{j}kr}$$

P 点的磁场强度为

$$\boldsymbol{H} = \frac{1}{\mu_0}\nabla\times\boldsymbol{A}$$

用球坐标系的旋度公式可以得到

$$\boldsymbol{H} = \boldsymbol{e}_\varphi \frac{Ik^2 l\sin\theta}{4\pi}\left[\frac{\mathrm{j}}{kr} + \frac{1}{(kr)^2}\right]\mathrm{e}^{-\mathrm{j}kr}$$

注意 $H_r = 0$，$H_\theta = 0$，只有 H_φ，H_φ 为

$$H_\varphi = \frac{Ik^2 l\sin\theta}{4\pi}\left[\frac{\mathrm{j}}{kr} + \frac{1}{(kr)^2}\right]\mathrm{e}^{-\mathrm{j}kr} \tag{8.1}$$

根据 $\boldsymbol{E} = \frac{1}{\mathrm{j}\omega\varepsilon}\nabla\times\boldsymbol{H}$，可以求出 $\boldsymbol{E}$：

$$E_\varphi = 0 \tag{8.2}$$

$$E_r = \frac{Ilk^3\cos\theta}{2\pi\omega\varepsilon_0}\left[\frac{1}{(kr)^2} - \frac{\mathrm{j}}{(kr)^3}\right]\mathrm{e}^{-\mathrm{j}kr} \tag{8.3}$$

$$E_\theta = \frac{Ilk^3\sin\theta}{4\pi\omega\varepsilon_0}\left[\frac{\mathrm{j}}{kr} + \frac{1}{(kr)^2} - \frac{\mathrm{j}}{(kr)^3}\right]\mathrm{e}^{-\mathrm{j}kr} \tag{8.4}$$

这就是电偶极子天线产生的场强公式。在球坐标系中，电流沿 z 方向($\theta=0$)时，场强只有 E_r，E_θ，H_φ。因为 $\boldsymbol{r}$ 的方向为传播方向，存在 E_r，不存在 H_r，所以电偶极子天线在空间产生的电磁波是 TM 波。

1. 近场区

当 $r \ll \lambda = \frac{2\pi}{k}$，$kr \ll 1$(注意电偶极子天线 $l \ll \lambda$，r 可以和电偶极子天线长度 l 同数量级)，$\mathrm{e}^{-\mathrm{j}kr} \approx 1$，因为$\frac{1}{kr} \ll \frac{1}{(kr)^2} \ll \frac{1}{(kr)^3}$，所以式(8.1)、(8.3)、(8.4)右边起作用的变量是$\frac{1}{kr}$的高次幂，于是

$$E_r = -\mathrm{j}\frac{Il\cos\theta}{2\pi r^3\omega\varepsilon_0}$$

$$E_\theta = -\mathrm{j}\frac{Il\sin\theta}{4\pi r^3\omega\varepsilon_0}$$

$$H_\varphi = \frac{Il\sin\theta}{4\pi r^2}$$

近场区的平均功率密度为

$$\boldsymbol{S}_{av}=\frac{1}{2}\mathrm{Re}[\boldsymbol{E}\times\boldsymbol{H}^*]=\frac{1}{2}\mathrm{Re}[(\boldsymbol{e}_rE_r+\boldsymbol{e}_rE_\theta^*)\times\boldsymbol{e}_\varphi H_\varphi]=0$$

讨论：

(1) 近场区的 E_r、E_θ 与静电场的电偶极子的 E_r、E_θ 场相似，H_φ 与恒定磁场的 H_φ 相似，因此近场区是准静态场。

(2) 由于场强与 $1/r$ 的高次幂成正比，因此随近场区的距离增大，场量迅速减少，当离天线较远时，可以认为场量为零。场量为零处就是近场和远场的边界。

(3) 电场与磁场的相位相差 90°，坡印廷矢量为虚数，平均功率密度为零，电偶极子的近场区没有电磁功率向外输出，电磁能量在电场和磁场之间转换振荡，这是忽略了场表示式中的次要因素所导致的结果，而并非近场区真的没有净功率向外输出。近场区也称为感应区。

2. 远场区

当 $r\geqslant\lambda=\frac{2\pi}{k}$，$kr\geqslant 1$ 时，因为$\frac{1}{kr}\gg\frac{1}{(kr)^2}\gg\frac{1}{(kr)^3}$，所以式(8.1)、(8.3)、(8.4)右边起作用的是$\frac{1}{kr}$，忽略$\frac{1}{kr}$的高次幂，于是有

$$E_r=\frac{Ilk^3\cos\theta}{2\pi\omega\varepsilon_0}\left[\frac{1}{(kr)^2}-\frac{\mathrm{j}}{(kr)^3}\right]\mathrm{e}^{-\mathrm{j}kr}\approx 0$$

$$E_\theta=\frac{Ilk^3\sin\theta}{4\pi\omega\varepsilon_0}\frac{\mathrm{j}}{kr}\mathrm{e}^{-\mathrm{j}kr}=\mathrm{j}\frac{Il}{4\pi r}\frac{k^2\sin\theta}{\omega\varepsilon_0}\mathrm{e}^{-\mathrm{j}kr}$$

$$H_\varphi=\frac{Ik^2l\sin\theta}{4\pi}\mathrm{e}^{-\mathrm{j}kr}=\mathrm{j}\frac{Ikl\sin\theta}{4\pi r}\mathrm{e}^{-\mathrm{j}kr}$$

将 $k=\omega\sqrt{\mu_0\varepsilon_0}$，波阻抗 $\eta_0=\sqrt{\frac{\mu_0}{\varepsilon_0}}$，$k=\frac{2\pi}{\lambda}$代入上式得

$$E_\theta=\mathrm{j}\frac{Il}{2\lambda r}\frac{k}{\omega\varepsilon_0}\sin\theta\mathrm{e}^{-\mathrm{j}kr}=\mathrm{j}\eta_0\frac{Il}{2\lambda r}\sin\theta\mathrm{e}^{-\mathrm{j}kr}\tag{8.5}$$

$$H_\varphi=\mathrm{j}\frac{Il}{2\lambda r}\sin\theta\mathrm{e}^{-\mathrm{j}kr}\tag{8.6}$$

讨论：

(1) 远场区的电场和磁场都只有横向分量 E_θ 与 H_φ，且 E_θ 与 H_φ 垂直，且都垂直传播方向，是 TEM 波。

(2) E_θ 与 H_φ 相位相同，坡印廷矢量是实数，且指向 $\boldsymbol{e}_r$ 方向，说明电偶极子天线远场区有沿径向向外方向辐射的电磁波，所以叫辐射区，工程上把 $r>(5\sim10)\lambda$ 的区域叫远场区。辐射的平均功率密度为

$$\boldsymbol{S}_{av}=\frac{1}{2}\mathrm{Re}[\boldsymbol{E}\times\boldsymbol{H}^*]=\frac{1}{2}\mathrm{Re}[\boldsymbol{e}_\theta E_\theta\times\boldsymbol{e}_\varphi H_\varphi^*]=\frac{1}{2}\boldsymbol{e}_r\mathrm{Re}[E_\theta H_\varphi^*]$$

$$=\frac{1}{2}\boldsymbol{e}_r\eta_0\left(\frac{Il}{2\lambda r}\right)^2\sin^2\theta$$

(3) 远场区的波阻抗为$\dfrac{E_\theta}{H_\varphi}=\eta_0=120\pi$，与空气中均匀平面波有相同的波阻抗。

(4) 远场区是非均匀球面波。相位因子 e^{-jkr} 表明波的等相位面是 $r=$常数的球面，在该等相位面上，电场(或磁场)的振幅并不处处相等(因球面上 θ 不同处 $\sin\theta$ 不同)，故为非均匀球面。

(5) 远场区场强的振幅与 r 的一次方成反比，场强随距离增加不断衰减，这种衰减不是由介质的损耗引起的，而是球面波固有的扩散特性导致的。因为包围元天线球面的功率是一定的，距离越远其能量逐渐扩散，球面面积越大，场强的振幅越小，与 r 的一次方成反比。

远场区元天线辐射功率为

$$
\begin{aligned}
P_r &= \oint_S \boldsymbol{S}_{av} \cdot d\boldsymbol{S} = \oint_S \frac{1}{2}\boldsymbol{e}_r \eta_0 \left(\frac{Il}{2\lambda r}\right)^2 \sin^2\theta \cdot d\boldsymbol{S} \\
&= 40\ \pi^2 I^2 \left(\frac{l}{\lambda}\right)^2
\end{aligned}
\tag{8.7}
$$

电偶极子的辐射功率与电长度$\dfrac{l}{\lambda}$有关。辐射的功率可以视为被一等效电阻 R_r 吸收的功率 $P=\dfrac{1}{2}I^2R_r$，R_r 为

$$
R_r = 80\ \pi^2 \left(\frac{l}{\lambda}\right)^2 \tag{8.8}
$$

(6) 远场区分布有方向性。远场区场强的振幅不仅与距离有关系，还与场点的方向 θ 有关系，由 $\eta_0\dfrac{Il}{2\lambda r}\sin\theta$ 看出，对于相同的距离 r，不同方向的场强幅度不一样，这种特性叫天线的方向性。

场强中与方位角 θ 和 φ 有关的函数，称为方向性因子 $f(\theta,\varphi)$。上述元天线沿 z 轴放置，由于轴对称，场强与方位角 φ 无关，方位性因子仅为方向角 θ 的函数，即 $f(\theta,\varphi)=\sin\theta$。因此在电偶极子天线的轴线方向上($\theta=0°$)场强为零，在垂直于电偶极子天线轴线的方向上($\theta=90°$)场强最大。

通常用方向图来形象地描述天线的方向性。把场强图想象为地球，电场沿子午线(经线)方向，磁场沿纬线方向，磁场由于轴对称性与 φ 无关，如图 8.3 所示。$\boldsymbol{H}$ 图(沿同一纬线横截一个平面，θ 为定值)如图 8.4 所示。

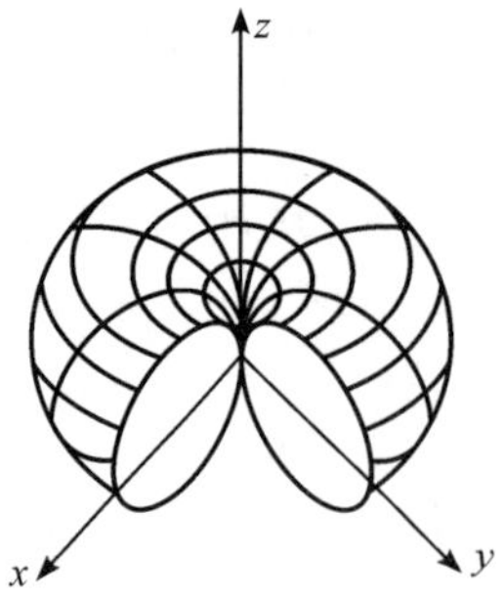

图 8.3 电偶极子场强立体图

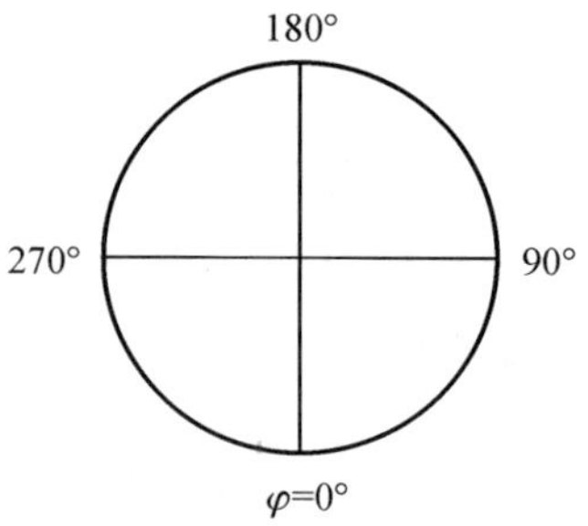

图 8.4 元天线 $\boldsymbol{H}$ 面方向图

电场与 θ 有关，所以 $\boldsymbol{E}$ 图(沿同一经线横截一个平面，φ 为定值）如图 8.5 所示。

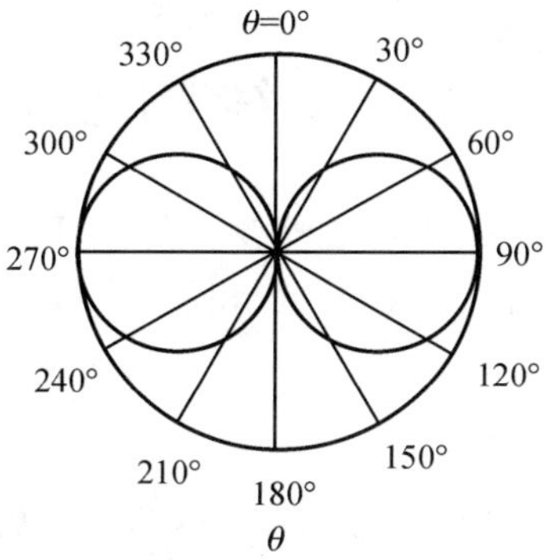

图 8.5　元天线 $\boldsymbol{E}$ 面方向图

例 8-1　已知空气中一个电偶极子的辐射功率为 P_r，求远场区中任意点 $P(r，\theta，\varphi)$ 的电场强度振幅值。

解　利用 $I=I_m e^{j\varphi}$ 及电偶极子远场区辐射场表达式，可求出远场区辐射场的电场强度振幅为

$$E_m=\frac{I_m l}{2\lambda_0 r}\eta_0\sin\theta$$

由于

$$P_r=40\pi^2\left(\frac{I_m l}{\lambda_0}\right)$$

所以

$$\frac{I_m l}{\lambda_0}=\sqrt{\frac{P_r}{40\pi^2}}$$

因此

$$E_m=3\sqrt{10P_r}\frac{\sin\theta}{r}$$

例 8-2　天线位于原点，周围介质为空气，已知远场区

$$E_\theta=\frac{100}{r}\sin\theta e^{\frac{-2j\pi r}{\lambda}}\ (\mathrm{V/m})$$

求辐射功率。

解　由辐射功率的定义 $P_r=\oint_S \boldsymbol{S}_{av}\cdot d\boldsymbol{S}$ 可知，要求辐射功率，需先求出平均坡印廷矢量。

由公式 $\boldsymbol{S}_{av}=\mathrm{Re}\left[\frac{1}{2}\boldsymbol{E}\times\boldsymbol{H}^*\right]$ 可知

$$\boldsymbol{S}_{av}=\boldsymbol{e}_r\frac{1}{2}\frac{|E_\theta|^2}{\eta}=\boldsymbol{e}_r\frac{1}{2}\left[\frac{100}{r}\sin\theta\right]^2/\eta$$

所以辐射功率为

$$P_r=\oint_s \boldsymbol{S}_{av}\cdot d\boldsymbol{S}=\int_0^{2\pi}\int_0^{\pi}\frac{1}{2}\frac{(100\sin\theta)^2}{\eta}r^2\sin\theta d\theta d\varphi=\frac{100^2}{\eta}\cdot 2\pi\cdot\frac{1}{2}\int_0^{\pi}\sin^3\theta d\theta$$

$$=\frac{100^2}{\eta}\cdot 2\pi\cdot\frac{4}{3}\approx 111.1\ (\mathrm{W})$$

8.2 天线的参数

天线的性能用若干参数来描述，了解这些参数以便于正确设计或选用天线。通常是以发射天线来定义天线的基本参数的。这些参数将描述天线把高频电流能量转换成电磁波能量并按要求辐射出去的能力。

1. 方向性函数和方向性图

前面我们分析过沿 z 轴放置的电偶极子天线远场区的场强大小，与 θ 有关，与 φ 无关，说明天线辐射具有方向性，在天线所在的平面内辐射场强正比于 $\sin\theta$，$\theta=0$，$\boldsymbol{E}=\mathbf{0}$；$\theta=\pi/2$，$\boldsymbol{E}$ 最大。在与天线垂直的平面内，场强无方向性。

天线的方向性函数是指：离天线一定距离处，描述天线辐射场的相对值与空间方向的函数，表示为 $f(\theta, \varphi)$，根据方向性函数绘制的图形则称为天线的方向性图。

$$f(\theta, \varphi)=\frac{|E(\theta, \varphi)|}{|E_{\max}|}$$

上式中的 $E(\theta, \varphi)$ 为指定距离上某方向 (θ, φ) 的电场强度值，$E_{\max}$ 为同一距离上的最大电场强度值，例如，电偶极子的方向性函数为 $f(\theta, \varphi)=|\sin\theta|$。

为了描述天线的辐射功率的空间分布状况，可以用功率方向性函数 $F_p(\theta, \varphi)$，它与场强方向性函数 $f(\theta, \varphi)$ 的关系为 $F_p(\theta, \varphi)=f^2(\theta, \varphi)$。

实际应用的天线的方向性图要比电偶极子的方向性图复杂，出现很多波瓣，分别称为主瓣、副瓣，后瓣。图 8.6 所示为某实际天线的 $\boldsymbol{E}$ 面功率方向性图。

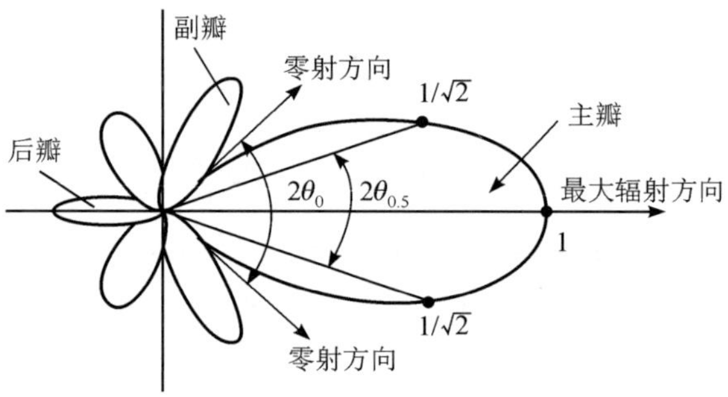

图 8.6 实际的功率方向图

(1) 主瓣宽度

天线辐射最强的波瓣称为主瓣。主瓣轴线两侧的两个半功率点(即功率密度下降为最大值的一半或场强下降为最大值的 $1/\sqrt{2}$ 处的矢径之间的夹角，称为主瓣宽度，表示为 $2\theta_{0.5}$。主瓣宽度愈小，说明天线辐射的能量愈集中，定向性愈好。电偶极子的主瓣宽度为 $90°$。

(2) 副瓣电平

主瓣以外的其它瓣称为旁瓣，最大的旁瓣叫副瓣，副瓣的功率密度 S_1 和主瓣功率密度 S_0 之比的对数值，称为副瓣电平，表示为

$$SLL = 10\ \lg \frac{S_1}{S_0} dB = 20\lg \frac{E_{1max}}{E_{0max}}\ dB$$

副瓣是天线浪费的无用功率，通常要求副瓣电平尽可能低。

2. 方向性系数

在离天线某一距离 r 处，测试天线在其最大辐射方向上的功率密度 S_{max} 与一个辐射功率相同的理想无方向性天线在同一点产生的功率密度 S_0 的比值，定义为测试天线的方向性系数。表示为

$$D = \left.\frac{S_{max}}{S_0}\right|_{P_r = P_{r0}} = \left.\frac{E_{max}^2}{E_0^2}\right|_{P_r = P_{r0}}$$

上式中的 P_r 和 P_{r0} 分别为测试天线和理想的无方向性天线的辐射功率。方向性系数描述了天线辐射能量集中的程度。那么方向性系数 D 和方向性函数 $f(\theta,\varphi)$有什么关系呢？

对于无方向性天线，距离为 r 处的功率密度为

$$S_0 = \frac{E_0^2}{2\eta_0}$$

无方向性天线的辐射功率为

$$P_{r0} = S_0 \cdot 4\pi r^2 = \frac{E_0^2}{240\pi} \cdot 4\pi r^2 = \frac{E_0^2 r^2}{60}$$

测试天线的辐射功率为

$$\begin{aligned} P_r &= \oint_S \boldsymbol{S}_{av} \cdot d\boldsymbol{S} = \oint_S \frac{E^2(\theta,\varphi)}{2\eta_0} dS = \int_0^{2\pi}\int_0^{\pi} \frac{E^2(\theta,\varphi)}{2\eta_0}\ r^2 \sin\theta d\theta d\varphi \\ &= \frac{1}{2\eta}\int_0^{2\pi}\int_0^{\pi} E_{max}^2 f^2(\theta,\varphi) r^2 \sin\theta d\theta d\varphi \\ &= \frac{E_{max}^2 r^2}{240\pi}\int_0^{2\pi}\int_0^{\pi} f^2(\theta,\varphi)\ \sin\theta d\theta d\varphi \end{aligned}$$

由 $P_{r0} = P_r$，得到

$$\frac{E_{max}^2 r^2}{240\pi}\int_0^{2\pi}\int_0^{\pi} f^2(\theta,\varphi) \sin\theta d\theta d\varphi = \frac{E_0^2 r^2}{60}$$

$$\frac{E_{max}^2}{4\pi}\int_0^{2\pi}\int_0^{\pi} f^2(\theta,\varphi) \sin\theta d\theta d\varphi = E_0^2$$

所以

$$D = \frac{E_{max}^2}{E_0^2} = \frac{4\pi}{\int_0^{2\pi}\int_0^{\pi} f^2(\theta,\varphi)\sin\theta d\theta d\varphi} \tag{8.9}$$

$$E_{max}^2 = DE_0^2 = D \times \frac{60P_{r0}}{r^2}$$

$$E_{max} = \left.\frac{\sqrt{60DP_r}}{r}\right|_{P_r = P_{r0}}$$

由式(8.9)可计算各天线的方向性系数如下：

对于无方向性天线，$f(\theta,\varphi)=1$，$D=1$。

对于电偶极子天线，$f(\theta,\varphi)=\sin\theta$，代入式(8.9)可算出 $D=1.5$。

3. 效率

天线工作时，由于天线本身有损耗，并不能把输入的功率全部辐射出去，定义天线的效率为

$$\eta_A = \frac{P_r}{P_{in}} = \frac{P_r}{P_r + P_L}$$

P_{in} 是天线的输入功率，P_r 是天线辐射功率，P_L 是天线损耗功率。

天线向外辐射的功率视为被一等效电阻 R_r 吸收，设天线的损耗电阻为 R_L，所以

$$\eta_A = \frac{\frac{1}{2}I^2 R_r}{\frac{1}{2}I^2 R_r + \frac{1}{2}I^2 R_L} = \frac{R_r}{R_r + R_L}$$

要提高天线的效率，要尽可能增大辐射电阻和降低损耗电阻。

4. 增益系数

增益系数定义为在相同的输入功率下，测试天线在其最大辐射方向上某点产生的功率密度 S_{max} 与一个理想的无方向性天线在同一点产生的功率密度 S_0 的比值，表示为

$$G = \left.\frac{S_{max}}{S_0}\right|_{P_{in}=P_{in0}} = \left.\frac{E_{max}^2}{E_0^2}\right|_{P_{in}=P_{in0}}$$

上式中 P_{in} 和 P_{in0} 分别是测试天线和理想无方向性天线的输入功率。

由定义不难看出 $G = D\eta_A$。天线的增益，不仅包含了能量的方向集中程度，还包含了天线本身的焦耳损耗。

5. 输入阻抗

天线通过传输线与天线相连，存在阻抗匹配问题，天线的输入阻抗定义为输入电压与输入电流的比值，即

$$Z_{in} = \frac{U_{in}}{I_{in}}$$

天线的输入阻抗与天线的几何结构、材料等因素有关。

6. 有效长度

天线的有效长度是衡量天线辐射能力的一个参数，一般天线上的电流分布不均匀，所以天线的辐射场强不随天线的长度成正比变化。

假想一天线上的电流是均匀分布的，均匀电流等于输入电流 I_m，长度为 l_e，在真实天线的最大辐射方向上，当假想天线的辐射功率等于真实天线辐射功率时，那么 l_e 就叫天线的有效长度。

$$l_e = \frac{1}{I_m}\int_0^l I(z)\,dz$$

l 是真实天线长度。

7. 频带宽度

天线的工作状态与频率有关，当频率偏离中心频率时，参数会发生变化，比如方向图变形，输入阻抗变化。天线的电参数保持在技术规定范围内时的频率范围叫天线的频带宽度。

例 8-3　由于某种应用上的要求，在自由空间中离天线 1 km 的点处需保持 1 V/m 的电场强度，若天线是：(1) 无方向性天线；(2) 电偶极子天线；则必须馈给天线的功率是多少？(不计损耗)

解　由公式

$$|E_{\max}|=\frac{\sqrt{60P_{r}D}}{r}$$

可得

$$P=\frac{|E|^{2}r^{2}}{60D}$$

无方向性天线、电偶极子天线的方向性系数分别为 $D_1=1$、$D_2=1.5$。把它们分别代入上面的公式，就能得到各个天线所需功率。它们分别为

$$P_1=\frac{1\times10^{6}}{60D_1}=\frac{10^{6}}{60}=16\ 666.7\ (\mathrm{W})$$

$$P_2=\frac{1\times10^{6}}{60D_2}=\frac{10^{6}}{60\times1.5}=11\ 111\ (\mathrm{W})$$

8.3 对称天线

电偶极子天线辐射电阻低，不是良好的电磁辐射器。下面讨论中心馈电、长度可以和波长相比拟的对称天线(也叫对称振子天线)。

对称天线是由两根粗细和长度都相同的导线构成的，中间为馈电端，如图 8.7 所示，这是一种应用广泛、结构简单的基本天线。如果天线上电流分布已知，则用电偶极子辐射场沿整个导线积分，便得到对称天线的辐射场。然而，即使天线是由理想导体构成的，精确求解这种几何结构简单、直径为有效值的天线上的电流分布仍然很困难。

对称天线可以看作由开路传输线张开而成，导线无限细(长度/直径$=\infty$)，张开导线上的电流分布视为正弦驻波分布。因为天线两端开路，电流为零，形成电流驻波的波节，电流驻波的波腹的位置取决于天线的长度。不同长度的对称天线的电流分布如图 8.8 所示。

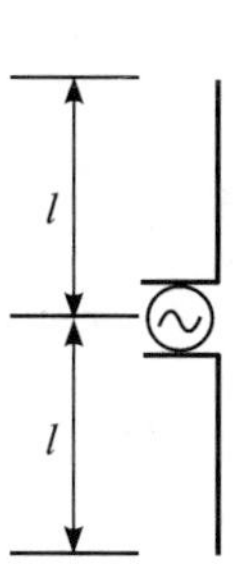

图 8.7　对称天线

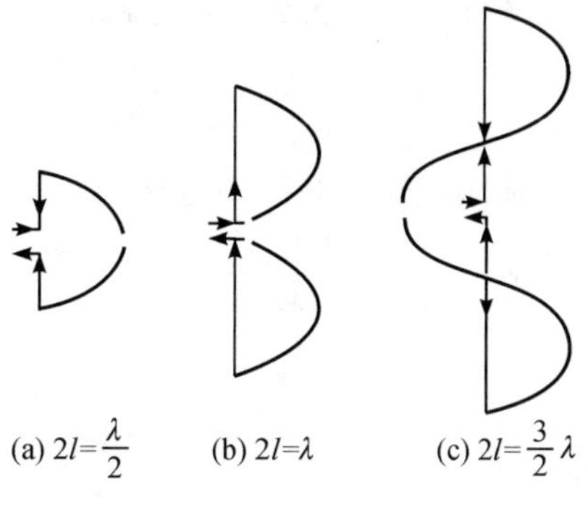

图 8.8　不同长度的对称天线的电流分布

8.3.1 对称天线的辐射场

因为对称天线的电流分布为正弦驻波，对称天线可以看作是由许多电流幅度不等相位相同，连续地排成一条直线的电偶极子天线组成的，用对偶极子天线远场区公式直接计算对称天线的远场区的电场，如图 8.9 所示。

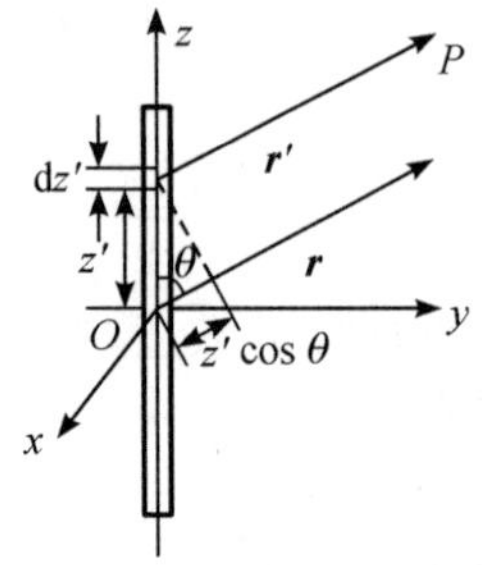

图 8.9 对称天线辐射的计算

对称天线的电流分布为

$$I(z')=I_{\mathrm{m}}\sin[k(l-|z'|)]$$

$k=\dfrac{2\pi}{\lambda}$ 是相位常数，I_{m} 是波腹电流。

电流元 $I\mathrm{d}z'$ 产生的远场区的电场强度为

$$\mathrm{d}E_{\theta}=\mathrm{j}\eta\frac{I\mathrm{d}z'}{2\lambda r}\sin\theta\mathrm{e}^{-kr'}$$

上式中 $I=I_{\mathrm{m}}\sin[k(l-|z'|)]$。

由于观察点 P 距离 r 远远大于 l，可以认为天线上每个电流元对观察点 P 指向相同，r 与 r' 平行，因此各个电流元在 P 点产生的电场的方向相同，合成电场为各个点电流元在远场区的电场的标量和，即对称天线远场区的电场为

$$E_{\theta}=\int_{-l}^{l}\mathrm{j}\eta\frac{I\mathrm{d}z'}{2\lambda r}\sin\theta\mathrm{e}^{-kr'}$$

由于 $l\ll r'$，近似认为$\dfrac{1}{r}\approx\dfrac{1}{r'}$，由于 l 与波长为同一数量级，含在相位因子中的 r' 不能用 r 代替，但 r 与 r' 平行，做一次近似，得到

$$r'=r-z'\cos\theta$$

$$\mathrm{e}^{-kr'}=\mathrm{e}^{-k(r-z'\cos\theta)}=\mathrm{e}^{-kr}\mathrm{e}^{kz'\cos\theta}$$

由此可以算出，对称天线远场区的电场为

$$\begin{aligned}E_{\theta}&=\int_{-l}^{l}\mathrm{j}\eta\frac{I\mathrm{d}z'}{2\lambda r}\sin\theta\mathrm{e}^{-kr'}\\&=\mathrm{j}\eta\frac{I_{\mathrm{m}}}{2\lambda r}\mathrm{e}^{-kr}\sin\theta\int_{-l}^{l}\sin[k(l-|z'|)]\mathrm{e}^{kz'\cos\theta}\mathrm{d}z'\end{aligned}$$

经过计算后可得到

$$E_{\theta}=\mathrm{j}\frac{60I_{\mathrm{m}}}{r}\frac{\cos(kl\cos\theta)-\cos kl}{\sin\theta}\mathrm{e}^{-kr}\tag{8.10}$$

对称天线的方向性函数为

$$f(\theta,\varphi)=\frac{\cos(kl\cos\theta)-\cos kl}{\sin\theta} \tag{8.11}$$

图 8.10 是几种对称天线的方向性图。

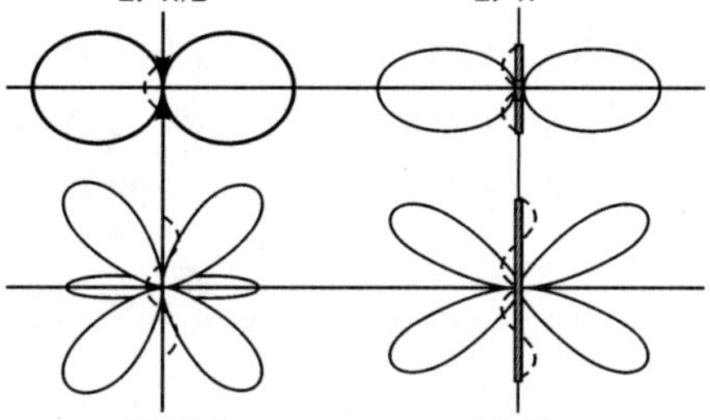

图 8.10　几种对称天线的方向性图

8.3.2　半波天线

天线长度 $2l=\frac{\lambda}{2}$ 的对称天线称为半波天线(见图 8.8)，半波天线是实际应用最广泛的天线，将 $2l=\frac{\lambda}{2}$，$k=\frac{2\pi}{\lambda}$ 代入式(8.11)得到

$$f(\theta,\varphi)=\frac{\cos(kl\cos\theta)-\cos kl}{\sin\theta}=\frac{\cos\left(\frac{\pi}{2}\cos\theta\right)}{\sin\theta} \tag{8.12}$$

可以算出半波振子天线方向性系数 $D=1.64$。

半波天线的辐射场强为

$$E_\theta=\mathrm{j}\,\frac{60I_\mathrm{m}}{r}\,\frac{\cos\left(\frac{\pi}{2}\cos\theta\right)}{\sin\theta}\mathrm{e}^{-kr} \tag{8.13}$$

半波天线的辐射功率为

$$P=\oint_S \boldsymbol{S}_\mathrm{av}\cdot\mathrm{d}\boldsymbol{S}=\frac{1}{2\eta}\oint_S[E_\theta]^2\mathrm{d}S=\frac{1}{2\eta}\int_0^{2\pi}\int_0^{\pi}E_\theta^2 r^2\sin\theta\mathrm{d}\theta\mathrm{d}\varphi$$

$$=30I_\mathrm{m}^2\int_0^{\pi}\frac{\cos^2\left(\frac{\pi}{2}\cos\theta\right)}{\sin\theta}\mathrm{d}\theta$$

半波天线的辐射电阻为

$$R_\mathrm{r}=60I_\mathrm{m}^2\int_0^{\pi}\frac{\cos^2\left(\frac{\pi}{2}\cos\theta\right)}{\sin\theta}=73.1\ \Omega$$

对称天线的电流分布是不均匀的，天线上各点的电流振幅不同，选取不同的参考电流，辐射电阻将不同。通常选取波腹电流或者输入端电流作为辐射电阻的参考电流，求得的辐射电阻分别叫作波腹电流的电阻或输入电流的电阻。对半波天线，输入端电流等于波腹电流，因此不用区分波腹电流的电阻或输入电流的电阻。

8.4 天线接收原理

当发射天线辐射的电磁波被其他天线接收时，接收天线的输出端将感应出输出电压。如果天线作为发射天线，在某一指定方向增益为 G，那么当该天线作为接收天线，接收同一方向的电磁辐射时，会有相同的增益 G，这就是天线的互易原理，即同一天线作为发射天线和接收天线时，其性能相同。

设一个线极化接收天线处于外来的无线电波的场中，发射天线与接收天线相距甚远，发射场的球面波半径比起接收天线的尺寸，几乎无穷大，所以接收天线的场可以视为均匀平面波。

设入射电场可以分为两个分量，一个是垂直于入射线（波传播方向）与天线轴构成的平面的分量 E_φ，另一个是在入射线与天线轴构成的平面内的分量 E_θ，如图 8.11 所示，只有沿天线表面电场的切线方向分量 $E_z = E_\theta \sin\theta$，才能在天线上感应出电流，天线上将产生感应电动势为

$$e = \int \boldsymbol{E} \cdot \mathrm{d}\boldsymbol{l} = \int (\boldsymbol{E}_\theta + \boldsymbol{E}_\varphi) \cdot \mathrm{d}\boldsymbol{l} = \int \boldsymbol{E}_\theta \cdot \mathrm{d}\boldsymbol{l} = \int E_\theta \sin\theta \ \mathrm{d}z = E_\theta \sin\theta \ \Delta l \tag{8.14}$$

e 通过负载，产生感应电流，把信号传给接收机。

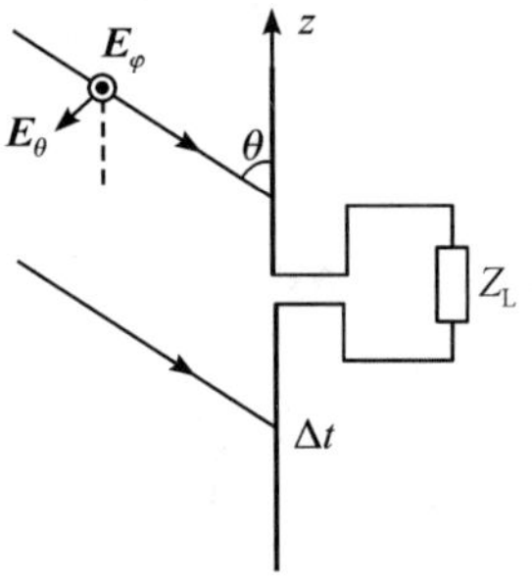

图 8.11 接收天线原理

本章小结

1. 求解天线的辐射场的步骤

先根据天线的电流密度 $\boldsymbol{J}$，求出空间的矢量磁位 $\boldsymbol{A}$，再用 $\boldsymbol{B} = \nabla \times \boldsymbol{A}$ 和 $\mathrm{j}\omega\varepsilon\boldsymbol{E} = \nabla \times \boldsymbol{B}$，求出 $\boldsymbol{E}$。

2. 电偶极子天线的概念

长度为 l 的导线，中心馈电，满足条件：(1) 偶极子的长度 l 远小于工作波长 λ，所以 l 上各点的电流（包括相位）可以看作相等。(2) 偶极子的长度 l 远小于天线中心到待求场点 P 的距离 r，所以天线各点到 P 的距离近似相等。

3. 电偶极子近场区的场的性质

(1) 近场区的 E_r、E_θ 与静电场的电偶极子的 E_r、E_θ 场相似。H_φ 与恒定磁场的 $\boldsymbol{H}$ 相似，因此近场区是准静态场。

(2) 由于场强与 $\frac{1}{r}$ 的高次幂成正比，因此随近场区的距离增大，场强迅速减少，当离天线较远时，可以认为场量为零。这是近场和远场的边界。

(3) 电场与磁场的相位相差 90°，坡印廷矢量为虚数，平均功率密度为零，电偶极子的近场区没有电磁功率向外输出，电磁能量在电场和磁场之间转换振荡。

4. 电偶极子远场区的场的性质

(1) 远场区的电场和磁场都只有横向分量 E_θ 与 H_φ，且 E_θ 与 H_φ 垂直，且都垂直于传播方向，是 TEM 波。

(2) E_θ 与 H_φ 相位同向，坡印廷矢量是实数，且指向 $\boldsymbol{e}_r$ 方向，说明电偶极子天线远场区有沿径向向外方向辐射的电磁波，所以叫辐射区，工程上把 $r>(5\sim10)\lambda$ 的区域叫远场区。

(3) 远场区的波阻抗为 $\frac{E_\theta}{H_\varphi}=\eta_0=120\pi$，与平面波有相同的波阻抗。

(4) 远场区是非均匀球面波。相位因子 $\mathrm{e}^{-\mathrm{j}kr}$ 表明波的等相位面是 $r=$ 常数的球面，在该等相位面上，电场(或磁场)的振幅并不处处相等，故为非均匀球面。

(5) 远场区场强的振幅与 r 的一次方成反比。

(6) 远场区分布有方向性。

5. 电偶极子远场区的参数

电偶极子辐射功率为

$$P=40\pi^2 I^2\left(\frac{l}{\lambda}\right)^2$$

与电长度 $\frac{l}{\lambda}$ 有关。

电偶极子等效电阻 R_r 为

$$R_\mathrm{r}=80\pi^2\left(\frac{l}{\lambda}\right)^2$$

6. 电偶极子远场区的场

$$E_\theta=\mathrm{j}\eta_0\frac{Il}{2\lambda r}\sin\theta\mathrm{e}^{-\mathrm{j}kr}$$

$$H_\varphi=\mathrm{j}\frac{Il}{2\lambda r}\sin\theta\mathrm{e}^{-\mathrm{j}kr}$$

7. 天线的各种参数

$$D=\frac{E_{\max}^2}{E_0^2}=\frac{4\pi}{\int_0^{2\pi}\int_0^{\pi}f^2(\theta,\varphi)\sin\theta\mathrm{d}\theta\mathrm{d}\varphi}$$

8. 对称天线的求解方法

9. 半波振子天线的方向性

10. 天线接收原理

习　题

8.1　设元天线的轴线沿东西方向放置，在远方有一移动接收台停在正南方而收到最大电场强度，当电台沿以元天线为中心的圆周在地面移动时，电场强度渐渐减小，问当电场强度减小到最大值的$\frac{1}{\sqrt{2}}$时，电台的位置偏离正南多少度？

8.2　半波天线的电流振幅为1 A，求离天线1 km处的最大电场强度。

8.3　求半波天线的主瓣宽度。

8.4　求波源频率$f=1$ MHz，线长$l=1$ m的长直导线的辐射电阻。

8.5　为了在垂直于电偶极子天线轴线的方向上，距离偶极子100 km处得到大于100 μV/m的电场强度的有效值，电偶极子天线必须至少辐射多大功率？

8.6　天线的方向性函数为

$$f(\theta)=\begin{cases}\cos^2\theta,\ |\theta|\leqslant\dfrac{\pi}{2}\\[2mm] 0,\ |\theta|>\dfrac{\pi}{2}\end{cases}$$

试求其方向性系数D。

8.7　已知某天线的辐射功率为100 W，方向性系数$D=3$，求：

(1) $r=10$ km处，最大辐射方向上的电场强度振幅；

(2) 若保持功率不变，要使$r=20$ km处的场强等于原来$r=10$ km处的场强，应选取方向性系数D等于多少的天线？

附录 1

重要的矢量恒等式

$$\boldsymbol{A}\cdot(\boldsymbol{B}\times\boldsymbol{C})=\boldsymbol{B}\cdot(\boldsymbol{C}\times\boldsymbol{A})=\boldsymbol{C}\cdot(\boldsymbol{A}\times\boldsymbol{B}) \tag{A.1}$$

$$\boldsymbol{A}\times(\boldsymbol{B}\times\boldsymbol{C})=\boldsymbol{B}(\boldsymbol{A}\cdot\boldsymbol{C})-\boldsymbol{C}(\boldsymbol{A}\cdot\boldsymbol{B}) \tag{A.2}$$

$$\nabla(uv)=u\,\nabla v+v\,\nabla u \tag{A.3}$$

$$\nabla\cdot(u\boldsymbol{A})=u\,\nabla\cdot\boldsymbol{A}+\boldsymbol{A}\cdot\nabla u \tag{A.4}$$

$$\nabla\times(u\boldsymbol{A})=u\,\nabla\times\boldsymbol{A}+\nabla u\times\boldsymbol{A} \tag{A.5}$$

$$\nabla\cdot(\boldsymbol{A}\times\boldsymbol{B})=\boldsymbol{B}\cdot\nabla\times\boldsymbol{A}-\boldsymbol{A}\cdot\nabla\times\boldsymbol{B} \tag{A.6}$$

$$\nabla(\boldsymbol{A}\cdot\boldsymbol{B})=(\boldsymbol{A}\cdot\nabla)\boldsymbol{B}+(\boldsymbol{B}\cdot\nabla)\boldsymbol{A}+\boldsymbol{A}\times\nabla\times\boldsymbol{B}+\boldsymbol{B}\times\nabla\times\boldsymbol{A} \tag{A.7}$$

$$\nabla\times(\boldsymbol{A}\times\boldsymbol{B})=\boldsymbol{A}\,\nabla\cdot\boldsymbol{B}-\boldsymbol{B}\,\nabla\cdot\boldsymbol{A}+(\boldsymbol{B}\cdot\nabla)\boldsymbol{A}-(\boldsymbol{A}\cdot\nabla)\boldsymbol{B} \tag{A.8}$$

$$\nabla\times(\nabla u)=\boldsymbol{0} \tag{A.9}$$

$$\nabla\cdot(\nabla\times\boldsymbol{A})=0 \tag{A.10}$$

$$\nabla\cdot\nabla u=\nabla^2 u \tag{A.11}$$

$$\nabla\times(\nabla\times\boldsymbol{A})=\nabla(\nabla\cdot\boldsymbol{A})-\nabla^2\boldsymbol{A} \tag{A.12}$$

附录 2

电磁学主要物理量单位

物理量	单 位
电荷量 Q	库仑(C)
电流 I	安培(A)
电压 V	伏特(V)
电阻 R	欧姆(Ω)
电容 C	法拉(F)或库仑每伏特(C/V)
电感 L	亨利(H)或韦伯每安培(Wb/A)
电场强度 E	伏特每米(V/m)
电位移矢量 D	库仑每平方米(C/m^2)
位移电流密度 J_d	安培每平方米(A/m^2)
电流密度 J	安培每平方米(A/m^2)
磁场强度 H	安培每米(A/m)
磁感应强度 B	韦伯每平方米(Wb/m^2)或特斯拉(T)
磁通量 ψ	韦伯(Wb)或伏秒(V·S)
介电常数 ε	法拉每米(F/m)
电导率 σ	西门子每米(S/m)
磁导率 μ	亨利每米(H/m)

附本书两个常用的常数：

真空中的介电常数为 $\varepsilon_0=\dfrac{1}{36\pi}\times10^{-9}$ F/m，真空中的磁导率为 $\mu_0=4\pi\times10^{-7}$ H/m。

习题答案

第1章

1.1　－14.43

1.2　$75\pi^2$

1.3　都为 1200π

1.4　$2x+2x^2y+72x^2y^2z^2$；$\frac{1}{24}$

1.5　$4\pi a^3$

1.6　8

1.7　$\frac{\pi a^4}{4}$

1.8　14；是保守场

1.9　$\frac{-3\boldsymbol{e}_x+4\boldsymbol{e}_y-5\boldsymbol{e}_z}{10\sqrt{2}}$

1.10　(1) $8xy+3y^2$；$4xz\boldsymbol{e}_x+(1-2yz)\boldsymbol{e}_y-(3x^2+z^2)\boldsymbol{e}_z$

(2) 0；$(2xy-x^2)\boldsymbol{e}_x+(2yz-y^2)\boldsymbol{e}_y+(2xz-z^2)\boldsymbol{e}_z$

(3) $P'(x)+Q'(y)+R'(z)$；0

第2章

2.1　球外的 $\boldsymbol{E}_2=\boldsymbol{e}_r\frac{2\rho_0 a^3}{15\varepsilon_0 r^2}$；$\varphi_2=\frac{2\rho_0 a^3}{15\varepsilon_0 r}$；

球内的 $\boldsymbol{E}_1=\boldsymbol{e}_r\frac{\rho_0}{\varepsilon_0}\left(\frac{r}{3}-\frac{r^5}{5a^2}\right)$；$\varphi_1=\frac{\rho_0}{\varepsilon_0}\left(\frac{a^2}{4}-\frac{r^2}{6}-\frac{r^4}{20a^2}\right)$；

2.2　只能求出在 $z=0$ 处的场 $\boldsymbol{E}_2(x, y, 0)=\boldsymbol{e}_x 2y-\boldsymbol{e}_y 2x+\boldsymbol{e}_z(10/3)$；

$\boldsymbol{D}_2(x, y, 0)=\varepsilon_0(\boldsymbol{e}_x 6y-\boldsymbol{e}_y 6x+\boldsymbol{e}_z 10)$；

2.3　(1) 不是　(2) 是　(3) 不是　(4) 不是

2.4　$\boldsymbol{E}=-\boldsymbol{e}_x 2ax$；$\rho=-2\varepsilon_0 a$

2.5　内部 $\boldsymbol{E}=\frac{\rho r}{2\varepsilon_0}\boldsymbol{e}_\rho$；外部 $\boldsymbol{E}=\frac{\rho a^3}{2r\varepsilon_0}\boldsymbol{e}_\rho$

2.6　$z>0$ 时 $\boldsymbol{E}=\frac{\rho_S}{2\varepsilon_0}(1-\frac{z}{(a^2+z^2)^{1/2}})\boldsymbol{e}_z$；$z<0$ 时 $\boldsymbol{E}=-\frac{\rho_S}{2\varepsilon_0}\left(1-\frac{|z|}{(a^2+z^2)^{1/2}}\right)\boldsymbol{e}_z$；

2.7　$\left(x-\frac{4a}{3}\right)^2+y^2+z^2=\left(\frac{2a}{3}\right)^2$

2.8　$\boldsymbol{E}_2=\boldsymbol{e}_x+\boldsymbol{e}_y 4+\boldsymbol{e}_z 5$　V/m；

2.9 $C=\frac{\varepsilon_0 S}{d\ln 2}$

2.10 (1) $\boldsymbol{E}=\frac{qa(\boldsymbol{e}_x-\boldsymbol{e}_y)}{4\pi\varepsilon_0(z^2+a^2)^{3/2}}$ (2) $\boldsymbol{E}=\frac{qa(\boldsymbol{e}_x-\boldsymbol{e}_y)}{4\pi\varepsilon_0(z^2+x^2+(x-a)^2)^{3/2}}$

2.11 $-28\ \mu\mathrm{J}$；$-28\ \mu\mathrm{J}$

2.12 (1) 是，$\varphi=xyz-x^2+x_0y_0z_0+x_0^2$，$(x_0, y_0, z_0)$是参考电位点。(2) 不是

第 3 章

3.1 10.5

3.2 $\frac{1}{4\pi\sigma_0 K}\ln\frac{R_2(R_1+K)}{R_1(R_2+K)}$

3.3 $\frac{3q\omega r\sin\theta}{4\pi a^3}\boldsymbol{e}_\varphi$；$\frac{q\omega}{2\pi}$

3.4 $\frac{4\pi\sigma U_0^2}{\frac{1}{a}-\frac{1}{b}}$；$\frac{1}{4\pi\sigma}\left(\frac{1}{a}-\frac{1}{b}\right)$

3.5 $\frac{1}{4\pi\sigma a}$

3.6 $\frac{1}{2\pi\sigma_1}\ln\frac{b}{a}+\frac{1}{2\pi\sigma_2}\ln\frac{c}{b}$

3.7 $\frac{\varepsilon}{\sigma R}$

第 4 章

4.1 $\boldsymbol{e}_z\frac{\mu_0\omega Q}{6\pi a}$

4.2 $\boldsymbol{e}_\varphi\frac{\mu_0}{r}\left(\frac{1}{4}a^4+\frac{4}{3}a^3\right)$

4.3 (1) 不是；(2) 是，$\boldsymbol{e}_z 2a$；(3)是，0；(4)是，$\boldsymbol{e}_r a\cot\theta-\boldsymbol{e}_\theta 2a$

4.4 $-2\ Az$，$\boldsymbol{e}_\varphi(Aa^2\cos^2\theta+B)\sin\theta$

4.5 $(\boldsymbol{e}_x 2500-\boldsymbol{e}_y 10)$ mT；$(\boldsymbol{e}_x 0.002+\boldsymbol{e}_y 0.5)$ mT

4.6 $\frac{qa^2\boldsymbol{\omega}}{5}$

4.7 $\boldsymbol{B}=\boldsymbol{e}_\varphi\frac{\mu_0 I}{2\pi r}$；$\boldsymbol{A}=-\boldsymbol{e}_z\frac{\mu_0 I}{2\pi}\ln\frac{r}{r_0}$

4.8 $r<a$ 时 $\boldsymbol{B}=\boldsymbol{0}$；$a<r<b$ 时，$\boldsymbol{B}=\boldsymbol{e}_\varphi\frac{\mu I(r^2-a^2)}{2\pi r(b^2-a^2)}$；$\boldsymbol{J}_M=\boldsymbol{e}_z\frac{(\mu_1-1)I}{\pi(b^2-a^2)}$

$r>b$ 时 $\boldsymbol{B}=\boldsymbol{e}_\varphi\frac{\mu_0 I}{2\pi r}$，$\boldsymbol{J}_M=\boldsymbol{0}$；$r=a$ 处 $\boldsymbol{J}_{SM}=\boldsymbol{0}$；$r=b$ 处 $\boldsymbol{J}_{SM}=-\boldsymbol{e}_z\frac{(\mu_1-1)I}{2\pi b}$

4.9 $(\boldsymbol{e}_x+\boldsymbol{e}_y)\frac{\mu_0 I^2}{4\pi a}$

4.10 (1) $\boldsymbol{H}=\begin{cases}\boldsymbol{e}_\varphi \dfrac{I\rho}{2\pi a^2}(\rho\leqslant a)\\ \boldsymbol{e}_\varphi \dfrac{I}{2\pi\rho}(\rho>a)\end{cases}$；$\boldsymbol{B}=\begin{cases}\boldsymbol{e}_\varphi \dfrac{500\mu_0 I\rho}{2\pi a^2}(\rho\leqslant a)\\ \boldsymbol{e}_\varphi \dfrac{\mu_0 I}{2\pi\rho}(\rho>a)\end{cases}$

若改为铜，a、I 不变，$\mu_r\approx 1$，铜线内外 $\boldsymbol{H}$ 不变，铜线外 $\boldsymbol{B}$ 不变，铜线内的 $\boldsymbol{B}$ 变为

$$\boldsymbol{B}=\begin{cases}\boldsymbol{e}_\varphi \dfrac{\mu_0 I\rho}{2\pi a^2}(\rho\leqslant a)\\ \boldsymbol{e}_\varphi \dfrac{\mu_0 I}{2\pi\rho}(\rho>a)\end{cases}$$

(2) $\boldsymbol{J}_M=\boldsymbol{e}_z \dfrac{999I}{\pi a^2}(\rho\leqslant a)$

(3) $\boldsymbol{J}_{SM}=-\boldsymbol{e}_z \dfrac{999I}{2\pi a}(\rho\leqslant a)$

第 5 章

5.1 (1) 0.64×10^{16}；(2) 0.28×10^{3}；(3) 0.45×10^{-8}

5.3 $x=0$ 处 $\boldsymbol{J}_S=-\boldsymbol{e}_y H_0\cos(kz-\omega t)$；$x=a$ 处 $\boldsymbol{J}_S=-\boldsymbol{e}_y H_0\cos(kz-\omega t)$

5.4 $\widetilde{\boldsymbol{E}}=\boldsymbol{e}_x 120\pi\cos(20x)\,\mathrm{e}^{-\mathrm{j}k_y y}$；$\omega_{av}=4\pi\times10^{-7}\cos^2(20x)$；$\boldsymbol{S}_{av}=\boldsymbol{e}_y 60\pi\cos^2(20x)$

5.5 $\boldsymbol{E}=-\boldsymbol{e}_x\omega A_m\cos(\omega t-kz)$

$\boldsymbol{H}=-\boldsymbol{e}_y \dfrac{k}{\mu}A_m\cos(\omega t-kz)$

$\boldsymbol{S}=\boldsymbol{e}_z \dfrac{\omega k}{\mu}A_m^2\cos^2(\omega t-kz)$

5.6 $\boldsymbol{J}_d=\boldsymbol{e}_r \dfrac{\varepsilon\omega U_m}{r\ln(b/a)}\cos\omega t$；$i_d=C\dfrac{\mathrm{d}u}{\mathrm{d}t}$

5.7 $\boldsymbol{H}=\boldsymbol{e}_y 100\mathrm{e}^{-\alpha z}\left[\dfrac{\beta}{\omega\mu_0}\cos(\omega t-\beta z)+\dfrac{\alpha}{\omega\mu_0}\sin(\omega t-\beta z)\right]$

5.8 I^2R

第 6 章

6.1 $\boldsymbol{H}=-\boldsymbol{e}_x 2.3\times10^{-4}\sin10\pi x\cos(6\pi\times10^9 t-54.41z)-$

$\boldsymbol{e}_z 1.33\times10^{-4}\cos10\pi x\sin(6\pi\times10^9 t-54.41z)$ A/m

$\beta=55.4$

6.2 $\boldsymbol{H}(z,t)=-\boldsymbol{e}_x 2.65\sin(\omega t-\beta z)$

6.3 $\lambda=0.21$ m；$f=1.43\times10^9$ Hz

$\boldsymbol{H}=-\boldsymbol{e}_y \dfrac{1}{3\pi}\cos(9\times10^9 t+30z)$ A/m

$\boldsymbol{E}=\boldsymbol{e}_x 40\cos(9\times10^9 t+30z)$ V/m

6.4 $\beta=0.105$ rad/m

$t=3$ ms 时，$H_z=0$ 的位置为 $22.5\pm n\dfrac{\lambda}{2}$ m

$\boldsymbol{E}=-\boldsymbol{e}_x 1.508\times10^{-3}\cos(10^7\pi t-0.105y+\frac{\pi}{4})$ V/m

6.5 $v_p=1.35\times10^8$ m/s；$\varepsilon_r=4.94$

6.6 (1) 1.395 m

(2) $\eta_c=238.44\,e^{j0.0016\pi}(\Omega)$；$v_p=1.89\times10^8$ m/s；$\lambda=0.063$ m

(3) $\boldsymbol{H}=\boldsymbol{e}_z\,0.21e^{-0.497x}\sin\left(6\pi\times10^9 t-31.6\pi x+\frac{\pi}{3}-0.0016\pi\right)$ A/m

6.7 (1) 电场的复矢量为 $\boldsymbol{E}(z)=\boldsymbol{e}_x[0.03e^{-j\frac{\pi}{2}}+0.04e^{-j\frac{\pi}{3}}]e^{-jkz}$ V/m

(2) 磁场的复矢量为 $\boldsymbol{H}(z)=\boldsymbol{e}_y k[7.6\times10^{-5}e^{-j\frac{\pi}{2}}+1.01\times10^{-4}e^{-j\frac{\pi}{3}}]e^{-jkz}$ A/m

磁场的瞬时值为

$\boldsymbol{H}(z,t)=\boldsymbol{e}_y k[7.6\times10^{-5}\sin(10^8\pi t-kz)+1.01\times10^{-4}\cos(10^8\pi t-kz-5\pi/3)]$

6.8 $v_p=3\times10^8$ m/s；$\lambda=1$ m；$f=3\times10^8$ Hz；$\eta_0=120\pi$

$\boldsymbol{H}=\boldsymbol{e}_y 0.265\cos(\omega t-2\pi z)$ A/m

$\boldsymbol{S}_{av}=\boldsymbol{e}_z 13.26$

6.9 (1) $-\boldsymbol{e}_z$线性极化，(2) $\boldsymbol{e}_z$ 左旋圆极化，(3) $\boldsymbol{e}_z$ 右旋圆极化，(4) $\boldsymbol{e}_z$线性极化

6.10 (1) $f=3\times10^9$ Hz

(2) $\boldsymbol{H}=\frac{1}{\eta_0}(\boldsymbol{e}_y+j\boldsymbol{e}_x)10^{-4}e^{-j20\pi z}$ A/m

(3) $\boldsymbol{S}(z,t)=\frac{10^{-8}}{\eta_0}[\boldsymbol{e}_z\cos^2(\omega t-kz)+\boldsymbol{e}_z\sin^2(\omega t-kz)]$

$\boldsymbol{S}_{av}=\frac{10^{-8}}{\eta_0}\boldsymbol{e}_z$

6.11 (1) $\boldsymbol{e}_n=-0.375\boldsymbol{e}_x+0.273\boldsymbol{e}_y+0.886\boldsymbol{e}_z$

(2) $\boldsymbol{S}_{av}=\boldsymbol{e}_n 44.01$

(3) $\varepsilon_r=2.5$

第 7 章

7.1 (1) $f_c=16.36$ GHz；(2) $f_c=12.86$ GHz

7.2 (1) $\lambda=10$ mm 时，能传输 TE_{01}，TE_{10}，TE_{11}，TM_{11}，TE_{20}，TE_{21}，TM_{21}，TE_{30}，TE_{31}，TM_{31}，TE_{40}

(2) $\lambda=30$ mm 时，只能传输 TE_{10}

7.3 空气的 $Z_0=65.92\ \Omega$；$Z_c=45.49\ \Omega$；$\lambda=0.69$ m

7.4 (1) $\lambda_{c(TE10)}=4.572$ cm；$\lambda_g=3.976$ cm；$\beta=158.05$ rad/s；$Z_{TE10}=499.58\ \Omega$

(2) $\lambda_{c(TE10)}=9.144$ cm；$\lambda_{c(TE20)}=4.572$ cm

$\lambda_g=3.176$ cm；$\beta=197.85$ rad/s；$Z_{TE10}=399\ \Omega$

7.5 2.36 GHz$<f<$4.72 GHz 时

7.6 填充空气时 $a=5.064$ mm，$b=17.67$ mm

填充 $\varepsilon_r=2.25$ 介质时，$a=2.017$ mm，$b=12.604$ mm

第 8 章

8.1 偏离正南方向$\pm45^\circ$

8.2 0.06 V/m

8.3 78°

8.4 8.8×10^{-3} Ω

8.5 2.22 W

8.6 10

8.7 13.4210^{-3} V/m；应选 $D=12$ 的天线

参考文献

[1] 谢处方，饶克谨. 电磁场与电磁波[M]. 4 版. 北京：高等教育出版社，2006.

[2] 王秀敏. 电磁场与电磁波基础[M]. 北京：清华大学出版社，2016.

[3] 邹澎，周晓萍，马力. 电磁场与电磁波[M]. 2 版. 北京：清华大学出版社，2016.

[4] 阳小明，李天倩. 电磁场与电磁波[M]. 北京：机械工业出版社，2016.

[5] 邵小桃，李一玫，王国栋. 电磁场与电磁波[M]. 北京：清华大学出版社，2014.

[6] 郭辉萍，刘学观. 电磁场与电磁波[M]. 5 版. 西安：西安电子科技大学出版社，2017.

[7] 杨儒贵. 电磁场与电磁波[M]. 3 版. 北京：高等教育出版社，2019.

[8] 郭硕鸿. 电动力学[M]. 3 版. 北京：高等教育出版社，2008.